Christian Schlieder

Autodesk® Inventor® 2014

Grundlagen in Theorie und Praxis

Viele praktische Übungen am
Konstruktionsobjekt 4-Takt-Motor

Christian Schlieder

Autodesk® Inventor® 2014

Grundlagen in Theorie und Praxis

Viele praktische Übungen am Konstruktionsobjekt 4-Takt-Motor

Weiterführende Literatur

Autodesk® Inventor® **Aufbaukurs** **Konstruktion**	**Autodesk® Inventor®** **Einsteiger-Tutorial** **Hybridjacht**	**Autodesk® Inventor®** **Einsteiger-Tutorial** **Holzrückmaschine**
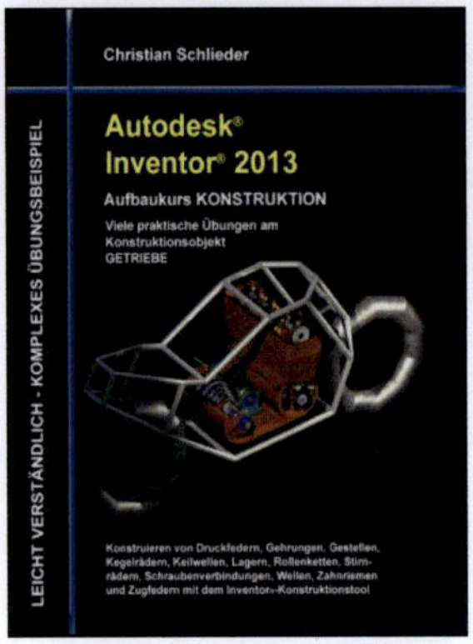	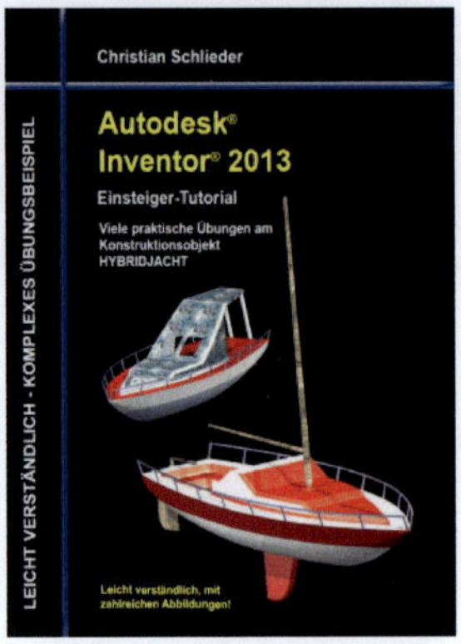	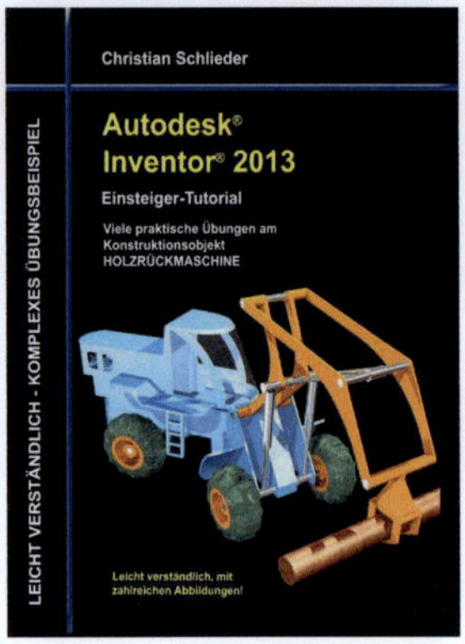
ISBN: 9783848203680 12,95 Eur	ISBN: 9783848220731 12,95 Eur	ISBN: 9783848251827 18,95 Eur

Frontal-Schulung

Frontal-Schulungen können in Ihrer Firma oder in unseren Räumlichkeiten in Berlin stattfinden. Jeder Teilnehmer erhält eigene Schulungsunterlagen, die Schritt für Schritt abgearbeitet werden. Der Trainer klärt Fragen direkt und ausführlich an den einzelnen Arbeitsplätzen, wodurch eine intensive und individuelle Betreuung möglich ist.

Gern senden wir Ihnen einen Kostenvoranschlag.

Kostenlose Videos auf www.YouTube.com

Viele Übungen aus unseren Büchern stehen kostenlos als Videos auf der folgenden Website zur Verfügung:

http://www.youtube.com/user/DerCADTrainer

ISBN

9783732237265

IMPRESSUM

Dipl.- Ing. Christian Schlieder
www.Ingenieurbuero-Schlieder.de
Fax: +49 (0) 3212 - 1122290

HERSTELLUNG UND VERLAG

Books on Demand GmbH, Norderstedt
www.BoD.de

INHALTSVERZEICHNIS

1 DER UMGANG MIT DEM BUCH 8

1.1 Zielgruppe und Aufbau des Buches 8

1.2 Digitales Zubehör zum Buch 8

2 PROGRAMMAUFBAU UND PROGRAMMVERWALTUNG 9

2.1 Das Willkommen-Fenster 9
2.1.1 Kontrollieren der Grundeinstellungen 10

2.2 Register und Befehlsgruppen 10

2.3 Die ersten drei Register im Überblick 11
2.3.1 Das Register ERSTE SCHRITTE im Überblick 11
2.3.2 Das Register EXTRAS im Überblick 12
2.3.3 Das Register AUTODESK 360 im Überblick 12

3 DIE ERSTEN SCHRITTE IM PROGRAMM 13

3.1 Ein neues Projekt erstellen 13

3.2 Bearbeiten der Anwendungsoptionen 15

3.3 Steuerungstools und Maustasten 19

3.4 Der ViewCube 20

3.5 Die Navigationsleiste 20

3.6 Die Funktionen der Maustasten 20

4 SKIZZEN UND BAUTEILE 21

4.1 Bauteil Ventil 21
4.1.1 Grundlagen zum Bauteil 21

4.1.2 Erstellen einer neuen Datei 21
4.1.3 Projizieren der drei Hauptachsen 22
4.1.4 Das Register SKIZZE im Überblick 23
4.1.5 Zeichnen der Basisskizze 24
4.1.6 Arbeiten mit der dynamischen Werteeingabe 25
4.1.7 Bemaßen von Zeichenelementen 27
4.1.8 Das Register 3D-MODELLIERUNG im Überblick 30
4.1.9 Volumenkörper durch Drehung erzeugen 30

4.2 Bauteil Kurbelwelle-Riemenrad 32
4.2.1 Grundlagen zum Bauteil 32
4.2.2 Erzeugen der Basisskizze 32
4.2.3 Volumenkörper durch Drehung 34
4.2.4 Erzeugen einer Passfederaussparung 34

4.3 Bauteil Nockenwelle-Riemenrad 36
4.3.1 Grundlagen zum Bauteil 36
4.3.2 Bearbeiten vorhandener Konstruktionen 36

4.4 Bauteil Zündkerze 37
4.4.1 Grundlagen zum Bauteil 37
4.4.2 Erzeugen eines Sechskants 37
4.4.3 Runden des Isolators 38
4.4.4 Gewinde an vorhandenen Zylinderflächen erzeugen 40
4.4.5 Erzeugen einer Fase 41

4.5 Bauteil Kolben 42
4.5.1 Grundlagen zum Bauteil 42
4.5.2 Volumenkörper durch Drehung erzeugen 43
4.5.3 Aussparungen für den Kolbenbolzen einfügen 44
4.5.4 Einen Zylinder als Grundkörper erstellen 45
4.5.5 Abrunden des oberen Kolbenbereichs 47
4.5.6 Hohlkörper erzeugen (Hülle) 47
4.5.7 Arbeitsschritte im Modellbaum verschieben 48

4.6 Bauteil Pleuel 49
4.6.1 Grundlagen zum Bauteil 49
4.6.2 Erzeugen des Basiskörpers 49
4.6.3 Befestigungslaschen für eine Schraubverbindung 50
4.6.4 Bohren der ersten Lasche 51
4.6.5 Fasen und Rundungen hinzufügen 52

4.6.6 Speichern der Pleuel-Oberseite 53
4.6.7 Bohrung mit Gewinde versehen 53
4.6.8 Versatz von Ebene 54
4.6.9 Unterer Pleuelschaftbereich 55
4.6.10 Oberer Pleuelschaftbereich 56
4.6.11 Erstellen einer Erhebung 57
4.6.12 Basiskörper des Pleuelauges 58
4.6.13 Erzeugen einer Rippe 59
4.6.14 Spiegeln der ersten Rippe 60
4.6.15 Bohren, Fasen und Runden 61

4.7 Bauteil Motorgehäuse 62
4.7.1 Grundlagen zum Bauteil 62
4.7.2 Volumenkörper extrudieren 63
4.7.3 Kurbelwellenlagerung 64
4.7.4 Gewindebohrungen mit linearen Referenzen 65
4.7.5 Kurbelwellenlagerung fasen 66
4.7.6 Elemente mittels rechteckiger Anordnung kopieren 66
4.7.7 Dichtungsflansch zum Zylinderkopf 67
4.7.8 Bohrungen nach Skizze einfügen 69
4.7.9 Übergangsbereich zum Flansch abrunden 71

4.8 Bauteil Zylinderblock 73
4.8.1 Grundlagen zum Bauteil 73
4.8.2 Kühlrippen sweepen 73

4.9 Bauteil Zylinderkopf 75
4.9.1 Grundlagen zum Bauteil 75
4.9.2 Erstellen einer schrägen Ebene 75
4.9.3 Zündkerzeneinsätze bohren und extrudieren 77
4.9.4 Vorhandene Anordnungen erweitern 79

4.10 Bauteil Nockenwelle 81
4.10.1 Grundlagen zum Bauteil 81
4.10.2 Passfederaussparung und Gewindebohrung am Wellenende 81

4.11 Bauteil Kurbelwelle 84
4.11.1 Grundlagen zum Bauteil 84
4.11.2 Kurbelwangen zeichnen, extrudieren und kopieren 84
4.11.3 Pleuel- und Führungslager 88
4.11.4 Passfederaussparung und Gewindebohrung 92

4.11.5 Spiegeln des Volumenkörpers 95

5 BAUGRUPPEN 96

5.1 Unterbaugruppe Kolben 96
5.1.1 Erzeugen der ersten Baugruppe 97
5.1.2 Das Register ZUSAMMENFÜGEN im Überblick 97
5.1.3 Komponenten platzieren 97
5.1.4 Kolben und Pleuel-Oberseite voneinander abhängig machen 98
5.1.5 Pleuel-Oberseite und Pleuel-Unterseite miteinander verbinden 101
5.1.6 Schrauben aus dem Inhaltscenter platzieren 103
5.1.7 Erstellen einer Komponente aus der Baugruppe heraus 105
5.1.8 Materialien zuweisen 107

5.2 Unterbaugruppe Kurbelwelle 108
5.2.1 Erstellen der neuen Datei und Platzieren der Komponenten 108
5.2.2 Passfedern aus dem Inhaltscenter einfügen 109
5.2.3 Platzieren der Riemenräder 110
5.2.4 Erzeugen der Sicherungsscheiben aus der Baugruppe heraus 111
5.2.5 Schrauben aus dem Inhaltscenter einfügen 113
5.2.6 Materialien zuweisen 114

5.3 Unterbaugruppe Nockenwelle 115
5.3.1 Platzieren der Komponenten 115
5.3.2 Passfeder aus dem Inhaltscenter einfügen 116
5.3.3 Riemenrad und Sicherungsscheibe auf der Nockenwelle befestigen 117
5.3.4 Schraube aus dem Inhaltscenter einfügen 118
5.3.5 Materialien zuweisen 119

5.4 Unterbaugruppe Zylinderblock 119
5.4.1 Einfügen der Komponenten 120
5.4.2 Laufbuchse als Muster anordnen 120
5.4.3 Materialien zuweisen 121

5.5 Unterbaugruppe Zylinderkopf 122
5.5.1 Platzieren und Positionieren der ersten Komponenten 122
5.5.2 Schrauben aus dem Inhaltscenter einfügen 124
5.5.3 Ordnerstrukturen im Modellbaum anlegen 126
5.5.4 Wellendichtring aus dem Inhaltscenter einfügen 126
5.5.5 Materialien zuweisen 128

5.6 Hauptbaugruppe 4-Takt-Motor 128
5.6.1 Platzieren des Motorgehäuses als Basisobjekt 128
5.6.2 Unterbaugruppen BG_Kurbelwelle und BG_Kolben platzieren 129
5.6.3 Flexibilität von Unterbaugruppen 129
5.6.4 Abhängigkeiten zwischen Motorgehäuse, Kurbelwelle und Kolben 129
5.6.5 Kurbelwellenhalter einfügen 132
5.6.6 Schrauben aus dem Inhaltscenter einfügen 133
5.6.7 Ordnerstrukturen im Modellbaum erzeugen 134
5.6.8 Dichtung zwischen Motorgehäuse und Zylinderblock erstellen 134
5.6.9 Unterbaugruppe BG_Zylinderblock einfügen 136
5.6.10 Dichtung zwischen Zylinderblock und Zylinderkopf einfügen 136
5.6.11 Unterbaugruppen BG_Zylinderkopf und BG_Nockenwelle einfügen 137
5.6.12 Nockenwelle und Ventile miteinander verbinden 138
5.6.13 Die Suchfunktion im Inhaltscenter 140
5.6.14 Komponenten isolieren 141
5.6.15 Erstellen der Ventildeckeldichtung 142
5.6.16 Materialien zuweisen und Modellbaum strukturieren 143
5.6.17 Ventildeckel einfügen 144
5.6.18 Prägen und Gravieren von Flächen 145
5.6.19 Schrauben aus dem Inhaltscenter einfügen 146
5.6.20 Bewegungsabhängigkeiten 147
5.6.21 Erstellen des Steuerriemens aus der Baugruppe heraus 148
5.6.22 Animation einer Bewegungsabhängigkeit 152

6 ZEICHNUNGEN 154

6.1 Das Register ANSICHTEN PLATZIEREN im Überblick 154

6.2 Das Register MIT ANMERKUNG VERSEHEN im Überblick 154

6.3 Bearbeiten der Grundeinstellungen 155
6.3.1 Ändern der Blattgröße 155
6.3.2 Bearbeiten der iProperties 156

6.4 Erzeugen und Bearbeiten von Ansichten 156
6.4.1 Erstellen von Erst- und Parallelansichten 156
6.4.2 Detailansichten 158
6.4.3 Schattierte Ansichten 159
6.4.4 Allgemeines Bemaßen 159
6.4.5 Mittelpunkt-, Mittellinienmarkierungen 162

6.4.6 Exportieren der Zeichnung in das Format PDF 162
6.4.7 Schnittansichten 163

6.5 Texte 167

7 PRÄSENTATION VON BAUGRUPPEN 168

7.1 Das Register PRÄSENTATION im Überblick 168

7.2 Explosionsdarstellung 168
7.2.1 Ansicht erstellen 168
7.2.2 Komponentenposition ändern 168
7.2.3 Animieren der Explosionsdarstellung 170

8 RENDERN EINES BILDES 171

8.1 Inventor Studio 171
8.1.1 Das Register RENDERN im Überblick 171
8.1.2 Rendern 171

9 DER BEREICH BLECHBEARBEITUNG 173

9.1 Das Register BLECH im Überblick 173

9.2 Die Blechwanne 173
9.2.1 2D-Skizze 174
9.2.2 Fläche extrudieren 174
9.2.3 Blechstandards 175
9.2.4 Laschen 175
9.2.5 Falzen 176

10 SCHWEISSKONSTRUKTION 178

10.1 Das Register SCHWEISSEN im Überblick 178

10.2 Schweißbaugruppe erzeugen 178
10.2.1 Kehlnaht 179

10.3 Schweißnahtbericht 180

11 PARAMETRISCHE ABHÄNGIGKEITEN 181

11.1 Parameter - Grundlagen 181

11.2 Parametrisieren und Ableiten von Konturen einer Skizze 181
11.2.1 Basisskizze 181
11.2.2 Parameter bearbeiten 182
11.2.3 Bauteil erstellen 185

11.3 Parametrische Extrusion 188

11.4 Parametrische Steuerung der Baugruppe 190
11.4.1 Farben ändern 190
11.4.2 Fenster nebeneinander anordnen 190
11.4.3 Ändern des Ausgangswertes 191

11.5 Parametrische Steuerung mit externen Datenquellen 192
11.5.1 Speichern mehrerer Dateien 193

12 PACK AND GO 194

13 SCHLUSSWORT 196

14 AUSZUG AUS DEM AUFBAUKURS KONSTRUKTION 197

15 INDEX 198

1 Der Umgang mit dem Buch

1.1 Zielgruppe und Aufbau des Buches

Sie halten ein Übungsbuch für das Programm ***Autodesk® Inventor® 2014*** in Händen. Dieses Buch richtet sich an alle interessierten Personen, die den Umgang mit dieser Software grundlegend erlernen möchten. Nach dem Programmaufbau werden die Bereiche 2D-Skizze, 3D-Modellierung, Baugruppe (Zusammenfügen), Zeichnungserstellung (Ansichten platzieren, Mit Anmerkung versehen) und Präsentation ausführlich behandelt. Viele wichtige Befehle des Programms werden erläutert und in kleinen Schritten praktisch gefestigt. Als Übungsbeispiel dient ein Viertaktmotor. Die einzelnen Komponenten werden schrittweise erzeugt und später in einer Hauptbaugruppe miteinander verbunden. Zusätzlich gibt es zu jedem Bauteil theoretische Hintergrundinformationen, die dem Leser Aufbau und Funktion eines Viertaktmotors erläutern.

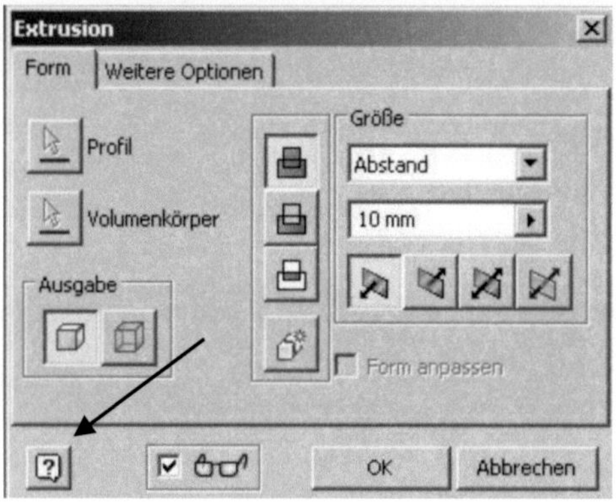

Achten Sie auf das kleine ? ***Fragezeichen***, das in vielen Befehlsfenstern auftaucht. Ein Klick darauf leitet Sie direkt in den entsprechenden Bereich einer Hilfedatei, alternativ kann die Taste ***F1*** verwendet werden. Die Hilfedatei greift automatisch auf das Internet zu, sofern das Programm eine Zugriffsberechtigung auf eine vorhandene Internetleitung besitzt. Alternativ kann kostenlos eine lokale Hilfe unter folgendem Link geladen und installiert werden:

- ***http://images.autodesk.com/adsk/files/Autodesk_Inventor_2014_Help_DEU.exe***

1.2 Digitales Zubehör zum Buch

Erzeugen Sie auf Ihrem PC an geeigneter Stelle einen Ordner ***Übung-Inventor-2014***. Zu diesem Buch gehört eine Übungsdatei (ZIP-Format), die von der folgenden Website kostenlos heruntergeladen werden muss:

- ***http://www.cad-trainings.de/html/Download.html***

Wählen Sie das passende Buch, speichern Sie die zugeordnete ZIP-Datei auf Ihrem PC in dem vorher erzeugten Ordner und entpacken Sie die Datei dort hinein.

2 Programmaufbau und Programmverwaltung

2.1 Das Willkommen-Fenster

Autodesk® Inventor® 2014 wurde in der Programmbedienung für den Anwender optimiert. Die Symbole und Befehle sind in logische Cluster (Multifunktionsleisten) unterteilt, um Befehle schnell finden zu können. Ebenso sind zahlreiche Einführungen, Lernprogramme und Demo-Animationen enthalten.

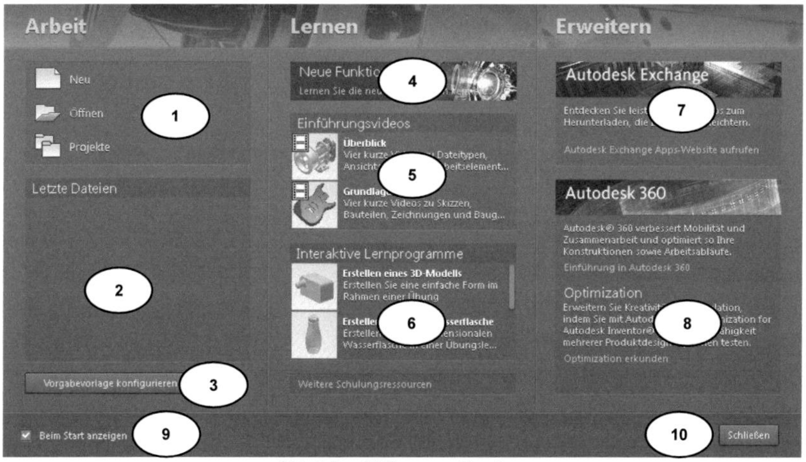

Abb. 1 Das Willkommen-Fenster

OPTIONEN

1) Dateien erzeugen/ öffnen, Projektverwaltung
2) Zuletzt verwendete Dateien
3) Konfigurieren der Vorlagen
4) Neue Funktionen der Version 2014
5) Einführungsvideos
6) Interaktive Lernprogramme
7) Autodesk®-App-Website (Exchange)
8) Einführung in Autodesk® 360
9) Willkommen-Fenster ein-/ ausschalten
10) Willkommen-Fenster schließen

Das Programm startet in der Grundeinstellung mit einem ***Willkommen-Fenster*** (Abb. 1). Dieses Fenster bietet einige Möglichkeiten, Dateien und Projekte zu verwalten, Vorgaben zu definieren und das Programm zu erlernen (Alle Befehle aus diesem Fenster befinden sich auch im Register ***Erste Schritte***). Im unteren Bereich dieses Fensters kann festgelegt werden, ob das Startfenster generell beim Programmstart geöffnet werden soll oder nicht.

2.1.1 Kontrollieren der Grundeinstellungen

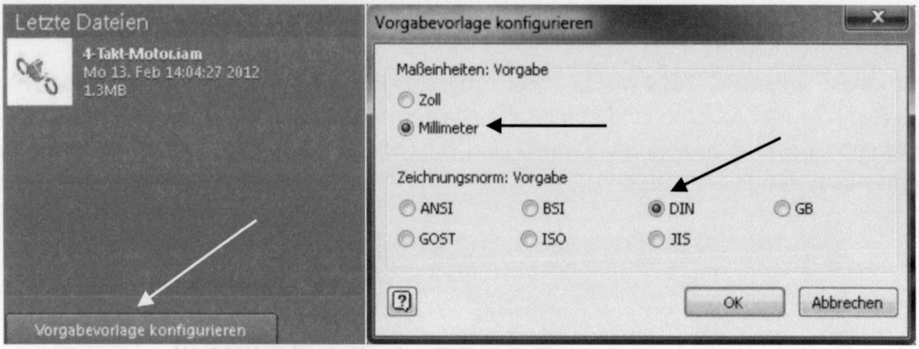

Abb. 2 (L) Verwalten der Vorgaben; (R) Metrische Einstellungen übernehmen

Starten Sie den Befehl Vorgabevorlage konfigurieren ***Vorgabevorlage konfigurieren*** (Abb. 2 L) und übernehmen die in Abb. 2 R dargestellte Konfiguration. Diese bleibt in der folgenden Arbeit mit dem Programm erhalten. Nachträgliche Änderungen sind jederzeit im Register ***Erste Schritte*** möglich.

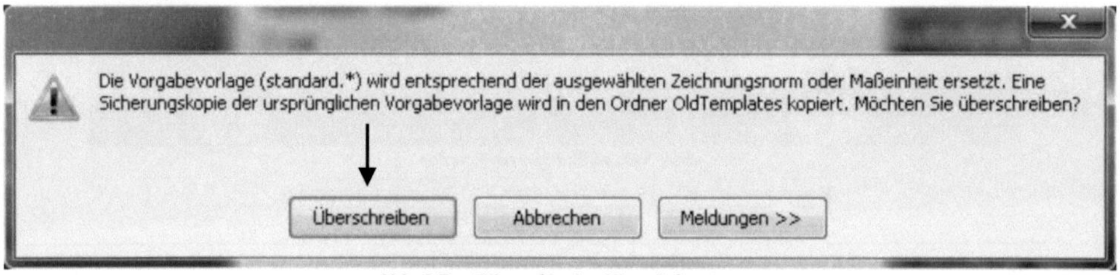

Abb. 3 Bestätigen Sie das Hinweisfenster

Nachdem die Änderungen mit OK ***OK*** bestätigt wurden, erscheint ein neues Hinweisfenster, das mit Überschreiben ***Überschreiben*** bestätigt werden muss. Das Wilkommen-Fenster kann jetzt mit ***Schließen*** beendet werden.

2.2 Register und Befehlsgruppen

Abb. 4 Die Registerkarten

Inventor® arbeitet je nach Arbeitsbereich in diversen ***Registern***. Jedes Register beinhaltet unterschiedliche Befehlsgruppen, in denen Befehle in einer logischen Anordnung übersichtlich zusammengefasst wurden.

Abb. 5 Gruppen aktivieren

Standardmäßig sind nicht alle Befehlsgruppen in den einzelnen Registern aktiviert. Sollte während der Arbeit mit dem Programm eine der nicht aktivierten Befehlsgruppe benötigt werden, muss diese nachträglich aktiviert werden.

Um Gruppen ein- oder auszublenden muss mit der ***rechten Maustaste*** auf eine beliebige Stelle innerhalb einer Befehlsgruppe geklickt (zum Beispiel wie in Abb. 5 durch einen Pfeil markiert) und dort die Option ***Gruppen anzeigen*** gewählt werden. Es öffnet sich ein weiteres Fenster, in dem die verschiedenen Gruppen mit einem Häkchen versehen werden können. Die Befehlsgruppen können jederzeit ein- oder ausgeblendet werden.

Das Vorhandensein der einzelnen Befehlsgruppen sollte in jedem Arbeitsbereich des Programms kontrolliert werden (Skizzenbereich, Modellbereich, Baugruppenbereich...). Allerdings sollte beachtet werden dass je nach Größe des Monitors die Übersichtlichkeit der Befehlsgruppen beeinträchtigt werden kann, wenn zu viele Elemente aktiviert wurden. Nicht benötigte Befehlsgruppen sollten also temporär ausgeblendet bleiben.

2.3 Die ersten drei Register im Überblick

2.3.1 Das Register ERSTE SCHRITTE im Überblick

Abb. 6 Register: Erste Schritte

OPTIONEN

---

1) Datei- und Projektverwaltung, Beispieldateien, Willkommen-Fenster aktivieren, Team Web
2) Neue Funktionen der Programmversion 2014
3) Videos und Lernprogramme

2.3.2 Das Register EXTRAS im Überblick

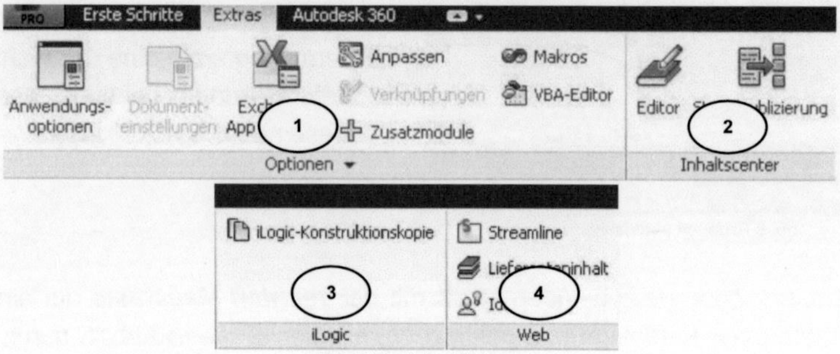

Abb. 7 Register: Extras

OPTIONEN

1) Anwendungs-/ Dokumenteinstellungen bearbeiten, Autodesk®-Apps öffnen, Erstellen und Bearbeiten von Modulen/ Makros
2) Verwalten des Inhaltscenters
3) Erzeugen der Kopie eines Bauteils als iLogic-Komponente
4) Verwalten der Onlineoptionen für das Autodesk-Portal, Lieferantendaten oder ein firmeninternes Intranet

2.3.3 Das Register AUTODESK 360 im Überblick

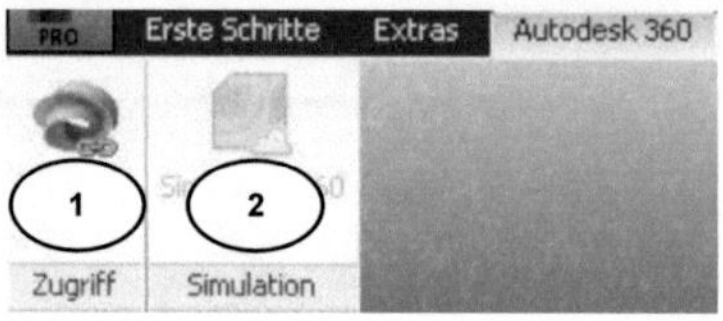

Abb. 8 Register: AUTODESK 360

OPTIONEN

1) Zugang zur kostenfreien Web-Plattform Autodesk 360 (Bereitstellung von Daten über eine Cloud)
2) Zugang zur kostenfreien Simulation über die Autodesk-Server

Weitere Informationen zu ***Autodesk 360*** finden Sie im Internet unter:

- ***http://www.autodesk.de/***

3 Die ersten Schritte im Programm

3.1 Ein neues Projekt erstellen

Abb. 9 Der Befehl: Projekte

Nachdem Sie im Register ***Erste Schritte*** einiges über die neuen Funktionen der Programmversion 2014 kennengelernt und sich eine Übersicht über die verfügbaren Videos und Lernprogramme verschafft haben, können Sie die Arbeit für die bevorstehende Übung vorbereiten. Inventor® arbeitet grundsätzlich in Projekten, was die Koordination zusammenhängender Dateien und Einstellungen vereinfacht. Gewöhnen Sie sich von Anfang, auch bei kleineren Übungen, ein sauberes Arbeiten mit dem Programm in Projekten an. Diese Grundordnung wird Ihnen später bei der Arbeit mit großen Projekten eine wertvolle Hilfe sein.

Wenn Sie in Inventor® ein Projekt anlegen, wird eine Projektdatei (*.ipj) erzeugt, die sämtliche zum Projekt gehörenden Informationen speichert. Sie haben später die Möglichkeit, mittels ***Pack and Go*** ein gesamtes Projekt, samt aller referenzierter Dateien zu archivieren oder zu exportieren. Ein komplettes Projekt kann damit auf anderen Computern (mit installiertem Inventor® 2014) geöffnet und weiterbearbeitet werden.

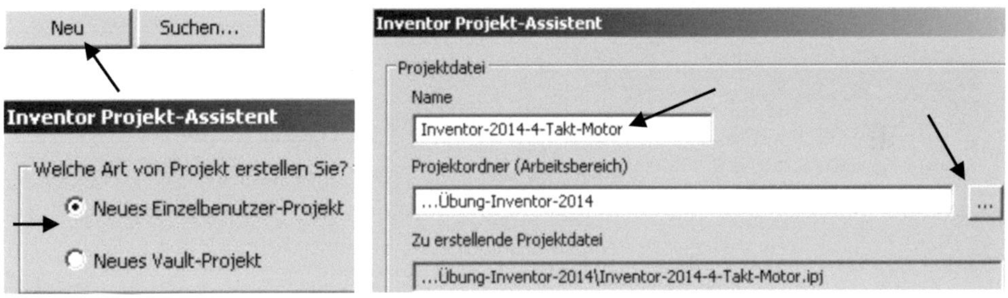

Abb. 10 Ein neues Einzelbenutzer-Projekt erzeugen

Starten Sie im Register ***Erste Schritte*** in der Befehlsgruppe ***Starten*** den Befehl ***Projekte*** (Abb. 9). Hier ist ein neues ***Einzelbenutzer-Projekt*** mit der Bezeichnung ***Inventor-2014-4-Takt-Motor*** zu erzeugen und der neu erzeugte Projektordner ***Übung-Inventor-2014*** zu wählen.

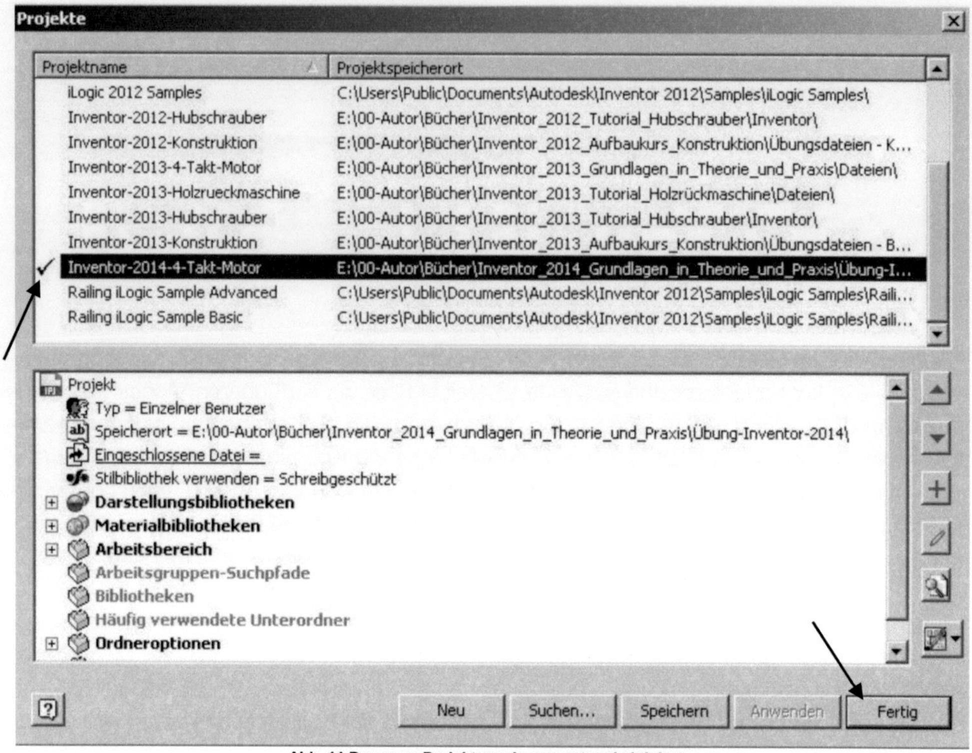

Abb. 11 Das neue Projekt wurde erzeugt und aktiviert

- ***Projekte***
- ***Neu***
- Option: ***Einzelbenutzer-Projekt***
- ***Weiter***
- Name: ***Inventor-2014-4-Takt-Motor***
- Projektordner: Projektordner ***Übung-Inventor-2014*** wählen
- ***Fertig stellen***
- ***Fertig***

Das neue Projekt wird automatisch aktiviert, was durch einen kleinen Haken vor der entsprechenden Zeile im Befehlsfenster ***Projekte*** signalisiert wird (Abb. 11). Bei der späteren Arbeit mit dem Programm sollte das jeweils aktive Projekt nach Programmstart immer zuerst kontrolliert werden. Man kann so vermeiden, dass Dateien unbeabsichtigt an einem falschen Speicherort gesichert und damit einem anderen Projekt zugeordnet werden. Alle zu diesem Projekt gehörenden Dateien sind auch stets im zugehörigen Projektordner zu speichern.

3.2 Bearbeiten der Anwendungsoptionen

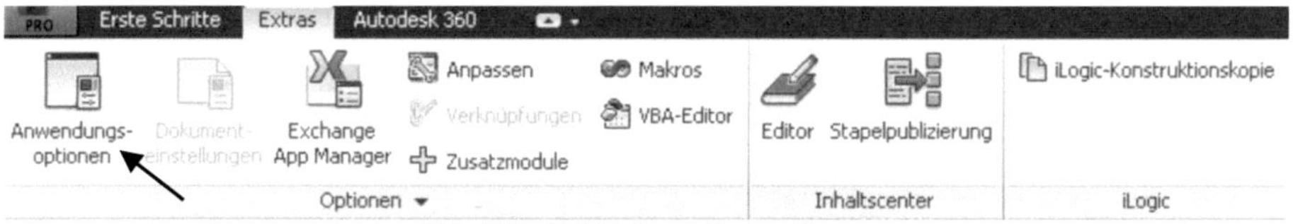

Abb. 12 Der Befehl: Anwendungsoptionen

Wechseln Sie ins Register ***Extras*** und starten Sie in der Befehlsgruppe ***Optionen*** den Befehl ***Anwendungsoptionen*** (Abb. 12). In diesem Bereich sollen im folgenden Schritt einige grundlegende Programmeinstellungen vorgenommen werden. Die ersten Änderungen sind im Register ***Anzeige*** (Abb. 13) wie folgt zu übernehmen:

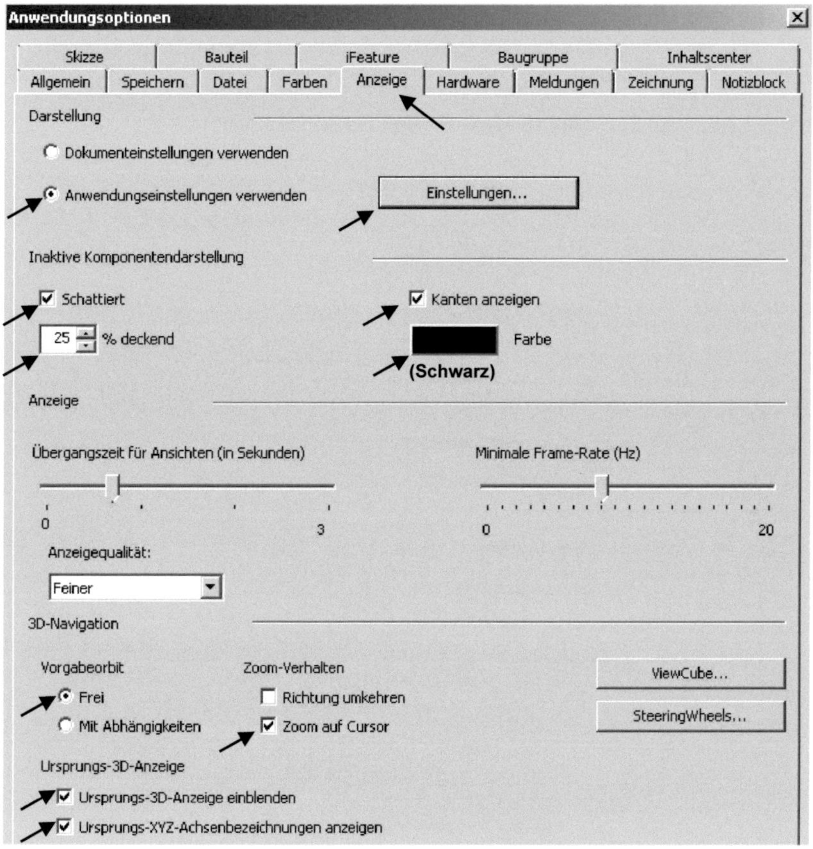

Abb. 13 Anwendungsoptionen: Anzeige

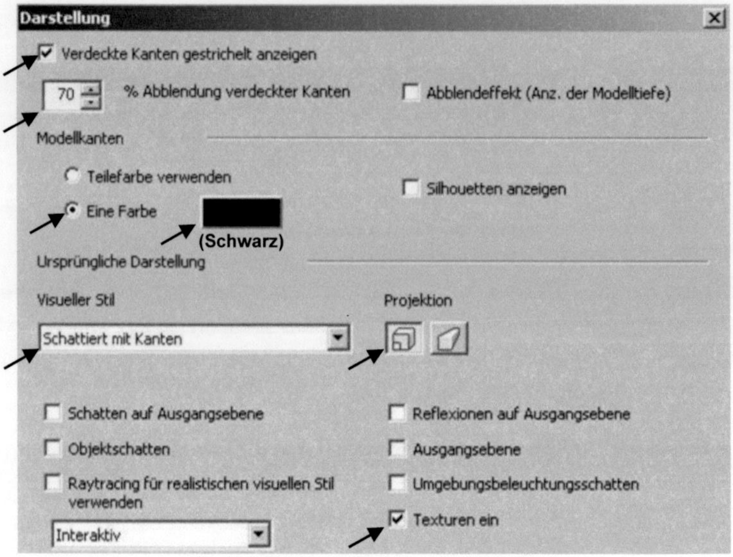

Abb. 14 Anwendungsoptionen: Anzeige (Darstellung)

Über die Option ***Einstellungen*** sind dann die oben stehenden Änderungen (Abb. 14) übernehmen. Anschließend wechseln Sie ins Register ***Zeichnung***. Dort sind die folgenden Grundeinstellungen (Abb. 15) zu übernehmen.

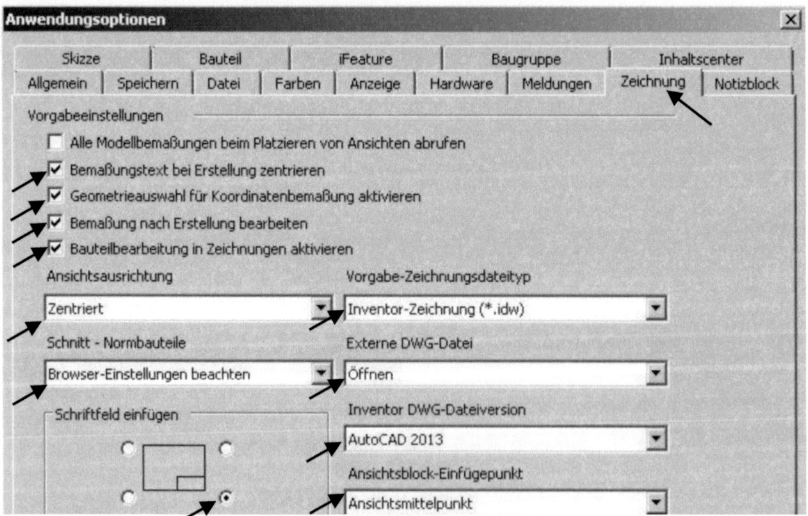

Abb. 15 Anwendungsoptionen: Zeichnung

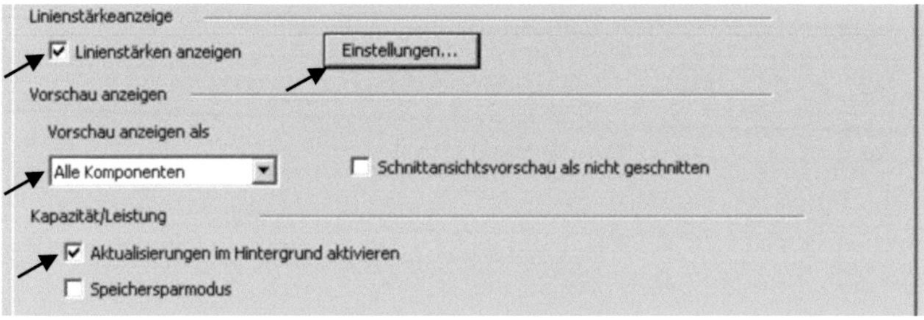

Abb. 16 Anwendungsoptionen: Zeichnung

Über die ***Einstellungen*** gelangt man zu den Linienstärken (Abb. 17), welche ebenfalls zu ändern sind.

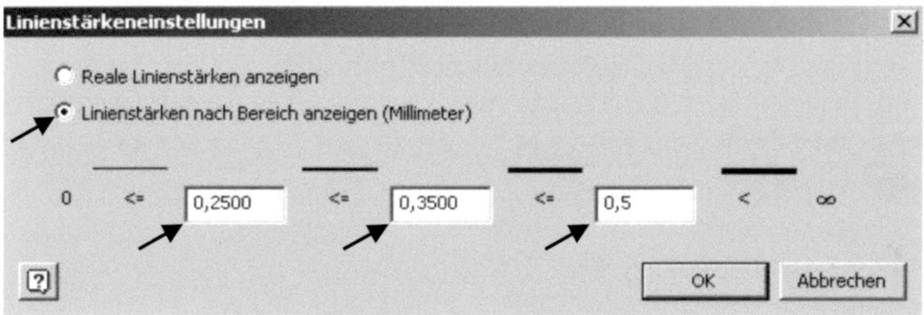

Abb. 17 Anwendungsoptionen: Zeichnung (Linienstärken)

Im Register ***Baugruppe*** sind dann die folgenden Änderungen zu übernehmen (Abb. 18, 19):

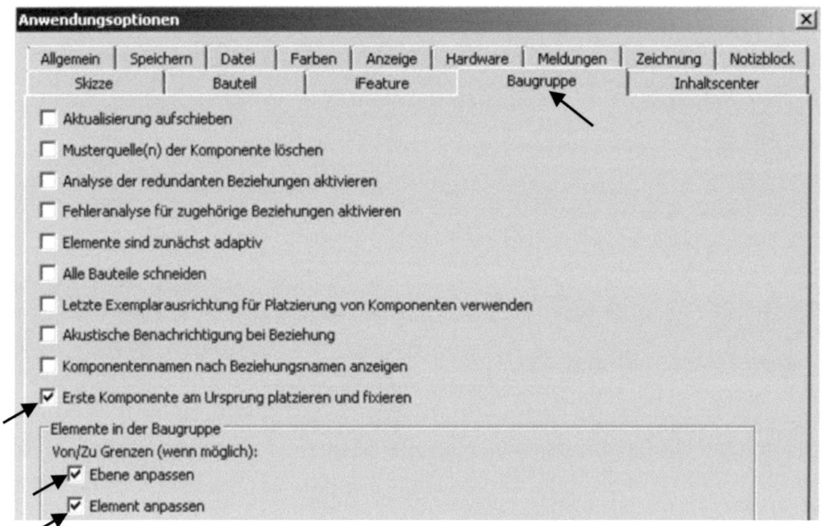

Abb. 18 Anwendungsoptionen: Baugruppe

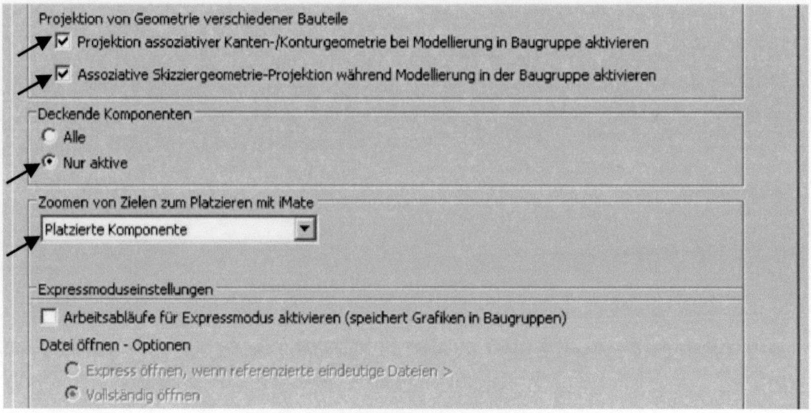

Abb. 19 Anwendungsoptionen: Baugruppe

Weitere Änderungen erfolgen im Register ***Bauteil*** (Abb. 20):

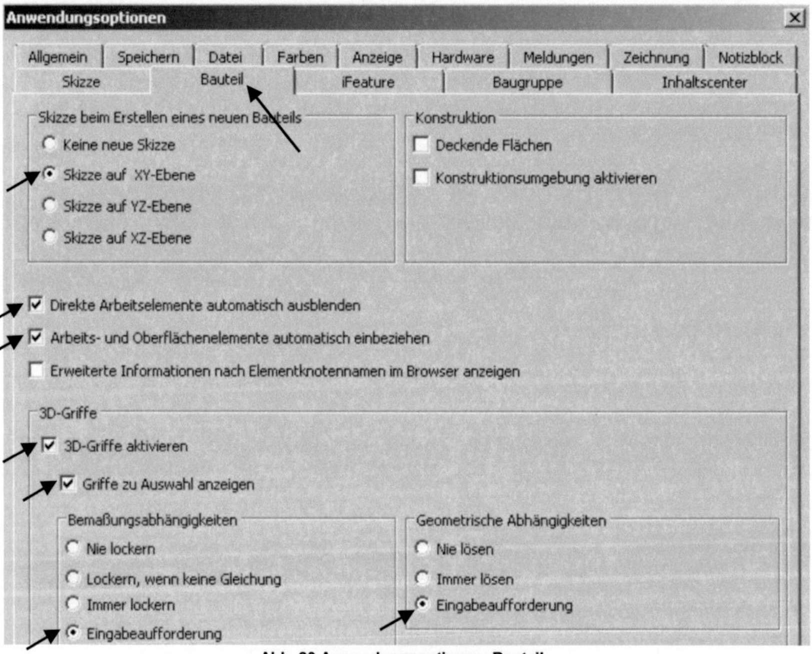

Abb. 20 Anwendungsoptionen: Bauteil

Abschließend sind die Einstellungen im Register ***Skizze*** vorzunehmen (Abb. 21). Nachdem auch hier alle Grundeinstellungen übernommen wurden, können die Anwendungsoptionen mit ***OK*** bestätigt und geschlossen werden.

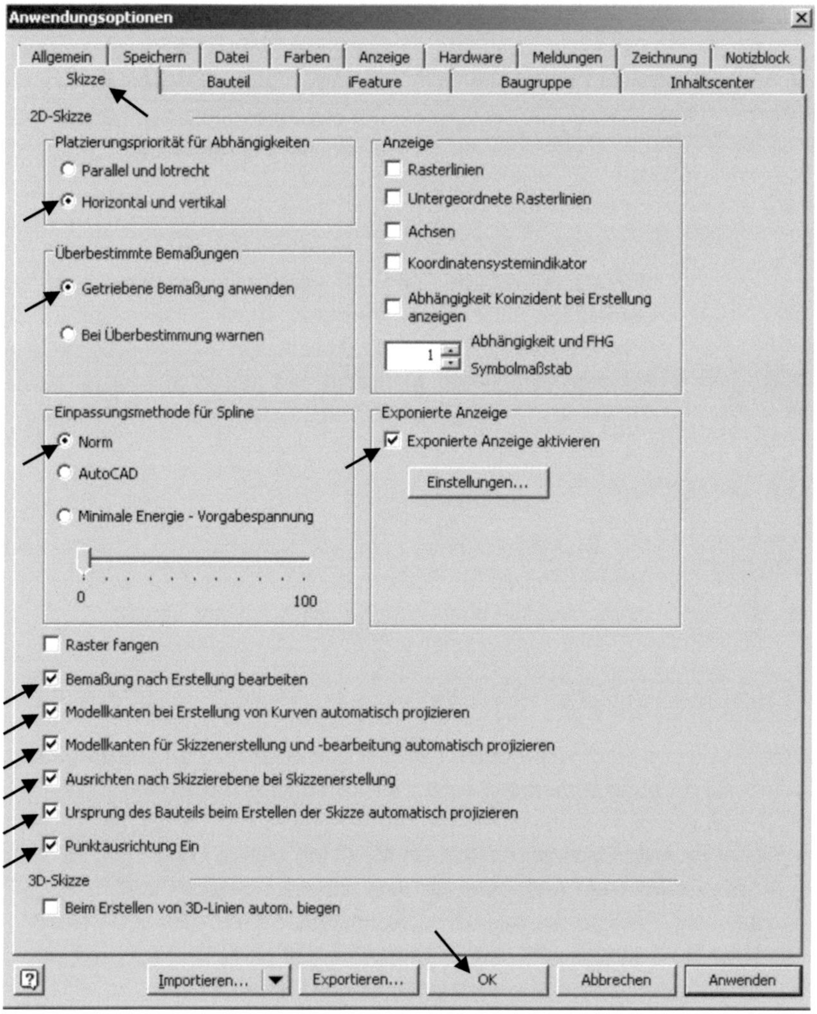

Abb. 21 Anwendungsoptionen: Skizze

3.3 Steuerungstools und Maustasten

***HINWEIS**: Die folgenden Einstellungen können erst vorgenommen werden, wenn eine Datei (Bauteil/ Baugruppe) erstellt/ geöffnet wurde!*

Das Programm verfügt über verschiedene Tools, die es dem Anwender ermöglichen, häufig verwendete Befehle rasch starten zu können. Im Register ***Ansicht*** und der Befehlsgruppe ***Fenster*** muss die ***Benutzeroberfläche*** gestartet werden.

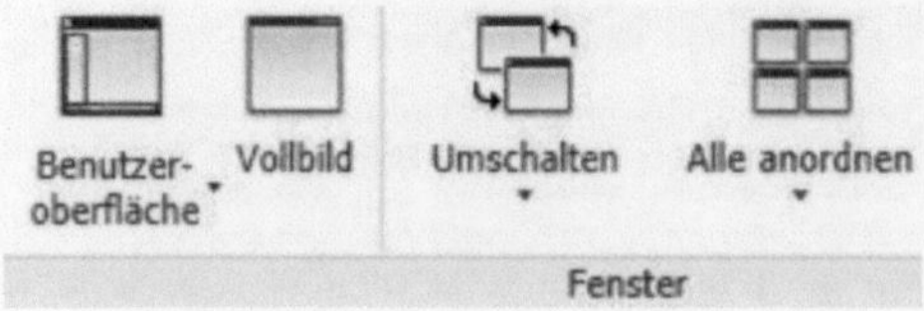

Im geöffneten Auswahlmenü sollten die Optionen ***ViewCube***, ***Navigationsleiste***, ***Browser*** und ***Statusleiste*** aktiviert sein. Die restlichen Optionen können bei Bedarf zusätzlich aktiviert werden.

3.4 Der ViewCube

Mit dem ***ViewCube*** kann der Blickwinkel auf ein Objekt verändert werden: Ein Klick mit der linken Maustaste auf eine Seite, Kante oder Ecke des Würfels dient dem Wechsel in die entsprechende Ansicht. Bei gedrückter linker Maustaste auf den Würfel ist (in Kombination mit der Mausbewegung) ein freies Drehen der Ansicht möglich.

3.5 Die Navigationsleiste

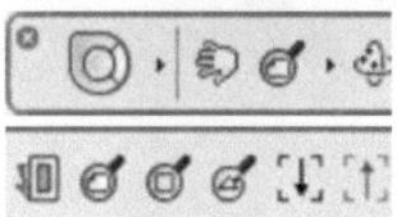

Die ***Navigationsleiste*** beinhaltet verschiedene Anzeige- und Navigationsbefehle. Die Position der Leiste und die Anzahl der darzustellenden Befehle können individuell festgelegt werden.

3.6 Die Funktionen der Maustasten

Wird in diesem Buch davon gesprochen, etwas anzuklicken oder zu auszuwählen, bezieht sich das stets auf die ***linke Maustaste***, sofern es nicht anders beschrieben ist.

Ein Klick mit der ***rechten Maustaste*** öffnet ein Menü mit weiteren Optionen. Je nachdem, in welchem Arbeitsbereich des Programms Sie sich befinden (Skizzenbereich, Modellbereich, Baugruppenbereich, Präsentationsbereich, Zeichnungsbereich), und an welcher Position geklickt wird (auf ein Zeichenobjekt, eine Modellkante, auf ein Bauteil oder auf die Multifunktionsleiste) werden unterschiedliche Auswahlmöglichkeiten angeboten. Es wird empfohlen, die verschiedenen Möglichkeiten in jedem der einzelnen Bereiche gleich zu Beginn der Arbeit mit dem Programm kennenzulernen.

Die ***mittlere Maustaste*** (Scrollrad-Taste) hat mehrere Funktionen: Bei gedrückter mittlerer Maustaste kann der gesamte Arbeitsbereich verschoben werden. Die Kombination der Umschalt-Taste (SHIFT-Taste) mit der mittleren Maustaste ermöglicht ein freies Drehen der Ansicht. Das Scrollen mit dem Scrollrad der mittleren Maustaste zoomt die Ansicht im Arbeitsbereich.

4 SKIZZEN und BAUTEILE

4.1 Bauteil Ventil

4.1.1 Grundlagen zum Bauteil

Abb. 22 Das Ventil

Die Verbrennungsräume eines Viertaktmotors müssen kontinuierlich mit Frischluft (bzw. einem Frischluft-Kraftstoff-Gemisch) versorgt und von den Abgasen befreit werden. Realisiert wird dies über Frischluft- und Abgaskanäle. Um diese Kanäle öffnen und schließen zu können, werden Ventile eingesetzt. Diese schließen im Ruhezustand (durch eine Druckfeder) und öffnen unter Last (Nockenwelle). Zeitpunkt und Dauer der Öffnungsvorgänge werden durch Nockenform und Drehgeschwindigkeit der Nockenwelle gesteuert.

4.1.2 Erstellen einer neuen Datei

Abb. 23 Der Befehl: Neu

Um eine neue Datei zu erstellen, wechseln Sie ins Register ***Erste Schritte*** und wählen den Befehl ***Neu*** (Abb. 23). Es erscheint ein neues Fenster, in welchem bereits vorhandene Vorlagen ausgewählt werden können. Auf der linken Seite finden Sie eine Spalte mit einem Strukturbaum. Alle vorhandenen Vorlagen (Templates) sind hier in Ordner eingeteilt (Englisch, Metrisch, Mold Design).

Wenn Ihre Software mit den richtigen Grundeinstellungen installiert wurde (Metrisch), sollten sich bei aktiviertem Hauptordner (Templates) auf der rechten Seite die in Abb. 24 dargestellten Basisvorlagen auswählen lassen.

Wählen Sie im Bereich ***Bauteil: 2D- und 3D-Objekte erstellen*** die Vorlage ***Norm.ipt*** und erzeugen Sie auf diese Weise ein neues Bauteil.

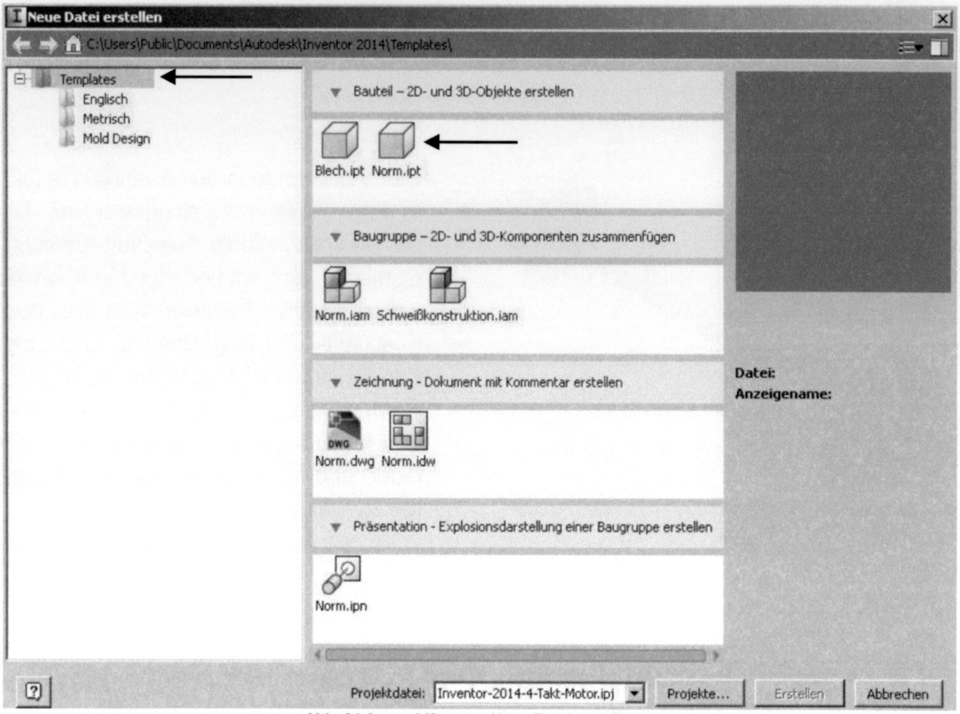

Abb. 24 Auswahlfenster: Neue Datei erstellen

- ***Neu***
- Templates
- Standard.ipt
- ***Erstellen***

Das Programm öffnet das neue Bauteil, startet im Register ***3D-Modellierung*** und erwartet weitere Befehle. Wie in den Anwendungsoptionen festgelegt, erzeugt das Programm jetzt auf der XY-Ebene automatisch eine neue 2D-Skizze und wechselt dann in den Skizzenbereich.

4.1.3 Projizieren der drei Hauptachsen

Die neue Skizze wurde auf der ***XY-Ebene*** platziert und es kann mit dem Zeichnen der Geometrie begonnen werden. Jedes Bauteil verfügt über jeweils ***3 Achsen*** (X, Y, Z) und ***3 Ebenen*** (XY, XZ, YZ). Diese können im Zeichenbereich sichtbar gemacht werden (***rechte Maustaste*** auf die entsprechende Achse im Modellbaum > ***Sichtbarkeit***), eine Bearbeitung ist in diesem Modus jedoch nicht möglich.

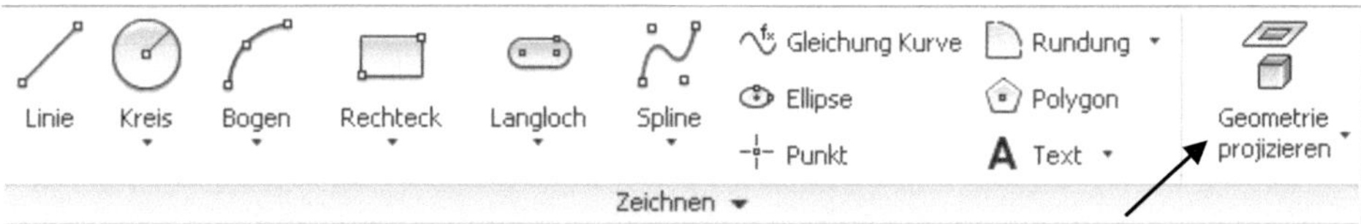

Abb. 25 Der Befehl: Geometrie projizieren

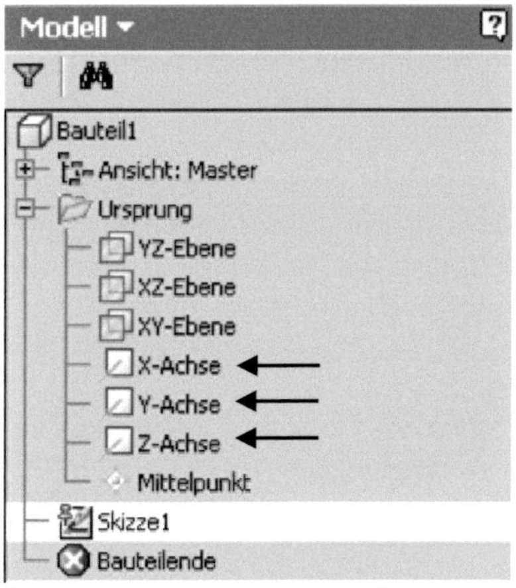

Abb. 26 Die drei Hauptachsen im Modellbaum

Da generell symmetrisch zum Ursprung gezeichnet werden sollte und hierfür die Achsen benötigt werden, muss ein anderer Weg beschritten werden. Starten Sie den Befehl ***Geometrie projizieren***, wählen Sie anschließend im Modellbaum nacheinander die 3 Achsen (X, Y, Z) und beenden Sie den Befehl dann mit der Taste ***ESC***.

Gewöhnen Sie sich diesen ersten Schritt bei jeder neuen 2D-Skizze an. Die projizierten Hauptachsen bieten Ihnen die Möglichkeit, symmetrisch zu zeichnen und sich stets auf den Koordinatenursprung zu beziehen.

4.1.4 Das Register SKIZZE im Überblick

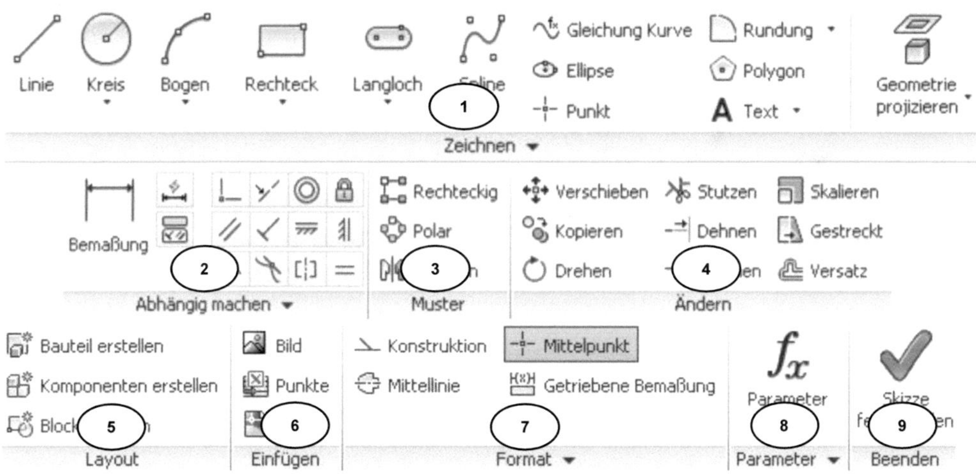

Abb. 27 Befehlsgruppen des Registers: Skizze

1) Erstellen geometrischer Elemente
2) Vorhandene Zeichenobjekte mit Maßen und Abhängigkeiten versehen
3) Rechteckige, polare oder gespiegelte Kopien erzeugen
4) Bearbeiten von vorhandenen Zeichenobjekten
5) Exportieren von Zeichenobjekten als eigenständige Bauteile, Baugruppen oder Gruppierungen
6) Importieren von Bildern, Tabellenpunkten oder AutoCAD-Zeichnungen
7) Bearbeiten der Objekteigenschaften von Linien, Punkten und Bemaßungen
8) Parametrisierungen von Bemaßungen
9) Beenden der Skizze

4.1.5 Zeichnen der Basisskizze

Abb. 28 Grundeinstellungen der Abhängigkeiten

Das erste Bauteil soll ein einfaches Rotationsteil werden. Um die Basisskizze erzeugen zu können, werden diverse Linien- und Bogenelemente sowie einige Bearbeitungsbefehle verwendet.

Geometrische Zeichenelemente können im Skizzenbereich auf zwei verschiedene Arten erzeugt werden: Entweder werden die Objekte frei mit der Maus gezeichnet und anschließend mit Abhängigkeiten und Bemaßungen in Form gebracht, oder bereits während des Zeichenvorgangs durch die Eingabe von Werten definiert. Diese zweite Option (dynamische Werteeingabe) ermöglicht es bereits während des Zeichnens, eine geometrisch definierte Kontur zu erstellen. Beide Methoden sollen in den folgenden Übungen ausgiebig verwendet und gefestigt werden.

Um die dynamische Werteeingabe verwenden zu können, müssen in der erweiterten Befehlsgruppe ***Abhängig machen*** die drei Optionen ***Abhängigkeitsableitung***, ***Abhängigkeitserstellung*** und ***Beständige Bemaßung*** (Abb. 28) aktiviert sein. Überprüfen Sie das vor den ersten Zeichenschritten.

4.1.6 Arbeiten mit der dynamischen Werteeingabe

Die ersten beiden Linien sollen mit der ***dynamischen Werteeingabe*** erzeugt werden. Starten Sie den Befehl ***Linie***, ziehen Sie den Mauspfeil in den Zeichenbereich und wechseln Sie mit der Tabulatortaste (TAB) in das Eingabefeld der X-Koordinate des ersten Linienpunkts. Nach der Werteeingabe [*] gelangen Sie durch erneutes Drücken der Taste ***TAB*** in das Eingabefeld der Y-Koordinate. Die Taste ***ENTER*** bestätigt die Eingabe. Nachdem der erste Punkt platziert wurde, gelangen Sie in den Eingabebereich des zweiten Punktes. Um die Position dieses Punkts zu definieren, ist die Vorgabe eines Längenwertes und eines Winkels erforderlich. Nach der Definition der ersten Linie (mittels zweier Punkte) wird durch die Werteeingabe des dritten Punkts die zweite Linie erzeugt. Hierbei ist es erforderlich, den Mauspfeil vorab etwas nach oben zu ziehen, um dem Programm die Richtung vorzugeben.

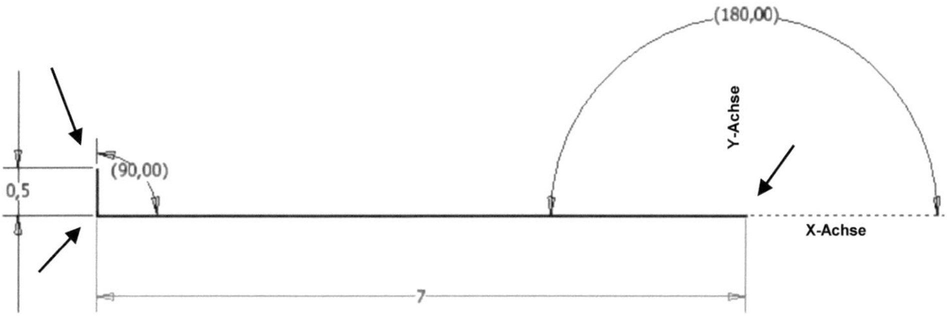

Abb. 29 Erzeugen der ersten beiden Linien über die dynamische Werteeingabe

- ***Linie***
- 1. Punkt: ***TAB*** > [0] > ***TAB*** > [0]
- ***ENTER***
- 2. Punkt: [7] > ***TAB*** > [180] > ***ENTER***
- Maus etwas nach oben ziehen
- 3. Punkt: [0,5] > ***TAB*** > [90] > ***ENTER***
- ***ESC***

HINWEIS: Die Eingaben für den ersten Punkt (0; 0) stellen die X- und Y-Koordinaten dar. Die Eingaben für die beiden folgenden Punkte (7; 180 / 0,5; 90), stellen Linienlänge und Winkel der Linie (in Bezug auf das BKS) dar. Vor der Eingabe der Werte für den dritten Punkt ist es wichtig, die Maus etwas nach oben zu ziehen, um dem Programm die Richtung vorzugeben.

Die folgenden Linien sollen frei mit der linken Maustaste gezeichnet und anschließend mit Maßen und Abhängigkeiten versehen werden. Verwenden Sie den Befehl ***Linie*** um die in Abb. 30 dargestellten fünf Linien (L1...5) als eine zusammenhängende Kontur zu erzeugen.

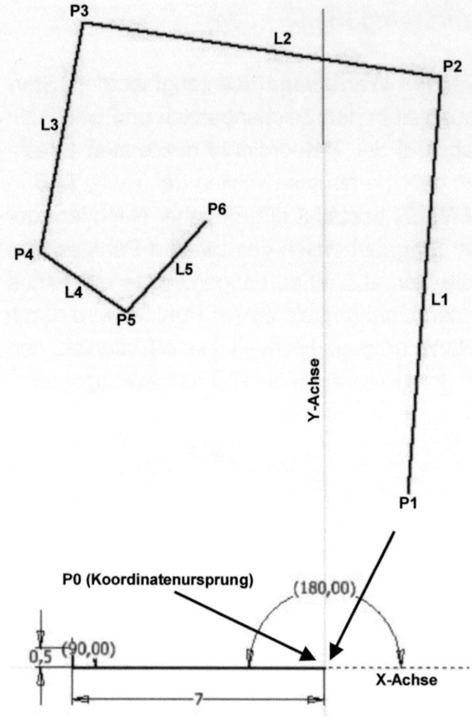

Abb. 30 Freies Zeichnen der Linien

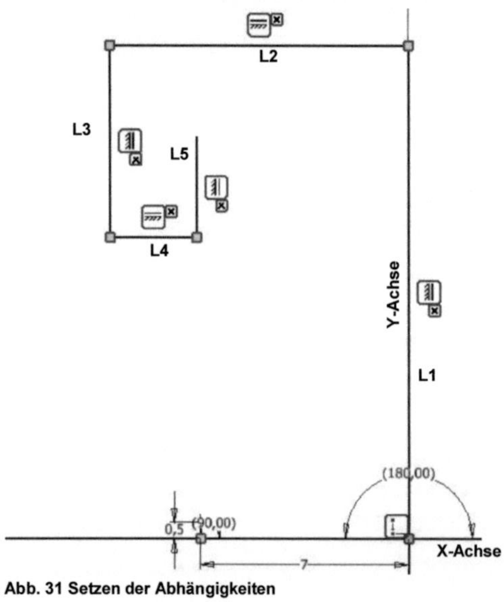

Abb. 31 Setzen der Abhängigkeiten

- ***Linie***
- 5 Linien (L1...L5) zeichnen > ***ESC***

Achten Sie darauf, die Linien so wie in Abb. 30 dargestellt zu zeichnen. Alle Linien sind leicht schräg zu zeichnen. Im Anschluss daran müssen diese Linien durch Abhängigkeiten begradigt werden. Die notwendigen Befehle hierzu finden Sie in der Befehlsgruppe ***Abhängig machen***.

Starten Sie mit dem Befehl ***Koinzident***, um den Punkt ***P1*** auf den Koordinatenursprung (P0) zu platzieren.

- ***Koinzident***
- ***P1*** wählen, ***P0*** wählen > ***ESC***

Verwenden Sie die Befehle ***Vertikal*** und ***Horizontal***, um die Lage der Linien L1 .. L5 auszurichten.

- ***Vertikal***
- Linien ***L1***, ***L3*** und ***L5*** wählen > ***ESC***
- ***Horizontal***
- Linien ***L2*** und ***L4*** wählen > ***ESC***

Das Ergebnis sollte dann wie in Abb. 31 dargestellt aussehen.

HINWEIS: Alle vorhandenen Abhängigkeiten können mit der Taste ***F8*** ein- und mit der Taste ***F9*** wieder ausgeblendet werden. Kleine Symbole deuten die jeweiligen Abhängigkeiten an. Um eine falsch gesetzte Abhängigkeit zu löschen, markieren Sie diese und drücken die Taste ***ENTF***.

4.1.7 Bemaßen von Zeichenelementen

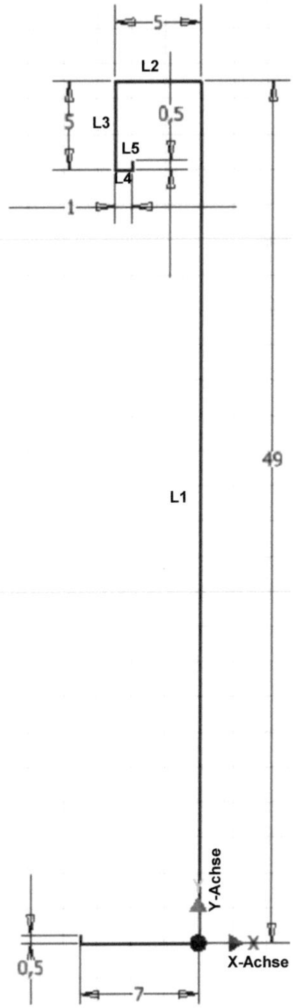

Abb. 32 Bemaßen der Linien

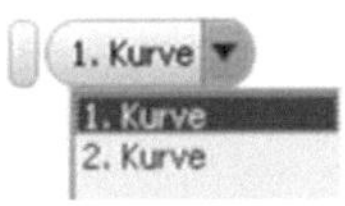

Abb. 33 Auswahlmenü zweier übereinanderliegender Linien

Die ersten beiden Linien, die mit dynamischer Werteeingabe gezeichnet wurden, sind bereits bemaßt Die restlichen Linien (L1...L5) sind bereits mit Abhängigkeiten versehen, müssen allerdings noch in der Länge festgelegt werden.

Um ein Objekt mittels ***Allgemeiner Bemaßung*** zu bemaßen, muss dieses angeklickt und das Maß danach abgelegt werden. Dann wird der Wert eingegeben.

Kurz vor dem Ablegen eines Maßes gibt es die Möglichkeit, mit der ***rechten Maustaste*** weitere Optionen zu wählen. Je nach Lage des Objekts im Raum kann ein Maß ***horizontal***, ***vertikal*** oder zum Objekt hin ***ausgerichtet*** erzeugt werden. Wenn Sie die Maustaste in die entsprechende Richtung ziehen, können auch auf diesem Wege (ohne die Verwendung der rechten Maustaste) die Optionen ***Horizontal***, ***Vertikal*** oder ***Ausgerichtet***) aktiviert werden.

Starten Sie den Befehl ***Allgemeine Bemaßung*** und bemaßen Sie die Linien wie in Abb. 32 dargestellt.

- ***Allgemeine Bemaßung***
- Linie ***L1*** wählen > Maß ablegen > [49] > ***ENTER***
- Linie ***L2*** wählen > Maß ablegen > [5] > ***ENTER***
- Linie ***L3*** wählen > Maß ablegen > [5] > ***ENTER***
- Linie ***L4*** wählen > Maß ablegen > [1] > ***ENTER***
- Linie ***L5*** wählen > Maß ablegen > [0,5] > ***ENTER***
- ***ESC***

Bei der Auswahl mehrerer übereinanderliegender geometrischer Elemente kann es vorkommen, dass es Probleme bei der Auswahl des gewünschten Objektes gibt (das Objekt kann nicht gegriffen werden). Hier bietet das Programm die Möglichkeit, die Auswahl zu differenzieren. Halten Sie in diesem Fall den Mauszeiger eine Weile auf das gewünschte Element und warten Sie, bis ein Auswahlmenü erscheint (Abb. 33).

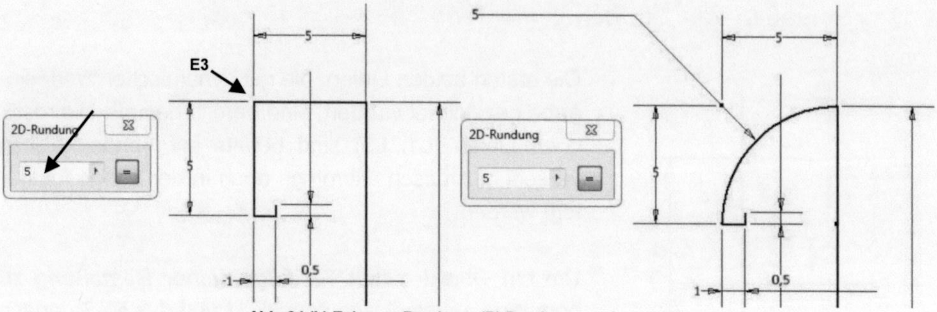

Abb. 34 (L) Ecke vor Rundung; (R) Rundung wurde erzeugt

In der folgenden Übung soll die in Abb. 34 (L) markierte Ecke ***E3*** mittels Befehl ***Rundung*** in einem Radius von ***5 mm*** abgerundet werden.

➢ ***Rundung*** > Radius: [5] > Punkt ***P3*** wählen > ***ESC***

HINWEIS: Wenn Sie das ***Gleichheitszeichen*** aktivieren und nach der ersten Rundung weitere Rundungen erzeugen (ohne den Befehl zwischendurch zu beenden), sind alle folgenden Rundungen von der ersten parametrisch abhängig. Wenn Sie später das Maß der ersten Rundung ändern, dann ändern sich auch alle davon abhängigen Rundungen.

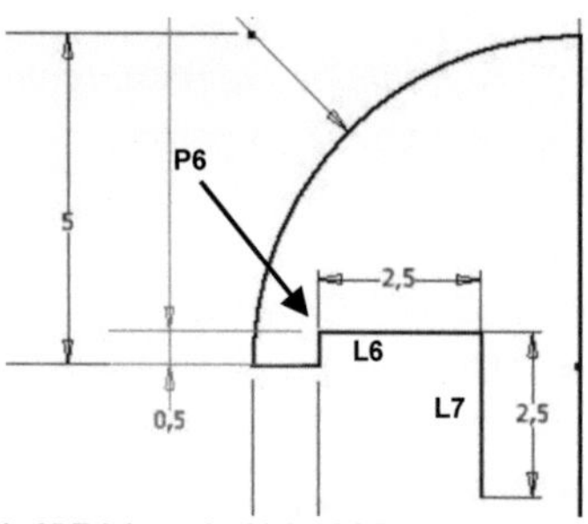

Abb. 35 Zeichnen der Linien L6,7

Starten Sie den Befehl ***Linie*** und erzeugen Sie, beginnend im Punkt ***P6*** (Abb. 35), zwei weitere Linien (L6, L7) mit den folgenden Koordinaten:

➢ ***Linie***
➢ 1. Punkt: P6 (Startpunkt der ersten Linie)
➢ 2. Punkt: [2,5] > ***TAB*** > [0] > ***ENTER***
➢ 3. Punkt: [2,5] > ***TAB*** > [90] > ***ENTER*** > ***ESC***

Achten Sie beim Setzen des dritten Punktes darauf, die Maus etwas nach unten zu ziehen, <u>bevor</u> Sie mit [***ENTER***] bestätigen. Wechseln Sie jetzt in den unteren Teil der Skizze und erzeugen Sie dort zwei ***Punkte*** mit den folgenden Koordinaten:

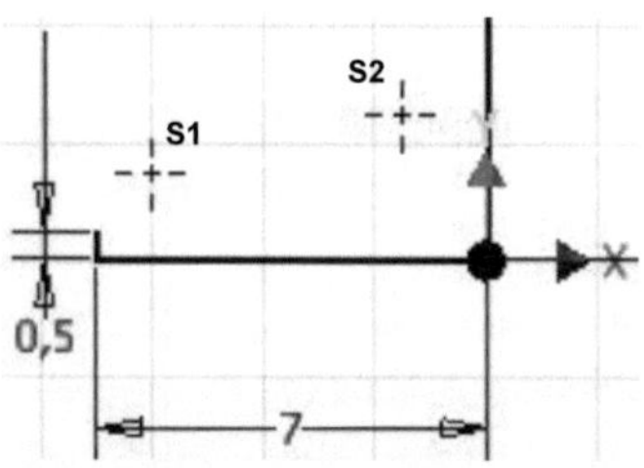

Abb. 36 Zeichnen der Punkte S1,2

➢ ***Punkt***
➢ 1. Punkt: ***TAB*** > [-6] > ***TAB*** > [1,5] > ***ENTER***
➢ 2. Punkt: ***TAB*** > [-1,5] > ***TAB*** > [2,5] > ***ENTER***

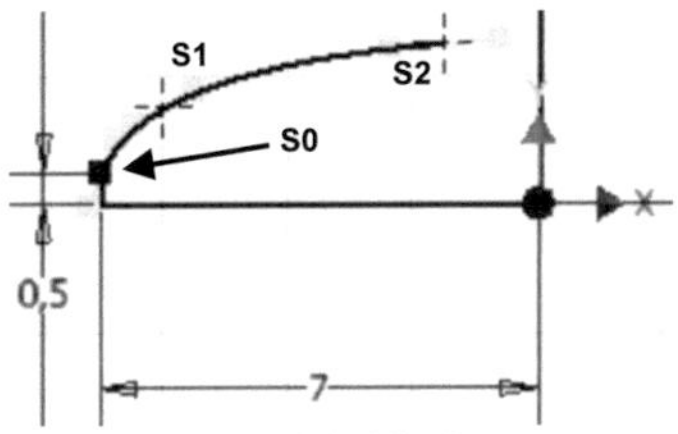

Abb. 37 Spline durch drei Punkte

Verbinden Sie die drei Punkte (S0, S1, S2) durch einen **_Spline_** (Typ: Interpolation). Als Startpunkt soll Punkt **_S0_** (Abb. 37) dienen.

- **_Spline_** (Typ: Interpolation)
- Punkt **_S0_** wählen
- Punkt **_S1_** wählen
- Punkt **_S2_** wählen
- **_ENTER_**

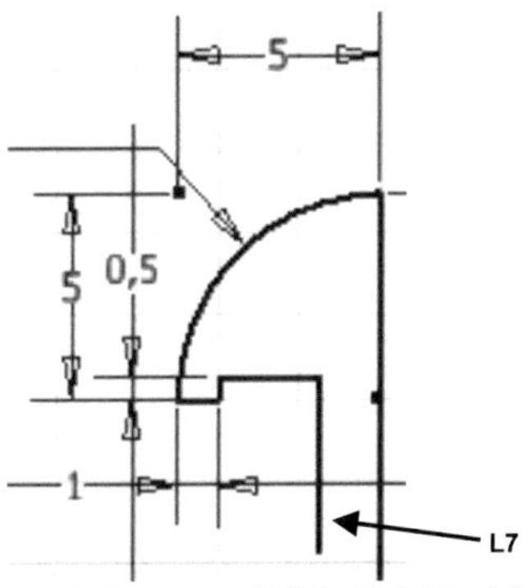

Abb. 38 Den unteren Teil der Linie L7 anklicken, um sie zu dehnen

Die Linie **_L7_** soll jetzt mit den Linien im unteren Zeichenbereich verbunden werden. Die Bemaßung dieser Linie muss vorher gelöscht werden. Markieren Sie die Bemaßung (2,5 mm) und löschen Sie diese mit der Taste **_ENTF_**.

Starten Sie den Befehl **_Dehnen_** (Befehlsgruppe **_Ändern_**) und klicken Sie dann auf den unteren Teil der Linie **_L7_**. Diese sollte sich jetzt bis zum Spline im unteren Bereich des Ventils (Punkt **_S2_**) verlängern.

- **_Dehnen_**
- Linie **_L7_** (im unteren Bereich) wählen (Abb. 38)
- **_ESC_**

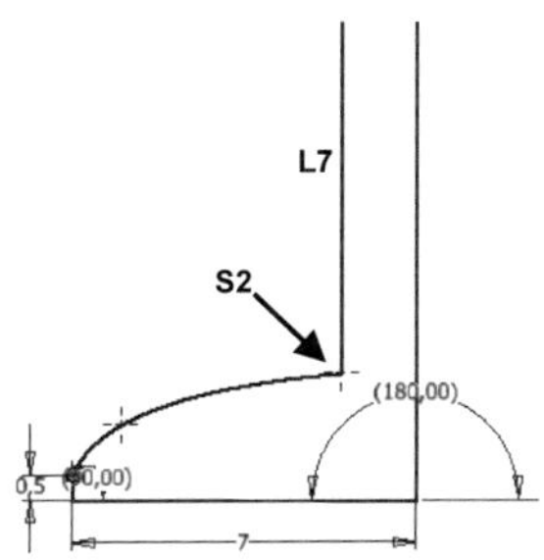

Abb. 39 Linie L7 wurde bis zum Punkt S2 verlängert

Wenn der Befehl richtig ausgeführt wurde, sollte die Linie **_L7_** jetzt präzise am Punkt **_S2_** enden. Fehlende Bemaßungen müssen jetzt mit dem Befehl **_Automatisches Bemaßen_** ergänzt werden.

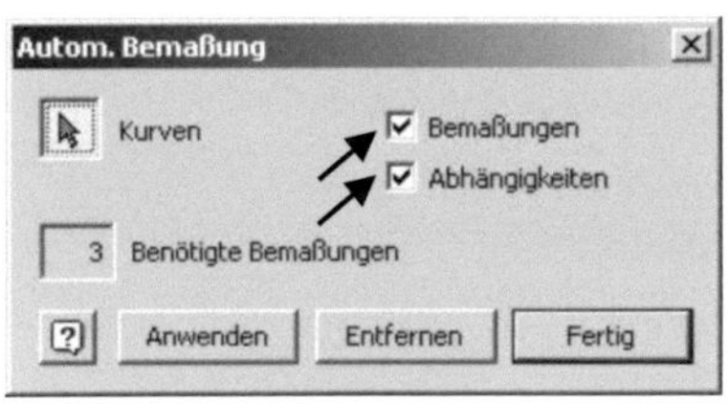

Abb. 40 Automatisches Bemaßen

- **_Automatisches Bemaßen_**
- Aktivieren: Bemaßungen, Abhängigkeiten
- **_ANWENDEN_**
- **_FERTIG_**

Skizze mit **_Skizze fertig stellen_** beenden.

4.1.8 Das Register 3D-MODELLIERUNG im Überblick

Abb. 41 Befehlsgruppen des Registers: 3D-Modellierung

OPTIONEN

1) Neue Skizzen erzeugen
2) Volumenkörper-Basiselemente erzeugen (Quader, Kugel, Zylinder...)
3) Volumen- oder Flächenkörper aus Skizzen erzeugen
4) Bearbeiten vorhandener Volumen- oder Flächenkörper
5) Ebenen, Achsen oder Punkte erzeugen
6) Rechteckige, runde oder gespiegelte Muster erzeugen
7) Flächen erstellen,
8) Parameter verwalten
9) Kunststoffelemente erzeugen
10) Messwerkzeuge
11) Daten importieren/ exportieren
12) Kabelbaumelemente einfügen
13) Bauteile importieren/ exportieren
14) Belastungsanalyse/ Simulation
15) Volumenkörper in Blechkörper konvertieren

4.1.9 Volumenkörper durch Drehung erzeugen

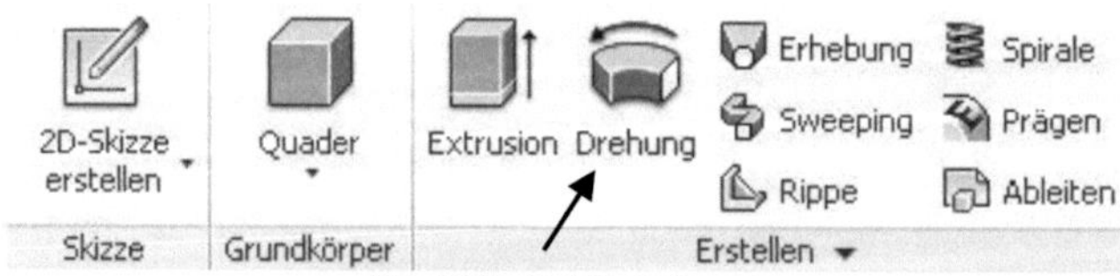

Abb. 42 Der Befehl: Drehung

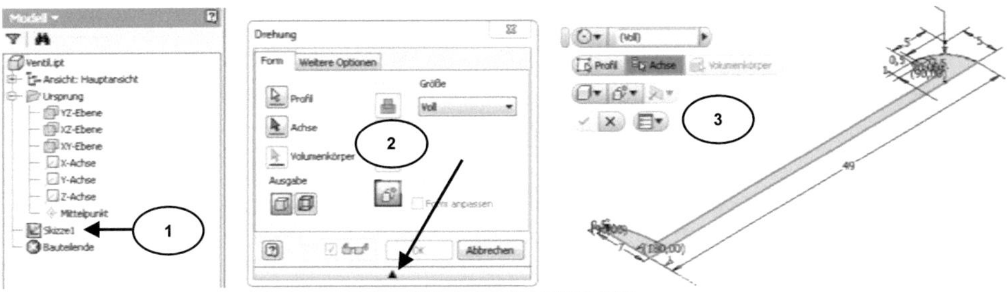

Abb. 43 Optionen eines 3D-Befehls

Nach dem Verlassen des Skizzenbereiches, wechselt das Programm ins Register ***3D-Modellierung***. Die Ansicht wird etwas gedreht, und es stehen Ihnen diverse Modellierungs- und Bearbeitungsbefehle zur Verfügung. Die soeben erzeugte Skizze befindet sich im Modellbaum (1) und kann dort jederzeit geöffnet und bearbeitet werden (***rechte Maustaste*** > ***Skizze bearbeiten***).

Starten Sie den Befehl ***Drehung*** (Befehlsgruppe ***Erstellen***). Das Programm öffnet zwei Eingabemasken. Die erste Eingabemaske (2) ist die klassische Variante. Diese muss erst durch einen Klick auf das kleine ▲ ***Dreieck*** (Abb. 43) aufgeklappt werden. Die zweite Eingabemaske (3) beinhaltet dieselben Optionen wie (2), nur in einer anderen Darstellung.

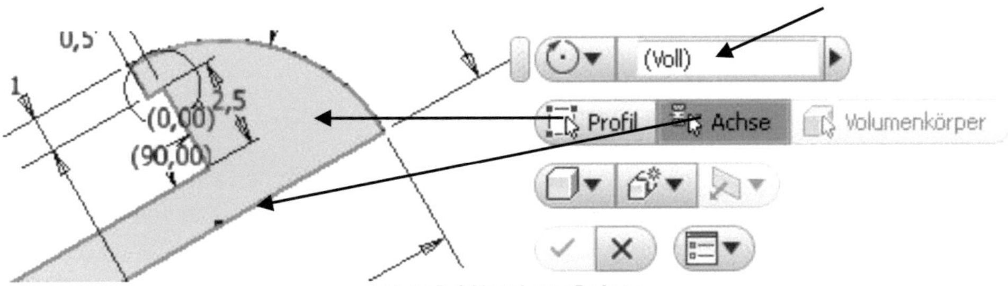

Abb. 44 Befehlsoptionen: Drehung

Abb. 45 Die Kontur der Skizze wurde in einen Volumenkörper konvertiert

Das ***Profil*** wird automatisch erkannt. Als ***Achse*** wählen Sie die in Abb. 44 markierte projizierte Y-Achse. Weitere Einstellungen sind nicht erforderlich und der Befehl kann durch ***OK*** bestätigt werden.

HINWEIS: Wenn Sie die ***Drehachse*** bereits im Skizzenbereich als ***Mittellinie*** (Befehlsgruppe ***Format***) definieren, wird diese im Befehl ***Drehung*** automatisch erkannt.

HINWEIS: Sollte das zu drehende Profil nicht automatisch vom Programm erkannt werden, beenden Sie den Drehbefehl (***ESC***) und öffnen die ***Skizze1*** im Modellbaum (Doppelklick). Markieren Sie eine der gezeichneten Linien, wählen Sie mit der rechten Maustaste die Option ***Kontur schließen*** und folgen Sie den Anweisungen.

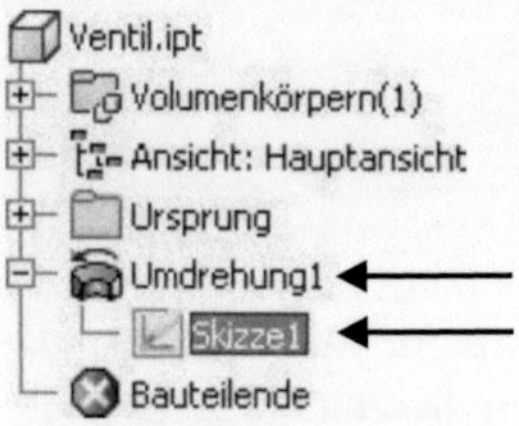

Abb. 46 Modellbaum nach Drehbefehl

Wurde ein 3D-Befehl erfolgreich ausgeführt, werden alle beteiligten 2D-Skizzen darin integriert. Der jeweilige 3D-Befehl kann im Modellbaum aufgeklappt (Abb. 46) und die darin enthaltene Skizze jederzeit bearbeitet werden. Um einen 3D-Befehl zu bearbeiten, führen Sie einen Doppelklick darauf aus (alternativ: ***rechte Maustaste*** > ***Bearbeiten***). Sie gelangen dann in dessen Bearbeitungsbereich.

Abb. 47 Speichern der Datei

Das Bauteil ist mit dem letzten Befehl fertiggestellt worden und kann jetzt ***gespeichert*** werden. Verwenden Sie die Bezeichnung ***Ventil*** und achten Sie darauf, die Datei im Projektordner (***Übung-Inventor-2014***) zu speichern.

4.2 Bauteil Kurbelwelle-Riemenrad

4.2.1 Grundlagen zum Bauteil

Abb. 48 Riemenrad der Kurbelwelle

Kurbelwelle und Nockenwelle des Übungsmotors werden durch einen Riementrieb miteinander verbunden. Dieser besteht aus einem Keilriemen und zwei Riemenrädern (ein Riemenrad je Welle). Das Verhältnis der Außendurchmesser beider Riemenräder zueinander bestimmt das Verhältnis der Drehgeschwindigkeit der Wellen. Beide Riemenräder sind bis auf den Außendurchmesser identisch. Nachdem das erste Riemenrad konstruiert wurde, kann das zweite hiervon abgeleitet werden.

4.2.2 Erzeugen der Basisskizze

Erstellen Sie ein neues Bauteil (***Norm.ipt***). In der sich automatisch öffnenden Skizze ***projizieren*** Sie die drei Achsen (X, Y, Z) und zeichnen anschließend die nachfolgend dargestellte Linienkontur. Die gesamte Linienkontur soll durch ein freies Ablegen der Linienpunkte gezeichnet und anschließend bemaßt sowie mit Abhängigkeiten versehen werden.

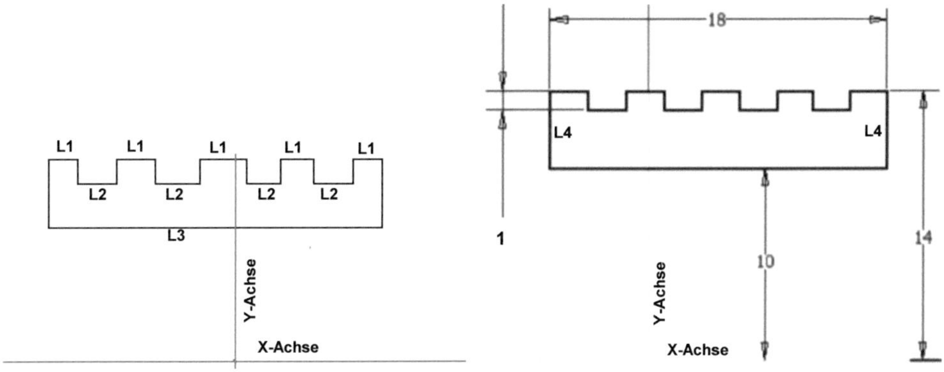

Abb. 49 (L) Zeichnen der Basiskontur aus 20 Linien; (R) Bemaßen der Linienkontur

Zeichnen Sie im ersten Schritt die in Abb. 49 (L) dargestellten 20 ***Linien***. Alle Linienpunkte sind frei mit der linken Maustaste abzulegen und die gesamte Kontur muss oberhalb der X-Achse gezeichnet werden. Danach sind alle mit ***L1***, ***L2*** und ***L3*** bezeichneten Linien mit der Abhängigkeit ***Horizontal*** zu versehen, alle restlichen Linien mit der Abhängigkeit ***Vertikal***.

Mit der Abhängigkeit ***Kollinear*** sind nacheinander alle Linien ***L1*** zu versehen. Diese Linien liegen damit auf demselben Niveau. Nachdem der Befehl mit ***ESC*** beendet und anschließend neu gestartet wurde, ist dieselbe Abhängigkeit für die Linien ***L2*** zu wiederholen.

Die Abhängigkeit ***Gleich*** soll dann alle mit ***L1*** und ***L2*** bezeichneten (waagerechten) Linien mit derselben Längeneigenschaft versehen.

Die Abhängigkeit ***Symmetrisch*** wird die gesamte Linienkontur symmetrisch zur projizierten Y-Achse ausrichten. Hierfür müssen nach Aktivierung der Abhängigkeit nacheinander die beiden mit ***L4*** gekennzeichneten Linien (Abb. 49 R) und dann die projizierte ***Y-Achse*** gewählt werden.

Sobald alle Abhängigkeiten gesetzt wurden, können die in Abb. 49 R dargestellten ***Bemaßungen*** eingefügt werden. Kontrollieren Sie die Skizze noch einmal auf Fehler. Sie sollte mit der Abb. 49 R übereinstimmen. Unten rechts im Zeichenbereich muss das Programm jetzt eine Meldung ***Skizze voll bestimmt*** (Abb. 50) erzeugen.

Abb. 50 Skizze voll bestimmt

Die Skizze kann im Anschluss durch ***Skizze fertig stellen*** beendet werden, und das Programm wechselt in den Bereich ***3D-Modellierung***.

4.2.3 Volumenkörper durch Drehung

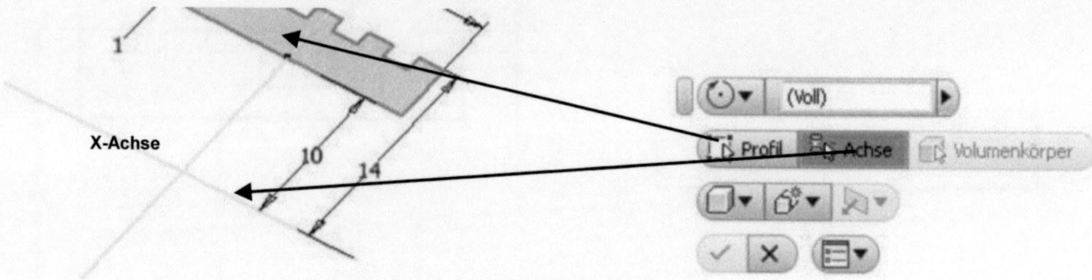

Abb. 51 Drehen der Kontur um die X-Achse

Auch die Skizze des Riemenrades soll durch eine ***Drehung*** in einen Volumenkörper konvertiert werden. Das ***Profil*** wird automatisch erkannt, als ***Achse*** ist die ***X-Achse*** zu verwenden (Abb. 51). Weitere Einstellungen sind nicht erforderlich, und der Befehl kann mit ***OK*** bestätigt werden.

4.2.4 Erzeugen einer Passfederaussparung

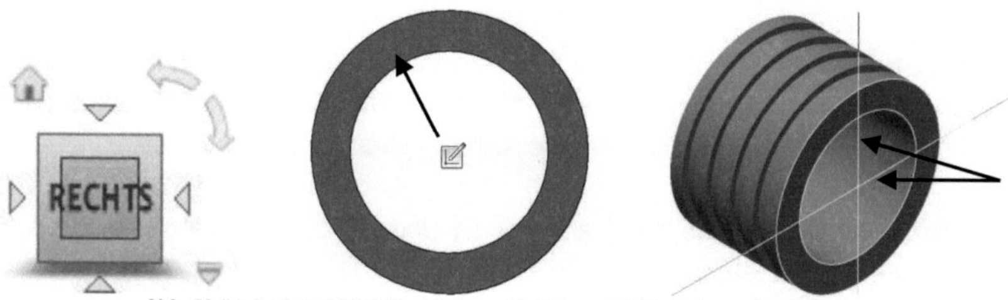

Abb. 52 (L) Ansicht RECHTS; (M) Neue 2D-Skizze; (R) Projizieren der Achsen

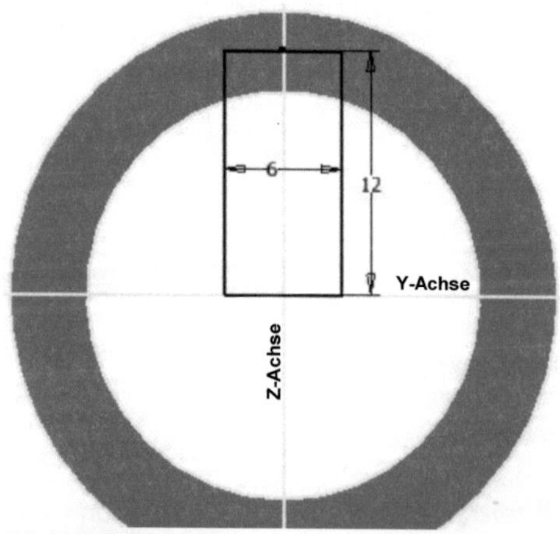

Abb. 53 Rechteck zeichnen

Die Riemenscheibe benötigt eine Passfederaussparung. Wechseln Sie am ***ViewCube*** zur Ansicht ***RECHTS*** (Abb. 52 L), erzeugen Sie auf der in Abb. 52 M markierten Fläche eine neue ***2D-Skizze*** und ***projizieren*** Sie die drei Achsen (X, Y, Z). Zeichnen Sie ein ***Rechteck*** und bemaßen Sie dieses wie in Abb. 53 dargestellt. Die untere Linie des Rechtecks soll auf der ***Y-Achse*** liegen und das Rechteck ***symmetrisch*** zur ***Z-Achse*** ausgerichtet werden. Verwenden Sie die Abhängigkeiten ***Kollinear*** und ***Symmetrisch***.

Abb. 54 Der Befehl: Extrusion

Beenden Sie die Skizze (**_Skizze fertig stellen_**) und starten Sie den Befehl **_Extrusion_**. Bei der vorhergehenden Drehung war lediglich die Option **_Vereinigung_** aktiv. Jetzt stehen aufgrund des bereits vorhandenen Volumenkörpers (Rotationskörper) zwei weitere boolesche Optionen zur Verfügung. Mit der Option **_Differenz_** haben Sie die Möglichkeit, Material aus dem vorhandenen Volumenkörper herauszuschneiden. Mit der Option **_Schnittmenge_** können Sie aus zwei Volumenkörpern eine gemeinsame Schnittmenge erzeugen. Wir verwenden die Option **_Differenz_**.

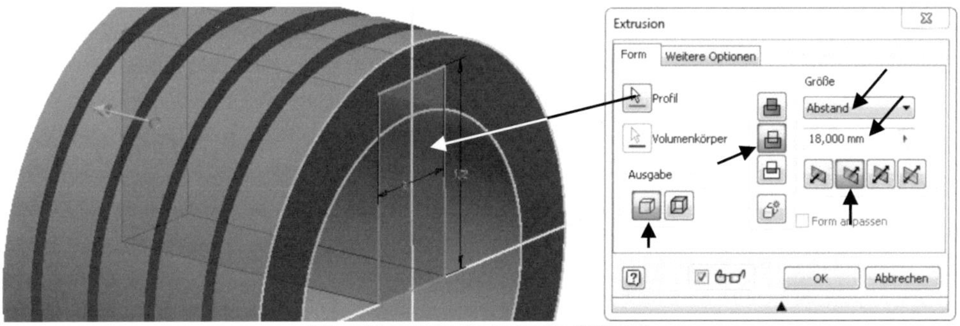

Abb. 55 Extrudieren des Rechtecks (Differenz)

In der folgenden Übung soll aus dem vorhandenen Volumenkörper Material entfernt werden. Als **_Profil_** ist das **_Rechteck_** zu wählen, als **_Option_** für die boolesche Operation die **_Differenz_** und als **_Größe_** die Option Abstand **_Abstand_** mit dem Wert **_18 mm_**. Achten Sie darauf, als **_Ausgabe_** die Option **_Volumenkörper_** zu aktivieren. In Abb. 55 wurde die **_Richtung 2_** gewählt. Das kann bei Ihnen anders sein. Wichtig ist, dass die Extrusion in das bereits vorhandene Material schneidet.

Wenn alle Einstellungen übernommen wurden, kann der Befehl mit OK **_OK_** bestätigt werden. Das Bauteil ist damit fertiggestellt und kann als **_Kurbelwelle-Riemenrad.ipt_** im Projektordner (Übung-Inventor-2014) **_gespeichert_** werden. Die Datei nicht schließen!

HINWEIS: Sollten Sie den Befehl beendet haben und Ihnen im Nachhinein Fehler auffallen, kann die Extrusion durch Doppelklick auf **_Extrusion1_** im Modellbaum korrigiert werden (alternativ: **_rechte Maustaste_** > **_Element bearbeiten_**).

4.3 Bauteil Nockenwelle-Riemenrad
4.3.1 Grundlagen zum Bauteil

Abb. 56 Riemenrad der Nockenwelle

Das Riemenrad der Nockenwelle und jenes der Kurbelwelle sind bis auf den Außendurchmesser geometrisch identisch. Um die Komponente nicht komplett neu zeichnen zu müssen, verwenden wir das bereits vorhandene Riemenrad der Kurbelwelle und ändern lediglich den Außendurchmesser im Skizzenbereich.

4.3.2 Bearbeiten vorhandener Konstruktionen

Bevor der Außendurchmesser des Riemenrades der Nockenwelle geändert wird, sollte das neue Bauteil als eigenständige Datei gespeichert werden. Öffnen Sie das ***Hauptmenü***, starten Sie den Befehl ***Speichern unter*** und speichern Sie das Bauteil als ***Nockenwelle-Riemenrad.ipt***.

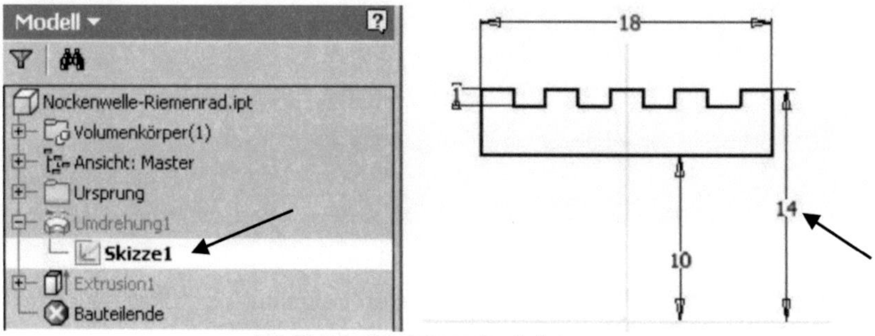

Abb. 57 Außendurchmesser bearbeiten

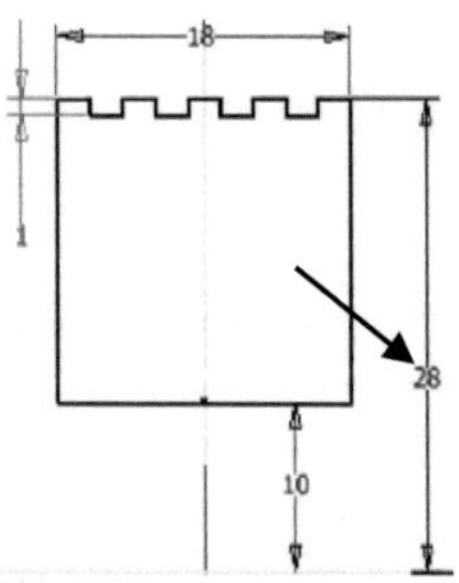

Abb. 58 Wert wurde geändert

Die neue Datei wurde gesichert, und es kann mit der Änderung des Außendurchmessers begonnen werden. Unterhalb der ***Umdrehung*** im Modellbaum befindet sich die ***Skizze***, welche per Doppelklick geöffnet werden muss. Das Höhenmaß des Außendurchmessers soll von ***14 mm*** (Abb. 57) auf ***28 mm*** (Abb. 58) geändert werden. Die Skizze kann anschließend ***beendet*** werden. Zurück im Modellbereich, wird sich die neue Kontur automatisch berechnen, und das Bauteil kann ***gespeichert*** und ***geschlossen*** werden.

4.4 Bauteil Zündkerze

4.4.1 Grundlagen zum Bauteil

Abb. 59 Die Zündkerze

Eine Zündkerze hat die Aufgabe, das im Zylinderraum befindliche Kraftstoff-Luft-Gemisch zu zünden. Der hierfür nötige Zündfunken wird durch eine Zündspannung zwischen zwei Elektroden erzeugt. Eine Zündkerze besteht aus mehreren Komponenten (Gehäuse, Isolator, Anschlussbolzen, Glasschmelze, Dichtring, Mittelelektrode, Masseelektrode und weiteren). In unserem Übungsbeispiel soll die Zündkerze vereinfacht dargestellt werden.

4.4.2 Erzeugen eines Sechskants

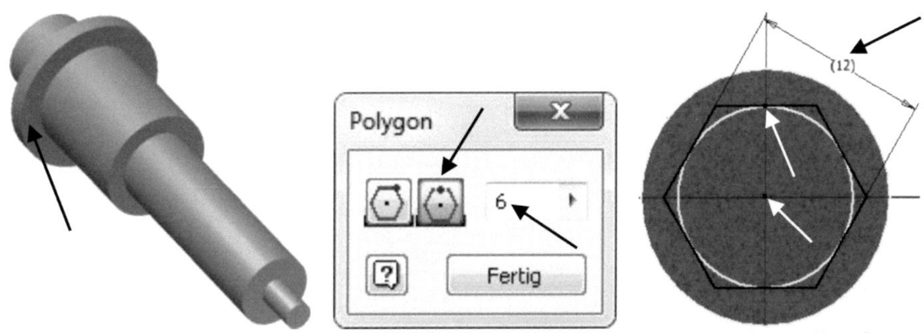

Abb. 60 (L) Markierte Fläche für 2D-Skizze; (M) Befehlsfenster Polygon; (R) Polygon gezeichnet und bemaßt

Öffnen Sie im Projektordner die bereits vorhandene (heruntergeladene) Datei ***Zuendkerze.ipt***. Hier wurde das Grundelement der Kerze bereits erzeugt. Im ersten Schritt soll auf der in Abb. 60 L markierten Fläche eine neue ***2D-Skizze*** erstellt und die drei Achsen (X, Y, Z) ***projiziert*** werden (Modellbaum > Ordner: Ursprung).

Wechseln Sie am ***ViewCube*** zur Ansicht ***HINTEN*** und verwenden Sie die Taste ***F7***, um die Skizze zu schneiden. Zeichnen Sie ein ***Polygon*** (***6*** Seiten, Option ***Umschrieben***) im Mittelpunkt des Koordinatenursprungs (Abb. 60 M). Eine Bemaßung des Polygons ist während des Zeichnens nicht möglich und muss anschließend durchgeführt werden. Die Seiten sollen ***12 mm*** voneinander entfernt sein (Abb. 60 R). Die Skizze danach ***beenden***.

HINWEIS: Mit der Taste ***F7*** können Sie eine Skizze freilegen. Wenn Sie innerhalb eines Volumenkörpers zeichnen, können Sie den Sichtbereich bis hin zur Skizze ausblenden. Diese Funktion gibt es nur im 2D-Skizzenbereich.

Abb. 61 (L) Auswahl des Profils; (M) Richtung der Extrusion; (R) Extrusion durchgeführt

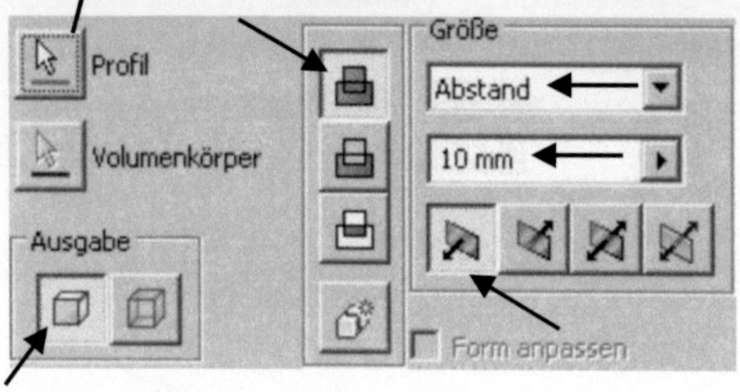

- ***Extrusion***
- Profil: Polygon
- Verfahren: Vereinigung
- Größe: Abstand (10 mm)
- Richtung: Richtung 1
- Ausgabe: Volumenkörper
- OK

4.4.3 *Runden des Isolators*

Abb. 62 Der Befehl: Rundung

Mit dem Befehl ***Rundung*** können Kanten oder ganze Ecken mit einem konstanten oder variablen Radius abgerundet werden.

Starten Sie den Befehl und bleiben Sie in der Option ***Kantenabrundung*** und im Reiter ***Konstant***. Im Eingabebereich ist in der vorhandenen ersten Zeile der ***Radius 1 mm*** einzutragen und die in Abb. 63 markierte Kante der Zündkerze zu wählen (über den links in der Zeile stehenden ***weißen Pfeil***).

Unterhalb der ersten Zeile ist im Anschluss die Option ***Hinzu: Klicken*** zu aktivieren und in der zweiten Zeile der ***Radius 0,5 mm*** einzugeben. Die dazugehörige Kante ist ebenfalls in Abb. 63 markiert.

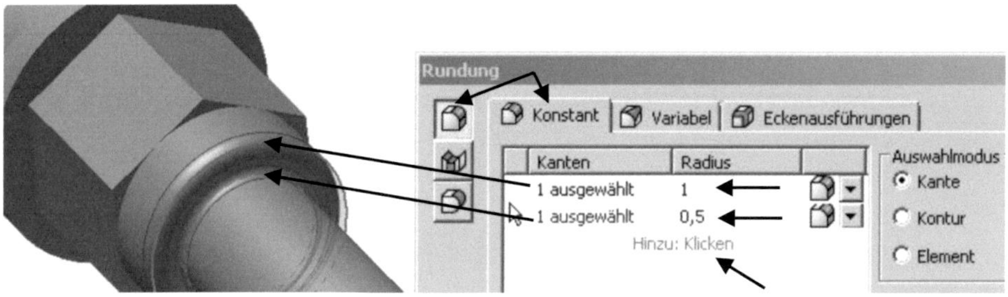

Abb. 63 Abrunden der beiden markierten Kanten

- ***Rundung***
- Option: Kantenabrundung
- Reiter: Konstant
- Radius: 1 mm (1. Zeile)
- Kante 1: Markierte Kante, 1. Zeile
- ***Hinzu: Klicken***
- Radius: 0,5 mm (2. Zeile)
- Kante 2: Markierte Kante, 2. Zeile

Der Befehl soll noch geöffnet bleiben, da eine weitere Rundung erforderlich ist. Wählen Sie die Option ***Hinzu: Klicken***, tragen Sie in der dritten Zeile den ***Radius 2 mm*** ein und wählen Sie die in Abb. 64 markierte Kante.

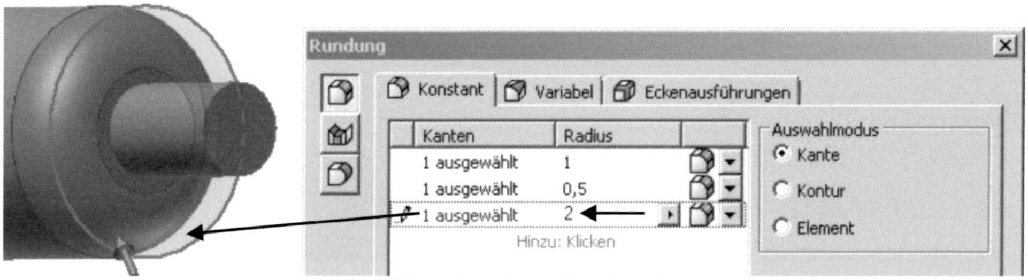

Abb. 64 Hinzufügen einer weiteren Rundung

- ***Hinzu: Klicken*** wählen
- Radius: 2 mm (3. Zeile)
- Kante 3: Markierte Kante, 3. Zeile
- OK

Der Befehl kann jetzt mit OK ***OK*** bestätigt werden.

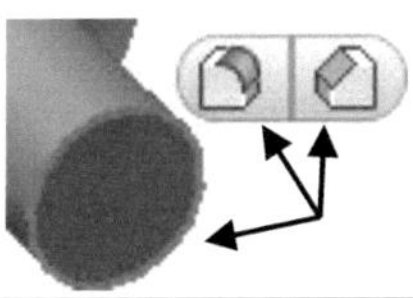

HINWEIS: Der Klick mit der linken Maustaste auf die Kante eines Volumenkörpers öffnet eine Schnellauswahl. Hier werden die beiden Befehle ***Rundung*** und ***Fase*** angeboten, welche darüber direkt gestartet werden können.

4.4.4 Gewinde an vorhandenen Zylinderflächen erzeugen

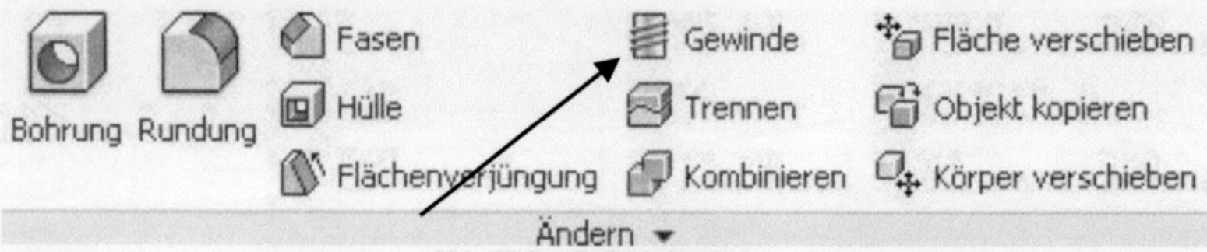

Abb. 65 Der Befehl: Gewinde

Mit dem Befehl ***Gewinde*** können zylindrische und kegelförmige Oberflächen mit einem Gewinde versehen werden. Das Register ***Position*** legt Oberfläche und Länge des Gewindes fest, das Register ***Spezifikation*** die Gewindeeigenschaften. Bitte beachten Sie, dass das Programm die passende Gewindegröße anhand der gewählten Zylinderfläche selbständig auswählt. Lediglich Gewindetyp und -länge müssen definiert werden.

Starten Sie den Befehl und wählen Sie im Reiter ***Position*** als ***Fläche*** die in Abb. 66 markierte Zylinderfläche.

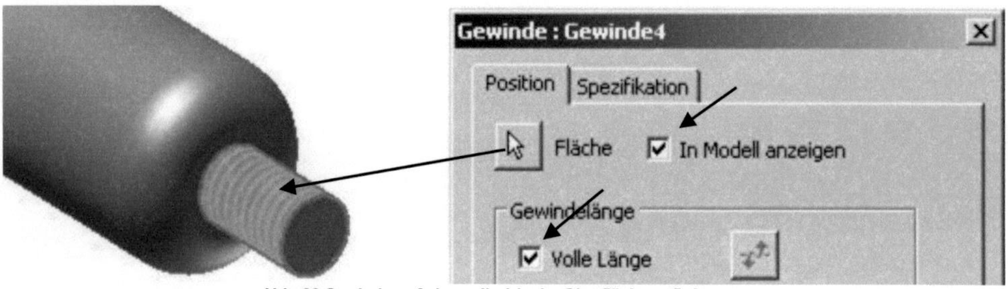

Abb. 66 Gewinde auf eine zylindrische Oberfläche aufbringen

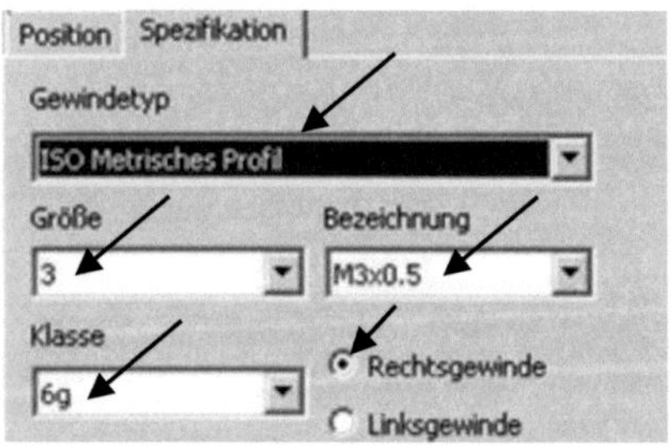

- ***Gewinde***
- Fläche: Markierte Fläche
- Gewindelänge: Volle Länge
- <u>Register: Spezifikation</u>
- Gewindetyp: ISO Metrisches Profil
- Größe: 3 - Rechtsgewinde
- Bezeichnung: M3 x 0,5
- Klasse: 6g
- OK

Auf der entgegengesetzten Seite der Zündkerze wird ein weiteres Gewinde benötigt.

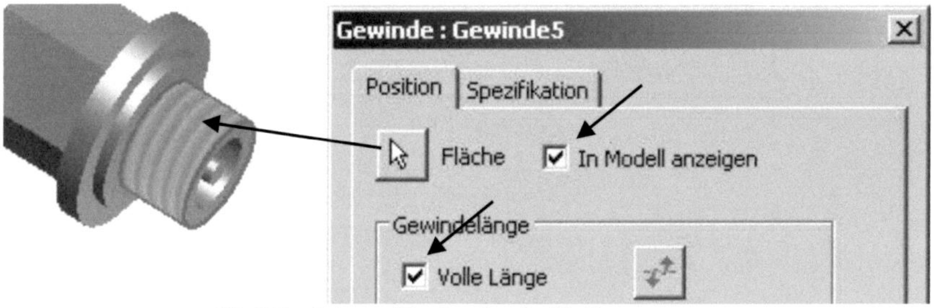

Abb. 67 Gewinde zum Einschrauben der Zündkerze erzeugen

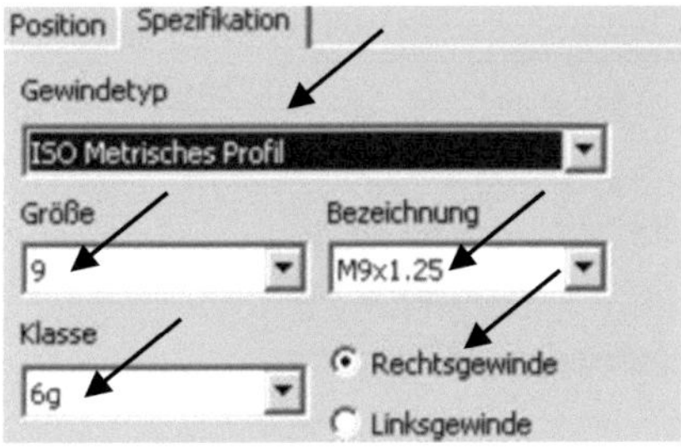

- **_Gewinde_**
- Fläche: Markierte Fläche
- Gewindelänge: Volle Länge
- <u>Register: Spezifikation</u>
- Gewindetyp: ISO Metrisches Profil
- Größe: 9 - Rechtsgewinde
- Bezeichnung: M9 x 1,25
- Klasse: 6g
- OK

4.4.5 Erzeugen einer Fase

Abb. 68 Der Befehl: Fasen

Mit dem Befehl ***Fase*** können Kanten gefast werden. Zur besseren Montage der Zündkerze in den Zylinderblock soll diese im Einschraubbereich mit einer Fase versehen werden.

Verwenden Sie die Option ***Abstand*** und einen Wert von ***1 mm***.

HINWEIS: Nachdem der Befehl ***Fase*** gestartet wurde, finden Sie an der zu bearbeitenden Kante einen kleinen ***Pfeil***. Sie haben die Möglichkeit, an diesem Pfeil zu ziehen und dadurch den Fasenwert zu ändern. Diese Option der manuellen Bearbeitung finden Sie auch bei anderen 3D-Befehlen.

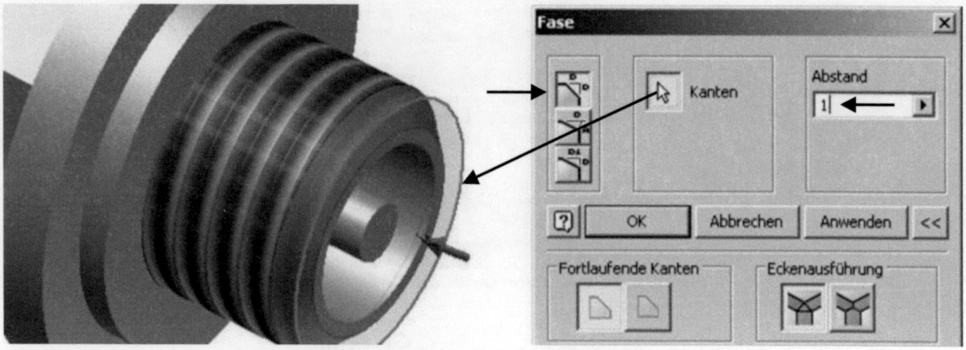

Abb. 69 Erzeugen einer Fase am Gewindeanfang

- ***Fase***
- Kante: Markierte Kante
- Option: Abstand
- Abstand: 1 mm
- OK

Speichern Sie die Datei ***Zündkerze.ipt*** und schließen diese abschließend.

4.5 Bauteil Kolben

4.5.1 Grundlagen zum Bauteil

Abb. 70 Der Kolben

Ein Kolben dient zur linear beweglichen Abdichtung des Verbrennungsraumes und zur Aufnahme der bei der Verbrennung im Zylinderraum entstehenden Verbrennungsenergie, welche über die Pleuelstange an die Kurbelwelle weitergegeben wird. Da ein Kolben starken thermischen Beanspruchungen ausgesetzt ist, muss die aufgenommene Wärme möglichst schnell an den Zylinder und das von unten gegen den Kolben strömende Öl abgegeben werden.

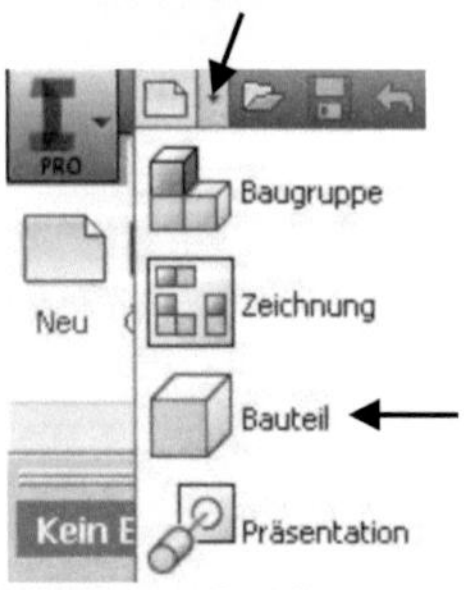

Abb. 71 Neues Bauteil

Im ersten Schritt erzeugen Sie ein neues Bauteil. Das Programm ermöglicht uns, die vier Basiskomponenten (Baugruppe, Zeichnung, Bauteil, Präsentation) in dem von uns gewählten metrischen Bereich durch eine Schnellstart-Funktion zu erstellen. Im oberen Bereich der Programmleiste finden Sie direkt neben dem Befehl ***Neu*** ein kleines ***Dreieck***. Sobald Sie dieses anwählen, erscheint ein Auswahlfenster (Abb.71), in welchem die Option ***Bauteil*** zu wählen ist.

4.5.2 Volumenkörper durch Drehung erzeugen

- ***Projizieren*** Sie im Skizzenbereich die drei Achsen (X, Y, Z). Anschließend soll die in Abb. 72, 73 dargestellte Kontur gezeichnet und bemaßt werden. Achten Sie darauf, die Kontur an X- und Y-Achse auszurichten.

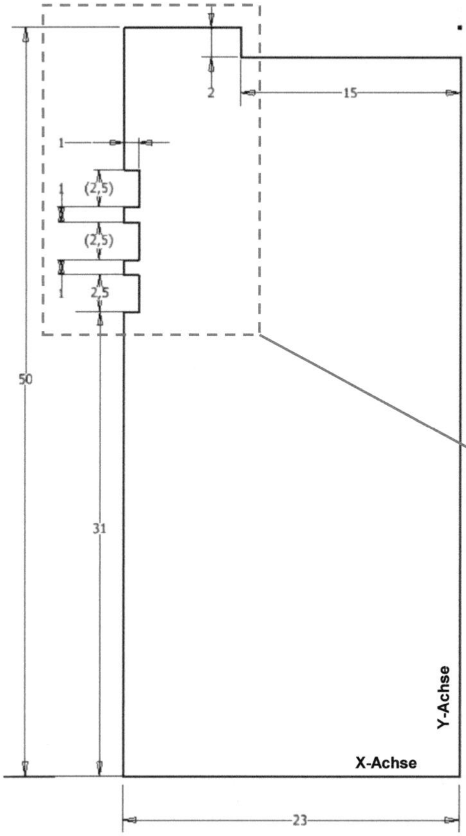

Abb. 72 Basisskizze des Kolbens

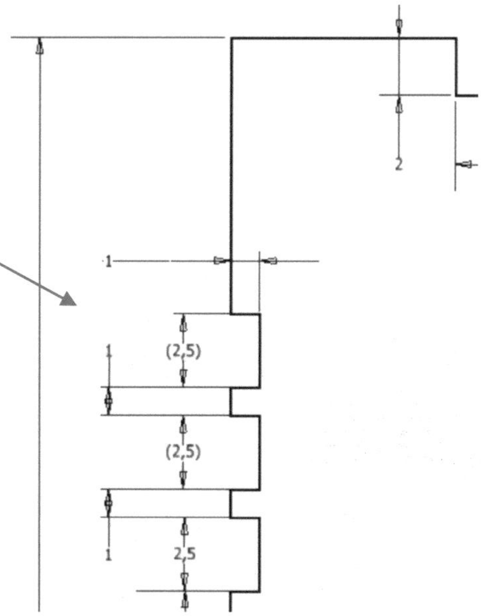

Abb. 73 Basisskizze (Auszug)

Die Skizze anschließend ✔ ***beenden***. Zurück im Register ***3D-Modellierung***, soll die soeben erzeugte Kontur mittels des Befehls ***Drehung*** in einen Volumenkörper konvertiert werden. Als Drehachse soll die ***Y-Achse*** dienen (Abb. 74).

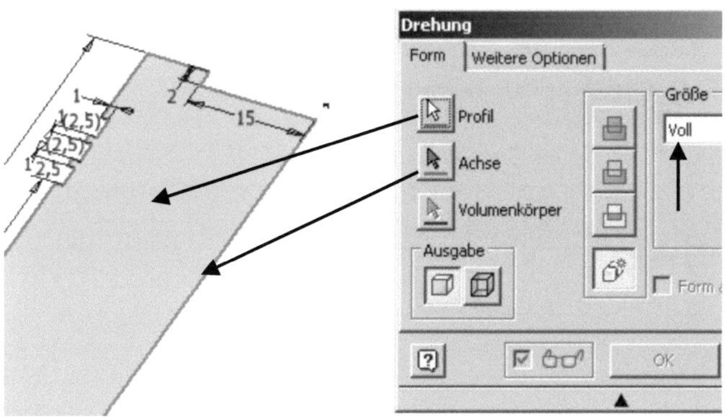

Abb. 74 Drehen der Kontur um die Y-Achse

4.5.3 Aussparungen für den Kolbenbolzen einfügen

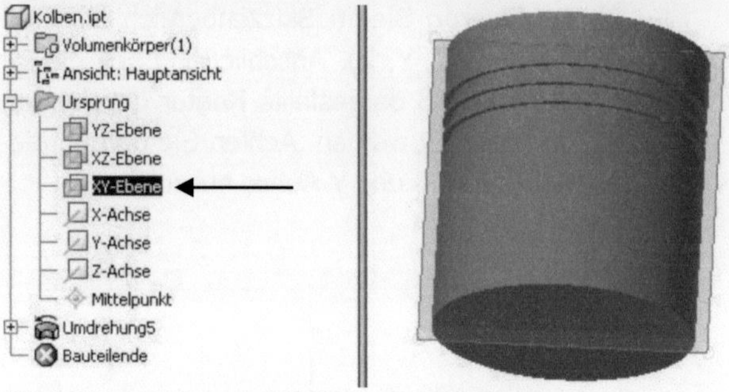

Abb. 75 Erzeugen einer neuen 2D-Skizze auf der XY-Ebene

Der Kolben benötigt weiterhin zwei Aussparungen an den Seiten. Erzeugen Sie auf der ***XY-Ebene*** (Modellbaum, Ordner ***Ursprung***) eine neue ***2D-Skizze*** und ***projizieren*** Sie die drei Achsen (X, Y, Z). Mit der Taste ***F7*** ist die Skizze aufzuschneiden (Abb. 75).

Links neben der ***Y-Achse*** ist dann das in Abb. 73 dargestellte ***Rechteck*** (***10 x 15 mm***, Abstand zur X-Achse ***10 mm***, Abstand zur Y-Achse ***15 mm***) zu zeichnen.

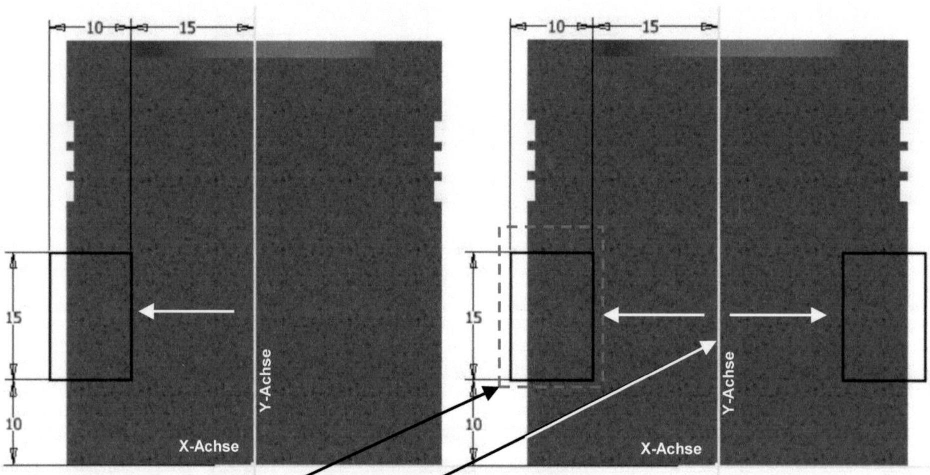

Abb. 76 (L) Zeichnen des ersten Rechtecks; (R) Spiegeln des Rechtecks an der Y-Achse

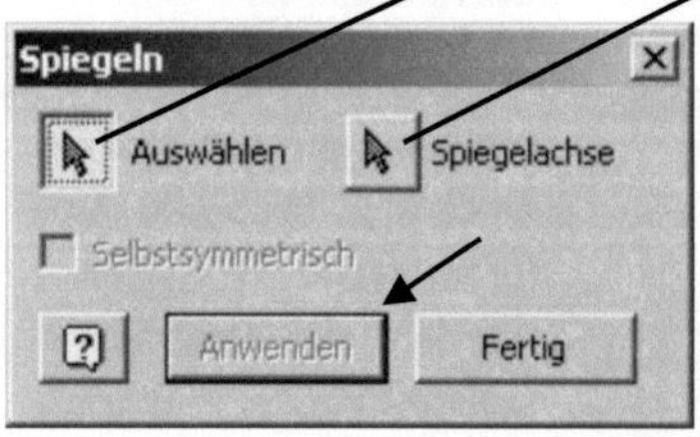

- ***Spiegeln***
- Auswählen: Rechteck (Fenster aufziehen)
- Spiegelachse: Y-Achse
- Anwenden
- Fertig

Verwenden Sie den Befehl ***Spiegeln*** (Befehlsgruppe ***Muster***) um das Rechteck an der ***Y-Achse*** einmal zu spiegeln. Ziehen Sie bei gedrückter linker Maustaste ein Fenster über das vorhandene Rechteck. Als ***Spiegelachse*** ist die ***Y-Achse*** zu wählen. Vor dem Bestätigen des Befehl durch ***FERTIG*** muss zwingend die Option ***ANWENDEN*** aktiviert werden, da der Befehl ansonsten nicht ausgeführt wird.

✔ ***Beenden*** Sie die Skizze und starten Sie den Befehl ***Extrusion***. Die beiden Rechtecke sind jetzt vom vorhandenen Volumenkörper zu subtrahieren (Verfahren: Differenz).

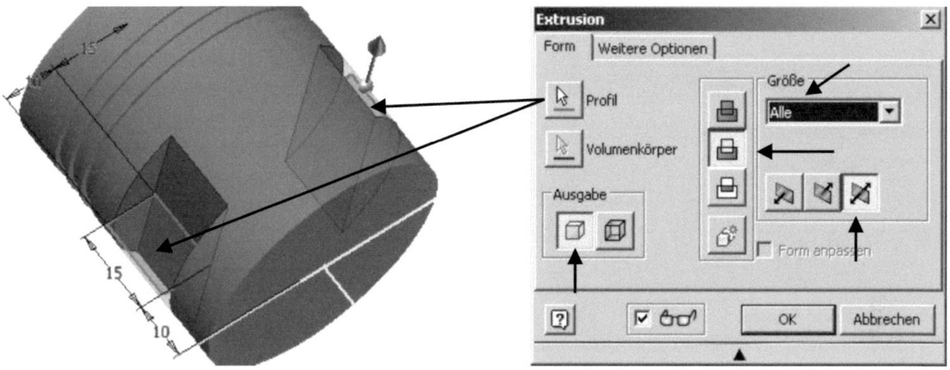

Abb. 77 Entfernen der beiden Rechtecke durch Extrusion (Differenz)

- ***Extrusion***
- Profil: Beide Rechtecke
- Verfahren: Differenz
- Größe: Alle
- Richtung: Symmetrisch
- OK

4.5.4 Einen Zylinder als Grundkörper erstellen

Abb. 78 Der Befehl: Zylinder

Mit der Befehlsgruppe ***Grundkörper*** können einfache geometrische Elemente (Quader, Zylinder, Kugel, Torus) mit wenigen Handgriffen erstellt werden, ohne vorher eine neue 2D-Skizze erstellen zu müssen. Das Zeichnen einer 2D-Kontur wird in den jeweiligen Befehl integriert. Das Programm erwartet dann die Vorgabe einiger weniger Rahmenbedingungen.

Im ersten Schritt wird generell die Angabe einer Startebene erwartet. Hier kann eine Ebene oder eine (planare) Fläche verwendet werden. Alle folgenden Eingaben unterscheiden sich je nach Aufbau des Grundkörpers.

Für den Zylinder muss im folgenden Schritt ein Kreismittelpunkt definiert werden. Dieser kann mit der linken Maustaste frei abgelegt oder mittels Tastatureingabe (X- und Y- Koordinaten) definiert werden. Mit der Taste ***TAB*** gelangen Sie in die beiden Eingabebereiche (X, Y), mit ***ENTER*** bestätigen Sie dies. Folgen Sie der Befehlskette und geben Sie dem Programm die Koordinaten für Kreismittelpunkt und Durchmesser vor.

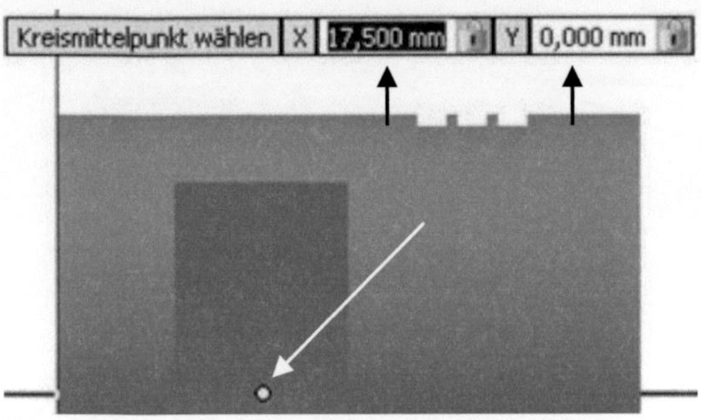

Abb. 79 Position des Zylinders mittels Tastatureingabe definieren

- ***Zylinder***
- YZ-Ebene (Modellbaum) wählen
- ***TAB***
- [17,5]
- ***TAB***
- [0]
- ***ENTER***
- [10]
- ***ENTER***

Nach der letzten Eingabe wechselt das Programm automatisch in den ***3D-Bereich***. Mit der folgenden Extrusion soll Material in Form eines Zylinders aus dem vorhandenen Volumenkörper entfernt werden (Differenz).

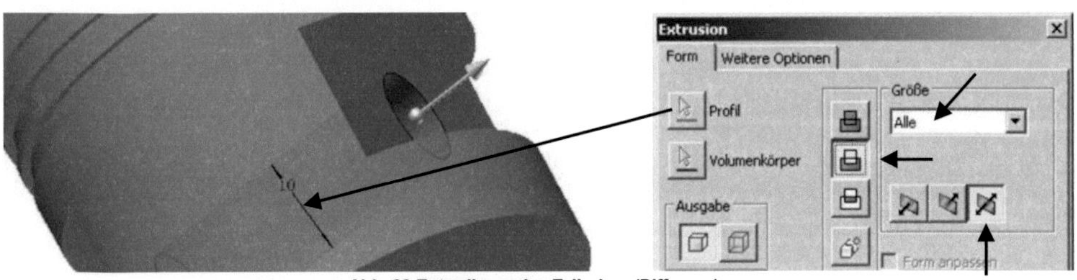

Abb. 80 Extrudieren des Zylinders (Differenz)

- Profil: Automatisch
- Verfahren: Differenz
- Größe: Alle
- Richtung: Symmetrisch
- OK

4.5.5 Abrunden des oberen Kolbenbereichs

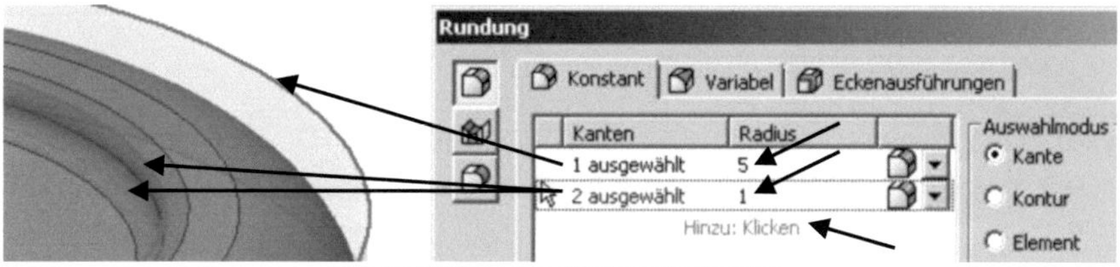

Abb. 81 Abrunden des oberen Kolbenbereichs

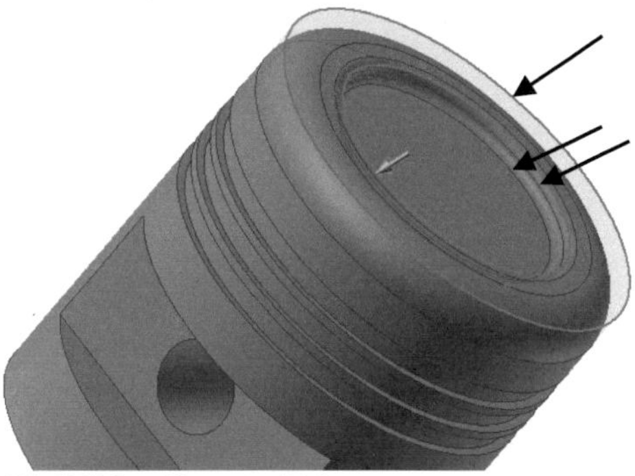

Abb. 82 Kolben (Gesamtansicht)

Der Kolben soll im oberen Bereich drei Rundungen erhalten. Verwenden Sie alle Einstellungen und Werte aus Abb. 81.

- ***Rundung***
- Erste Zeile: Radius 5 mm
- Erste Zeile: Markierte Kante wählen
- ***Hinzu: Klicken***
- Zweite Zeile: Radius 1 mm
- Zweite Zeile: Markierte Kanten wählen
- OK

Im letzten Arbeitsschritt soll der Kolben als Hohlkörper ausgeführt werden. Hierfür bietet das Programm einen speziellen Befehl.

4.5.6 Hohlkörper erzeugen (Hülle)

Abb. 83 Der Befehl: Hülle

Der Befehl ***Hülle*** betrachtet die Außenhaut eines vorhandenen Volumenkörpers als vereinfachte Flächenkontur und fügt dieser Material (nach innen oder außen oder symmetrisch) hinzu. Zusätzlich gibt es die Möglichkeit, Flächen komplett zu entfernen oder verschiedenen Flächen unterschiedliche Materialstärken zu geben.

Dieser Befehl eignet sich daher hervorragend zur Generierung bspw. von Spritzgusselementen. Starten Sie den Befehl und folgen Sie der Befehlskette.

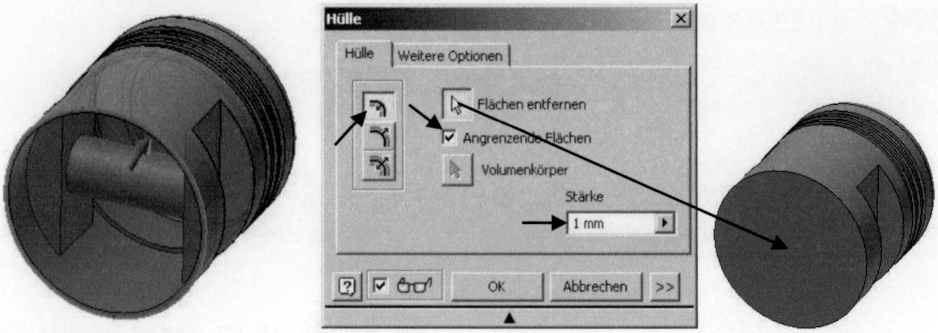

Abb. 84 Hohlkörper durch Hülle erzeugen

- ***Hülle***
- Flächen entfernen: Markierte Fläche wählen
- Stärke: 1 mm
- Aktivieren: Angrenzende Flächen
- Richtung: Innerhalb
- OK

4.5.7 Arbeitsschritte im Modellbaum verschieben

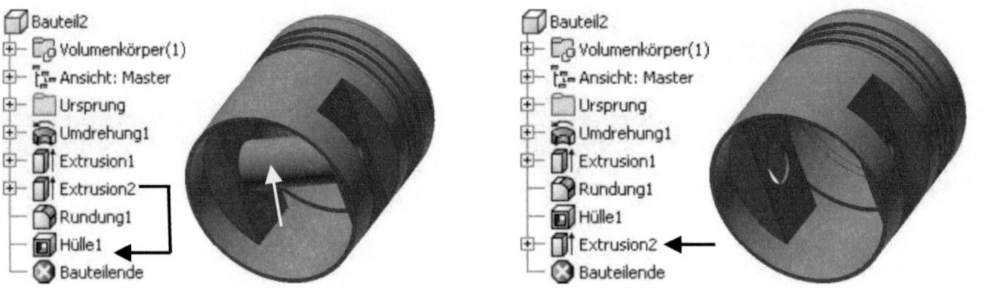

Abb. 85 (L) Ausgangszustand; (R) Extrusion6 wurde unterhalb Wandstärke verschoben

Durch den Befehl ***Hülle*** wurde die Bolzenbohrung (Abb. 85 L) ebenfalls mit einer Materialstärke versehen. Das Ergebnis ist ein unerwünschter Rohrabschnitt. Um diesen Fehler zu korrigieren, kann ein einfacher Trick angewandt werden.

Schieben Sie im Modellbaum die markierte ***Extrusion*** bei gedrückter linker Maustaste zwischen den Befehl ***Hülle*** und das ***Bauteilende*** (Abb. 85 L, R). Das Programm berechnet die neue Konstruktion und entfernt das fehlerhafte Material.

Das Bauteil kann jetzt ***gespeichert*** und ***geschlossen*** werden.

4.6 Bauteil Pleuel

4.6.1 Grundlagen zum Bauteil

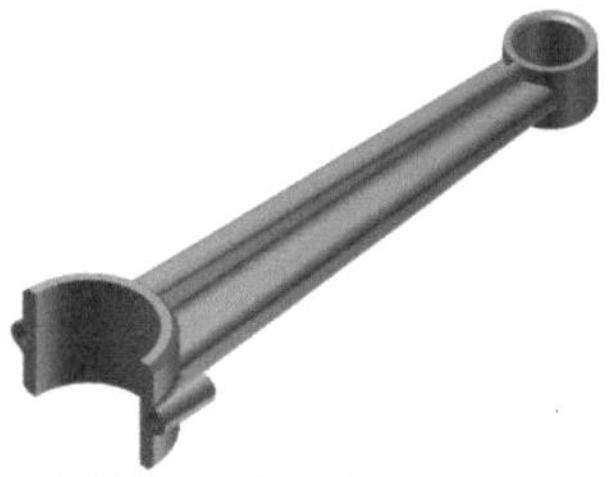

Abb. 86 Pleuel-Oberseite

Ein Pleuel hat die Aufgabe, die Bewegungsenergie des Kolbens auf die Kurbelwelle zu übertragen. Die Linearbewegung des Kolbens wird dabei in eine Drehbewegung der Kurbelwelle umgewandelt. Zur besseren Montage bestehen Pleuel meist aus einem Ober- und einem Unterteil, welche miteinander verschraubt werden. Pleuel werden häufig als Gussteile hergestellt.

4.6.2 Erzeugen des Basiskörpers

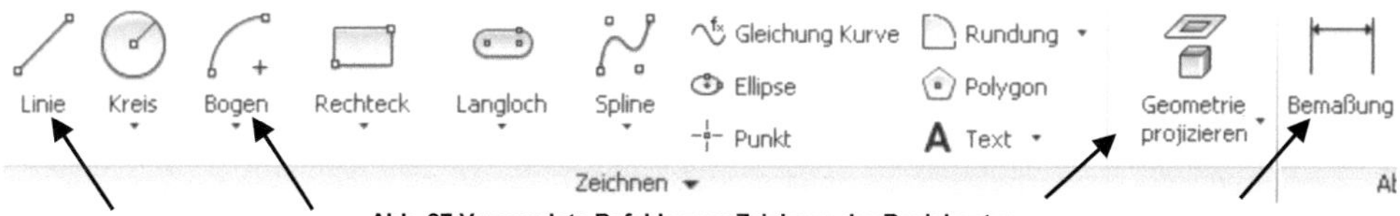

Abb. 87 Verwendete Befehle zum Zeichnen der Basiskontur

Unser Pleuel wird aus zwei Bauteilen bestehen: Das erste Bauteil wird die untere Schale des Pleuels (Pleuel-Unterseite), das zweite Bauteil wird aus der oberen Schale, dem Schaft und der Führung des Kolbenbolzens bestehen (Pleuel-Oberseite). Erstellen Sie ein neues ***Bauteil*** (Norm.ipt). ***Projizieren*** Sie alle drei Achsen und zeichnen Sie die folgende Kontur mit den Befehlen ***Linie***, ***Bogen durch Mittelpunkt*** und ***Bemaßung***.

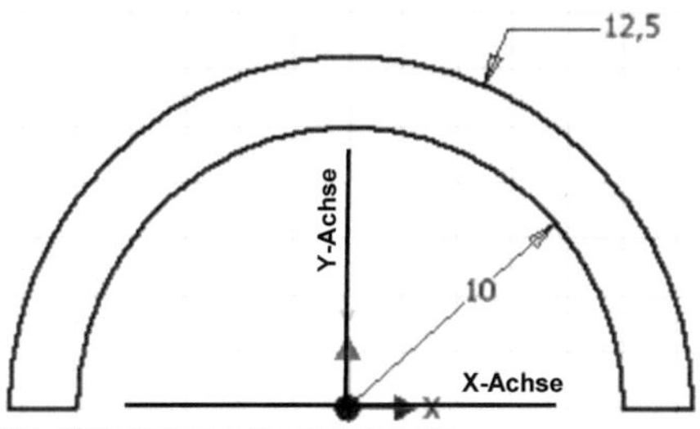

Abb. 88 Basisskizze: Pleuel-Unterseite

- ***Geometrie projizieren*** (3 Achsen)

- ***Bogen durch Mittelpunkt***
- Zwei Bögen zeichnen wie dargestellt

- ***Bemaßung***
- Bemaßen wie dargestellt

- ***Linie***
- Beide Bögen an den Enden durch Linien verbinden

Die Skizze anschließend ***beenden***. Zurück im 3D-Bereich, soll die neue Kontur durch den Befehl ***Extrusion*** in einen Volumenkörper konvertiert werden. Die Extrusion soll symmetrisch und in einer ***Höhe*** von ***18 mm*** erfolgen.

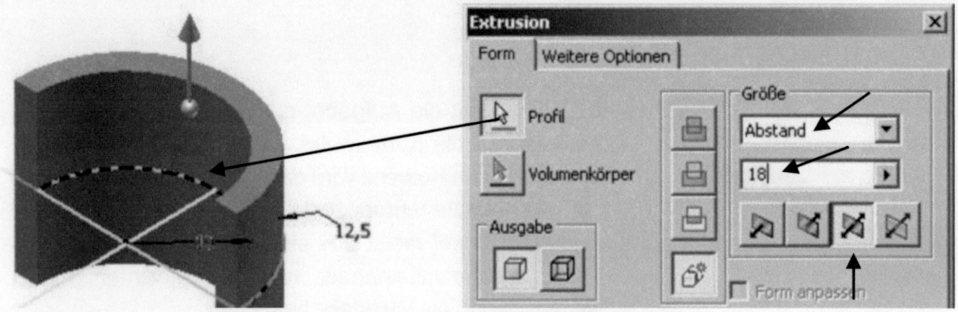

Abb. 89 Extrudieren des Basiskörpers (Vereinigung)

- ***Extrusion***
- Profil: Fläche
- Verfahren: Vereinigung
- Größe: Abstand (18 mm)
- Richtung: Symmetrisch
- OK

4.6.3 Befestigungslaschen für eine Schraubverbindung

Im nächsten Schritt werden dem vorhandenen Volumenkörper zwei Befestigungslaschen mit Gewindebohrungen hinzugefügt.

Erzeugen Sie auf der in den Abb. 90 L markierten Fläche eine neue ***2D-Skizze***, ***projizieren*** Sie die drei Achsen und zeichnen Sie zwei ***Kreise***, wie in Abb. 90 R dargestellt.

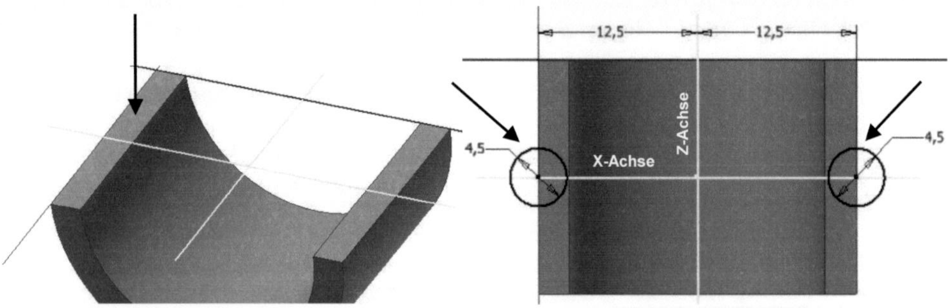

Abb. 90 (L) Auf der markierten Fläche eine neue 2D-Skizze erzeugen; (R) zwei Kreise zeichnen

- ***2D-Skizze*** (auf markierter Fläche)
- ***Geometrie projizieren*** (3 Achsen)
- 2 ***Kreise*** zeichnen (D= 4,5 mm)
- ***Bemaßungen*** erzeugen
- ***Abhängigkeiten*** vergeben
- ***Skizze fertig stellen***

HINWEIS: Beide Kreismittelpunkte liegen auf den jeweiligen Schnittpunkten der beiden äußeren Körperkanten mit der projizierten X-Achse.

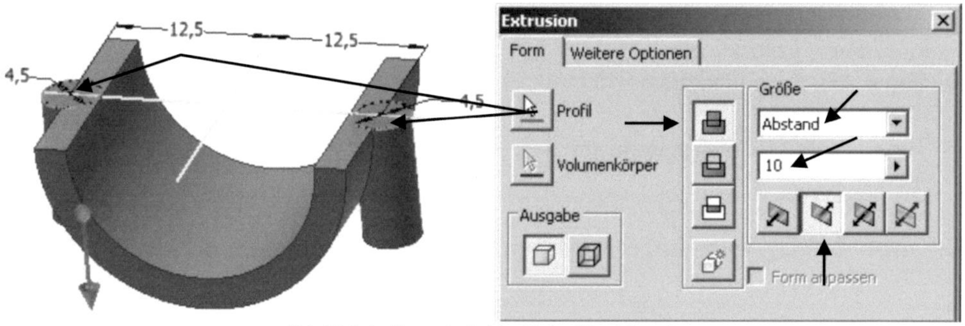

Abb. 91 Extrudieren der beiden Kreise (Vereinigung)

- ***Extrusion***
- Profil: Beide Kreise
- Verfahren: Vereinigung
- Größe: Abstand (10 mm)
- Richtung: Richtung 2
- OK

4.6.4 Bohren der ersten Lasche

Abb. 92 Der Befehl: Bohrung

Bohrungen können nach verschiedenen Platzierungstypen, in unterschiedlichen Ausführungen und zusätzlich mit einem Gewinde versehen werden. Erstellen Sie in beiden Laschen jeweils eine konzentrische Bohrung, wie in Abb. 93 dargestellt.

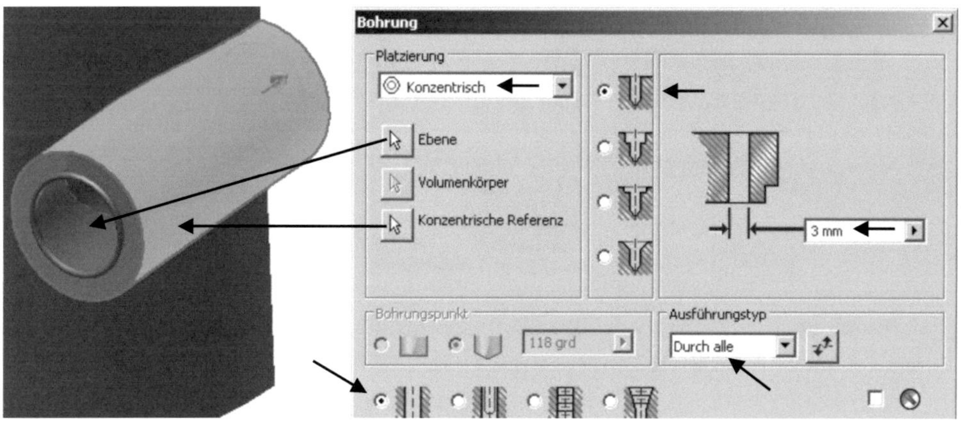

Abb. 93 Bohren der Befestigungslasche (konzentrisch)

- ***Bohrung***
- Platzierung: Konzentrisch
- Ebene: Markierte Fläche (eine der beiden Laschen)
- Konzentrische Referenz: Markierte Zylinderfläche
- Typ: Bohren
- Durchmesser: 3 mm
- Ausführungstyp: Durch alle
- Gewinde: Nein (einfache Bohrung)
- OK

Die zweite Bohrung kann anschließend mit identischen Werten erzeugt werden.

4.6.5 Fasen und Rundungen hinzufügen

Die untere Schale des Pleuels soll abschließend mit den Befehlen ***Fase*** und ***Rundung*** bearbeitet werden.

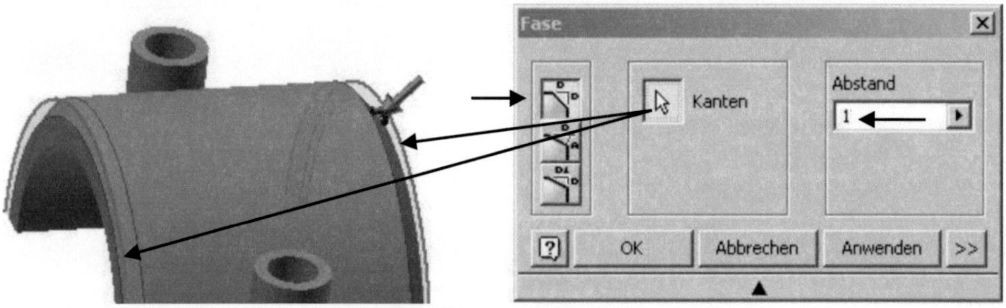

Abb. 94 Fasen zweier Kanten

- ***Fase***
- Kante: 2 markierte Kanten
- Option: Abstand
- Abstand: 1 mm
- OK

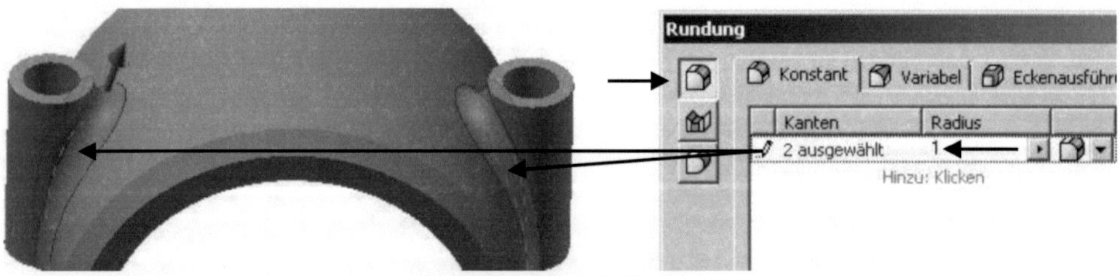

Abb. 95 Runden zweier Kanten

- ***Rundung***
- Typ: Kantenabrundung
- Option: Konstant
- Kanten: 2 markierte Kanten
- Radius: 1 mm
- OK

4.6.6 Speichern der Pleuel-Oberseite

Speichern Sie das Bauteil jetzt als ***Pleuel-Unterseite.ipt***. Verwenden Sie anschließend den Befehl ***Speichern unter*** (Hauptmenü), um die aktuelle Datei als Bauteil ***Pleuel-Oberseite.ipt*** zu speichern und somit eine Kopie davon zu erzeugen.

4.6.7 Bohrung mit Gewinde versehen

Nachdem das bereits erzeugte Unterteil des Pleuels fertiggestellt und eine Kopie davon als Oberteil gespeichert wurde, sollen die Kopie weiter bearbeitet werden. Im ersten Schritt sind die bereits vorhandenen Bohrungen mit jeweils einem Gewinde zu versehen.

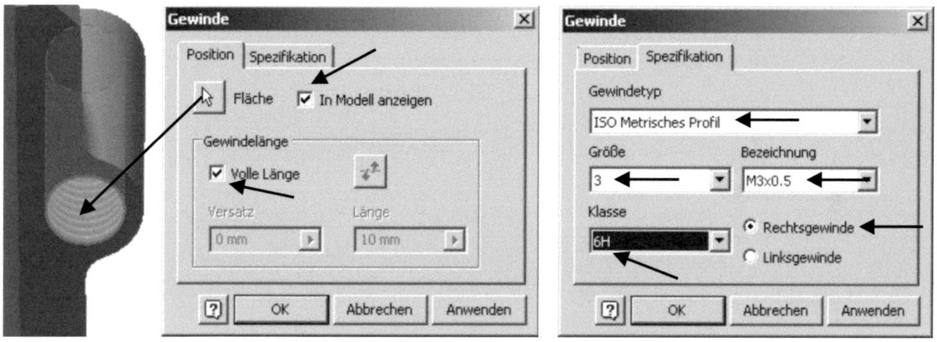

Abb. 96 Bohrung der Befestigungslasche mit Gewinde versehen

- ***Gewinde***
- Fläche: Markierte Bohrung
- Gewindelänge: Volle Länge
- <u>Register: Spezifikation</u>
- Gewindetyp: ISO Metrisches Profil
- Größe: 3 - Rechtsgewinde
- Bezeichnung: M3 x 0,5
- Klasse: 6H
- OK

Wiederholen Sie den Befehl bei der zweiten Bohrung.

> ***HINWEIS***: Der Befehl ***Gewinde*** ermöglicht je Arbeitsschritt nur die Erstellung eines einzigen Gewindes. Ein gleichzeitiges Erzeugen mehrerer Gewinde ist nicht möglich.

4.6.8 Versatz von Ebene

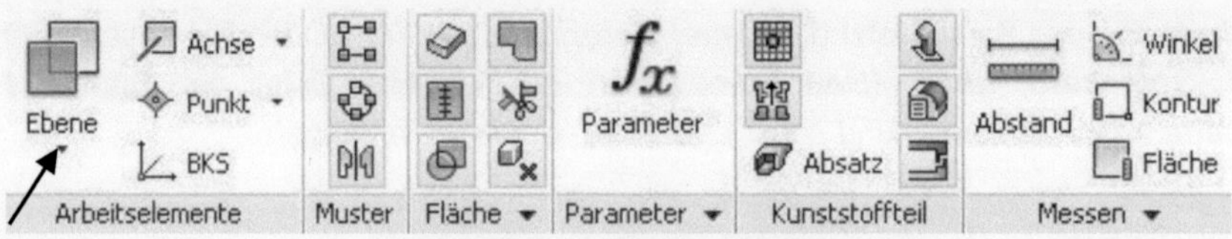

Abb. 97 Der Befehl: Versatz von Ebene

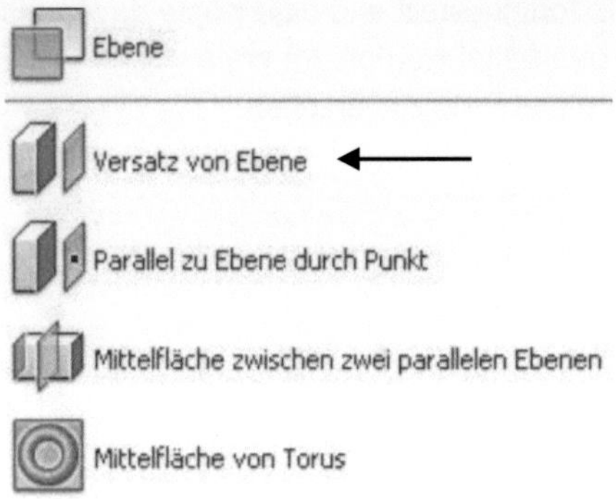

Abb. 98 Auszug einiger Befehle (Ebenen)

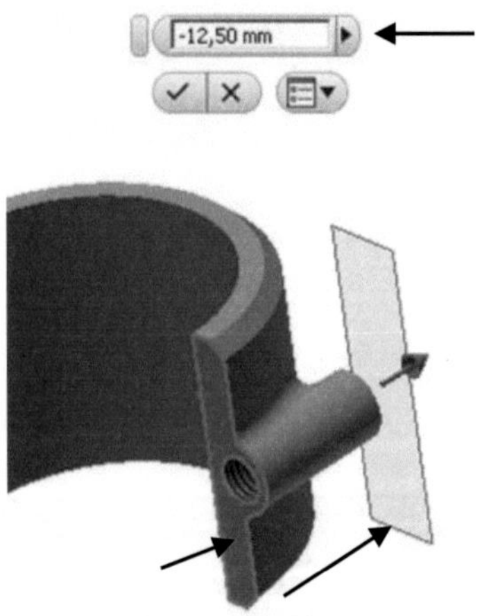

Abb. 99 Erzeugen einer Ebene mit Versatz

Für den folgenden Arbeitsschritt ist es erforderlich, vorab ein neues Konstruktionselement (Ebene) zu erzeugen. Das Programm stellt mit der Befehlsgruppe ***Arbeitselemente*** viele nützliche Befehle zur Verfügung, um Hilfsebenen, -achsen und -punkte erstellen zu können.

In der folgenden Übung nutzen wir den Befehl ***Versatz von Ebene***. Parallel zu einer Fläche des Volumenkörpers soll damit in einem definierten Abstand (-12,5 mm) eine neue Arbeitsebene erzeugt werden.

Starten Sie den Befehl, klicken Sie mit der linken Maustaste auf die in Abb. 99 markierte Oberfläche des Volumenkörpers und tragen Sie im Eingabebereich des Wertes für den Abstand ***-12,5 mm*** ein.

Der Wert kann anschließend ***bestätigt*** und der Befehl somit beendet werden.

HINWEIS: Per Doppelklick auf die neu erzeugte Ebene im Modellbaum öffnet sich ein Eingabefenster, in welchem Sie den eingestellten ***Versatz*** jederzeit ***ändern*** können.

4.6.9 Unterer Pleuelschaftbereich

Klicken Sie auf die neu erzeugte Arbeitsebene im Modellbaum und wählen Sie dann den Befehl ***2D-Skizze***. Am ***ViewCube*** ist die Ansicht ***HINTEN*** zu aktivieren, anschließend sollen die drei Achsen ***projiziert*** und das in Abb. 100 dargestellte ***Rechteck*** gezeichnet werden, das symmetrisch über X- und Z-Achse anzuordnen ist (Abhängigkeit ***Symmetrisch***).

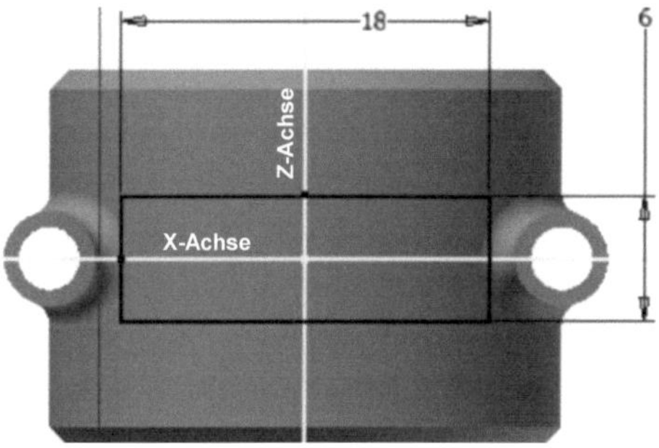

Abb. 100 Rechteck zeichnen

- Neue Arbeitsebene markieren
- ***2D-Skizze erstellen***
- ViewCube-Ansicht: ***HINTEN***

- ***Geometrie projizieren*** (3 Achsen)
- ***Rechteck*** zeichnen
- ***Maße*** setzen
- ***Symmetrien*** setzen
- ***Skizze fertig stellen***

Zurück im Register ***3D-Modellierung***, soll das soeben erzeugte Rechteck ***extrudiert*** werden. Um einen sauberen Abschluss mit dem bereits vorhandenen Volumenkörper zu erhalten, verwenden Sie als ***Größe*** die Option ***Zur Nächsten*** und als ***Endezeichen*** die in Abb. 101 markierte Oberfläche.

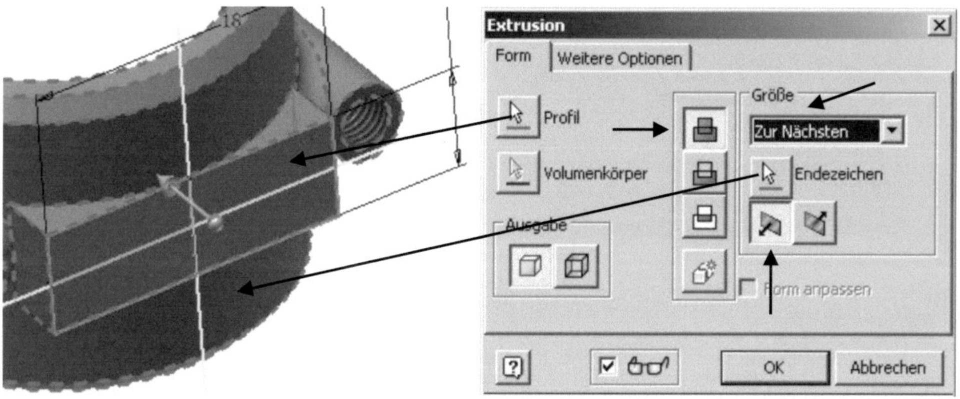

Abb. 101 Extrudieren des Rechtecks bis an den vorhandenen Volumenkörper (Zur Nächsten)

- ***Extrusion***
- Profil: Rechteck
- Verfahren: Vereinigung
- Größe: Zur Nächsten
- Endezeichen: Markierte Oberfläche
- OK

4.6.10 Oberer Pleuelschaftbereich

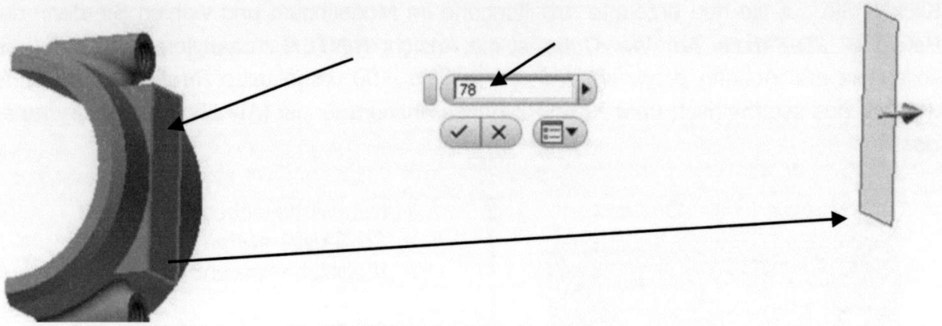

Abb. 102 Erzeugen einen neuen Ebene

Für den folgenden Arbeitsschritt wird eine weitere Arbeitsebene benötigt. Verwenden Sie auch hier den Befehl ***Versatz von Ebene***. Als Startfläche wird die in Abb. 102 markierte Oberfläche dienen. Der Abstand zu dieser Fläche soll ***78 mm*** betragen.

Auf der neu entstandenen Arbeitsebene soll eine ***2D-Skizze*** erzeugt werden. Wechseln Sie zur Ansicht ***HINTEN*** (ViewCube), ***projizieren*** Sie die drei Achsen und zeichnen Sie ein ***Rechteck*** (10 x 5 mm), symmetrisch zu den Achsen X und Z.

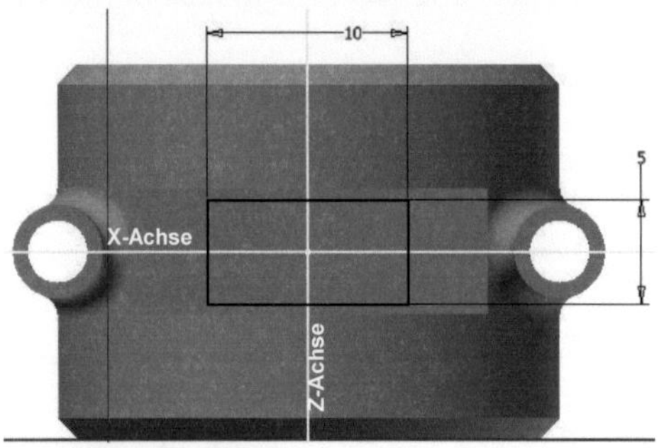

Abb. 103 Rechteck zeichnen

- Neue Arbeitsebene markieren
- ***2D-Skizze erstellen***
- ViewCube-Ansicht: ***HINTEN***

- ***Geometrie projizieren*** (3 Achsen)
- ***Rechteck*** zeichnen
- ***Maße*** setzen
- ***Symmetrien*** erzeugen
- ***Skizze fertig stellen***

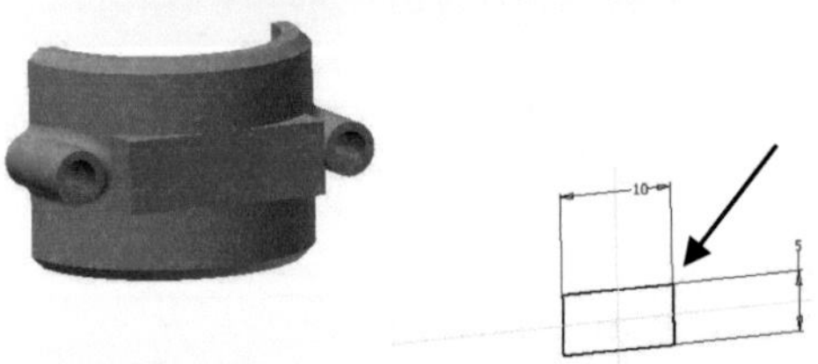

Abb. 104 Skizze samt Rechteck

Nachdem die neue Skizze mit dem zweiten Rechteck fertiggestellt wurde, kann der obere Bereich des Pleuelschafts als Volumenkörper erzeugt werden. Aufgrund der unterschiedlichen Abmessungen beider Rechtecke wird ein weiterer Befehl benötigt.

4.6.11 Erstellen einer Erhebung

Abb. 105 Der Befehl: Erhebung

Der Befehl ***Erhebung*** ermöglicht das Erzeugen eines Volumenkörpers als Verbindungselement mehrerer Skizzen (auch unterschiedlicher Konturen) oder zwischen zwei Oberflächen eines Volumenkörpers. Die Verbindung kann frei oder entlang eines Pfades erfolgen.

Starten Sie den Befehl. Zur Auswahl der ersten Kontur ist die in Abb. 106 markierte Fläche am vorhandenen Volumenkörper zu wählen, wobei diese an einer der Kanten ausgewählt werden muss. Anschließend ist die markierte Skizze zu wählen, danach alle Bereiche des darin enthaltenen Rechtecks. Als Pfad wird die Verlaufsführung verwendet.

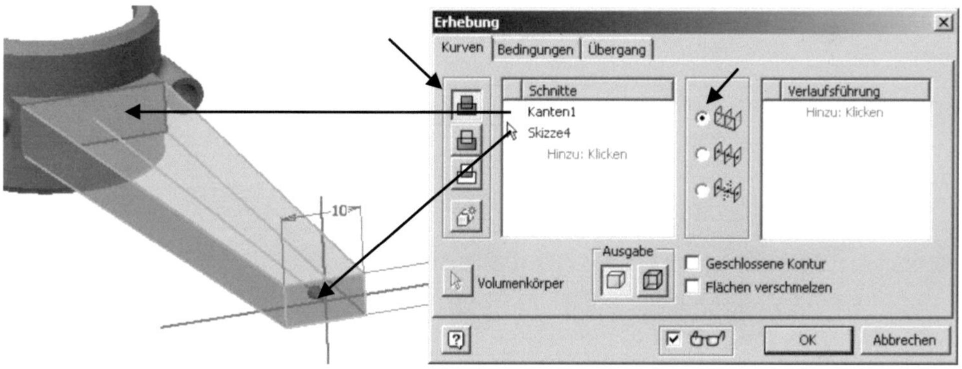

Abb. 106 Volumenkörper mittels Erhebung erzeugen

- ***Erhebung***
- Auswahl 1: Markierte Fläche
- Auswahl 2: Rechteck aus Skizze
- Pfad: Verlaufsführung
- OK

Die beiden neu erstellten Arbeitsebenen können jetzt wieder ausgeblendet werden. Hierfür sind sie jeweils mit der rechten Maustaste im Modellbaum anzuklicken, um die Option ***Sichtbarkeit*** zu deaktivieren.

4.6.12 Basiskörper des Pleuelauges

Abb. 107 Startfläche und Kreismittelpunkt des Zylinders festlegen

Die Oberseite des Pleuels soll mit einem weiteren geometrischen Element versehen werden, womit das Pleuel später durch einen Bolzen mit dem Kolben verbunden werden kann.

Starten Sie den Befehl ***Zylinder***. Als Referenzfläche kann im Modellbaum die ***XY-Ebene*** gewählt werden. Der Mittelpunkt des Kreises soll per Tastatureingabe mit den Werten ***X*** = ***0 mm*** und ***Y*** = ***90,5 mm*** definiert werden (Abb. 107). Der Durchmesser des Kreises beträgt ***14 mm***.

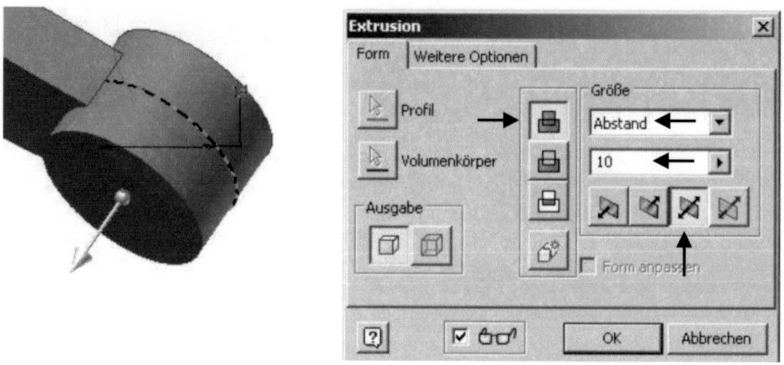

Abb. 108 Symmetrische Extrusion des Zylinders (Vereinigung)

Nachdem Position und Durchmesser des Kreises definiert wurden, wechselt das Programm automatisch zum Befehl ***Extrusion***. Ändern Sie im ersten Schritt die Richtung auf ***Symmetrisch*** und das Verfahren auf ***Vereinigung***. Im Feld ***Größe*** ist die Option ***Abstand*** mit einem Wert von ***10 mm*** einzutragen.

Das Resultat sollte wie in Abb. 108 dargestellt aussehen. Bestätigen Sie den Befehl abschließend mit ***OK***.

4.6.13 Erzeugen einer Rippe

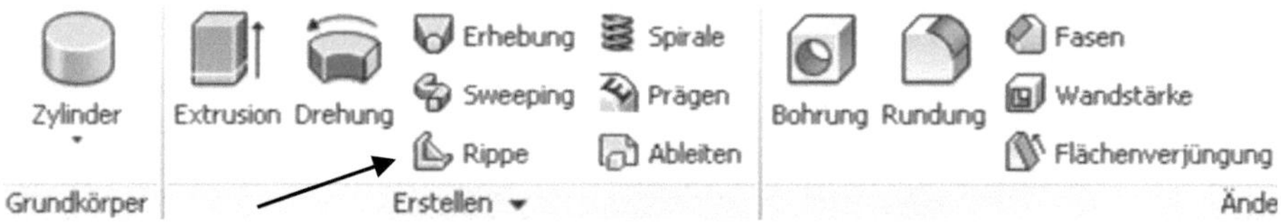

Abb. 109 Der Befehl: Rippe

Der Befehl ***Rippe*** erzeugt einen Steg (geschlossen oder offen) an einem Volumenkörper und benötigt eine 2D-Skizze mit einer offenen Linienkontur. Erzeugen Sie auf der ***YZ-Ebene*** (Ordner ***Ursprung***) eine neue ***2D-Skizze***.

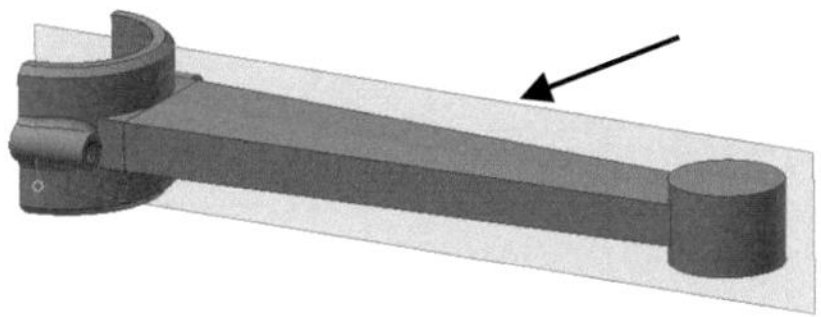

- ***2D-Skizze***
- Ordner ***Ursprung*** aufklappen
- ***YZ-Ebene*** wählen
- Skizze mit ***F7*** aufschneiden

Abb. 110 Erzeugen einer neuen 2D-Skizze (YZ-Ebene)

Wechseln Sie am ***ViewCube*** zur Ansicht ***RECHTS***, ***projizieren*** Sie die beiden in Abb. 111 - 113 markierten Kanten des Volumenkörpers und zeichnen Sie die dargestellte Linie ***L1***. Diese ist die Verbindungslinie der oberen Endpunkte beider projizierter Kanten.

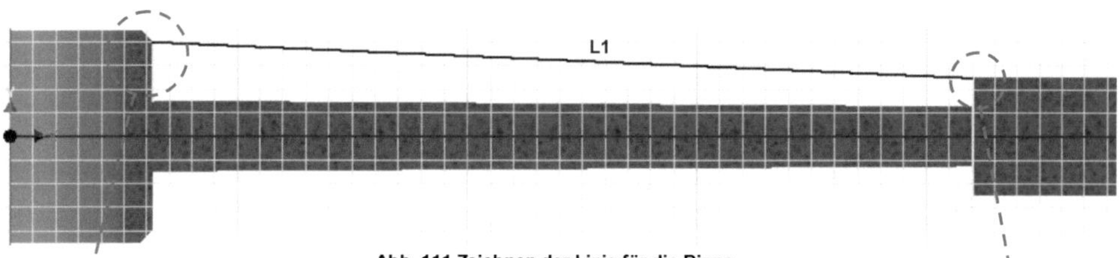

Abb. 111 Zeichnen der Linie für die Rippe

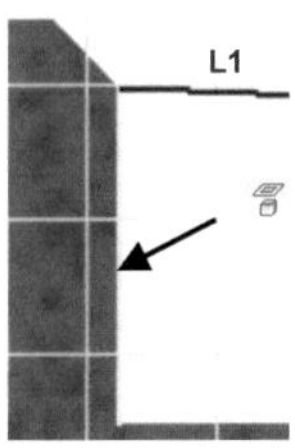

Abb. 112 Detailansicht

- ***YZ-Ebene*** markieren
- ***2D-Skizze erstellen***
- ViewCube-Ansicht: ***RECHTS*** wählen
- ***Geometrie projizieren*** (markierte Kanten in Abb. 112 und Abb. 113)
- ***Linie*** (L1) zeichnen
- ***Skizze fertig stellen***

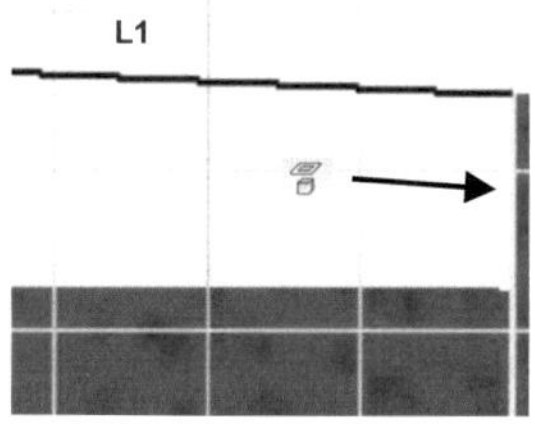

Abb. 113 Detailansicht

Starten Sie den Befehl ***Rippe*** und wählen Sie die Option ***Parallel zur Skizzierebene***.

Abb. 114 Erzeugen der Rippe

- ***Rippe***
- Option: Parallel zur Skizzierebene
- Profil: Linie L1 (automatisch)
- Richtung (Profil): Richtung 2
- Starke: 2 mm
- Richtung (Stärke): Symmetrisch
- Option: Zur Nächsten
- OK

4.6.14 Spiegeln der ersten Rippe

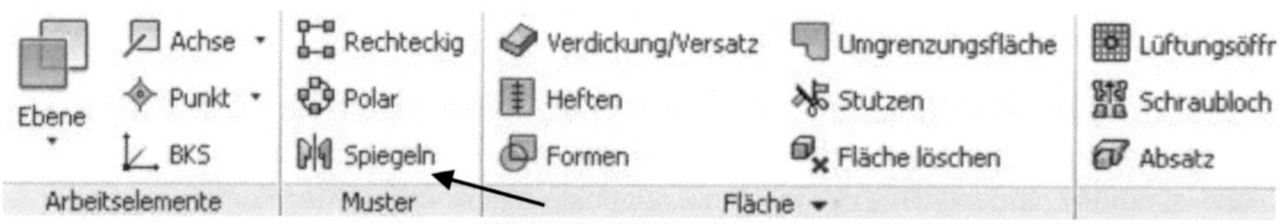

Abb. 115 Der Befehl: Spiegeln

Der Befehl ***Spiegeln*** funktioniert im 3D-Bereich ähnlich wie im 2D-Bereich. Hier können allerdings komplette 3D-Elemente an einer Ebene bzw. einer planaren Fläche gespiegelt werden.

Starten Sie den Befehl und spiegeln Sie die Rippe an der ***XY-Ebene***.

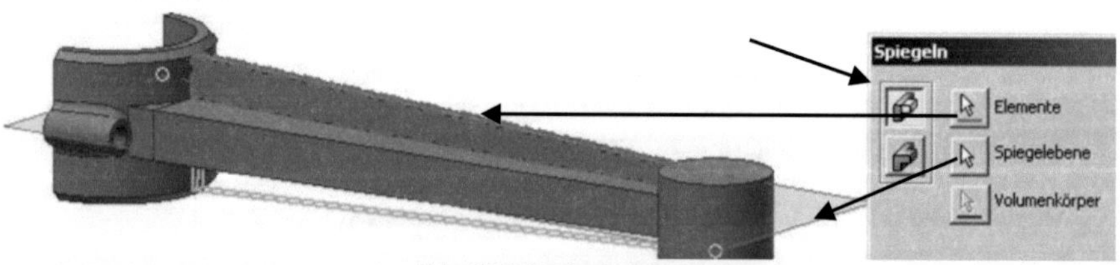

Abb. 116 Spiegeln der Rippe

- ***Spiegeln***
- Option: Einzelne Elemente spiegeln
- Elemente: Rippe (Modellbaum)
- Spiegelebene: XY-Ebene (Ordner ***Ursprung***, Modellbaum)
- OK

4.6.15 Bohren, Fasen und Runden

Wiederholen Sie die Befehle ***Bohrung***, ***Fase*** und ***Rundung***. Achten Sie beim Bohren auf eine konzentrische Platzierung, und beim Fasen darauf, dass beide Seiten der Bohrung gefast werden.

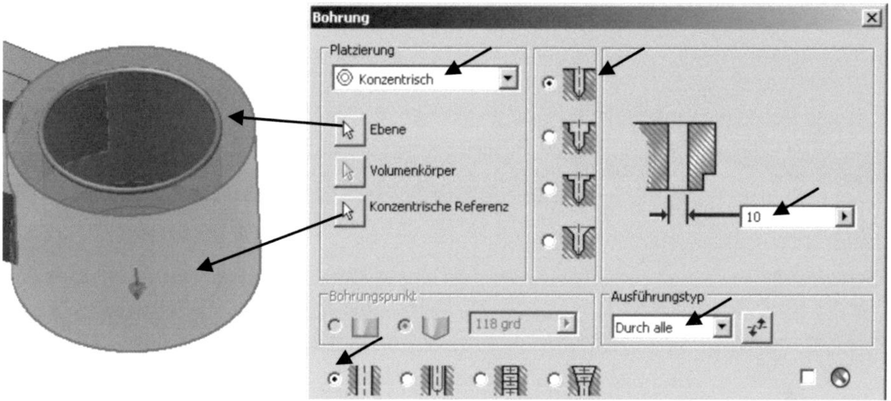

Abb. 117 Bohrung für den Kolbenbolzen erzeugen

- ***Bohrung***
- Platzierung: Konzentrisch
- Ebene: Markierte Fläche
- Konz. Referenz: Zylinderfläche
- Typ: Bohren
- Durchmesser: 10 mm
- Ausführungstyp: Durch alle
- Gewinde: Kein
- OK

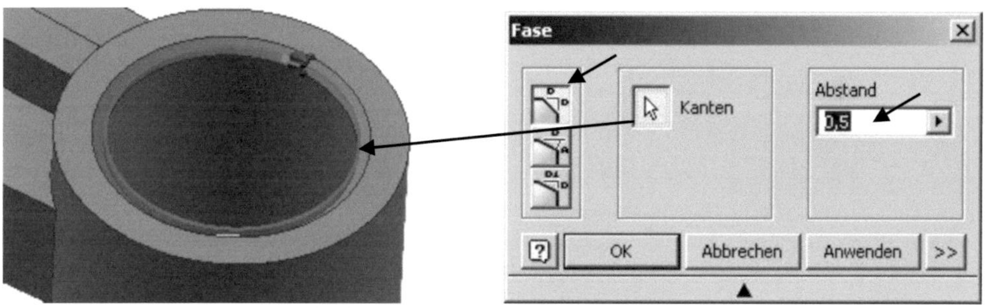

Abb. 118 Fasen für den Kolbenbolzen erzeugen

- ***Fase***
- Kante: Markierte Kante
- Abstand: 0,5 mm
- Option: Abstand
- OK

Wiederholen Sie das Fasen auf der anderen Seite der Bohrung.

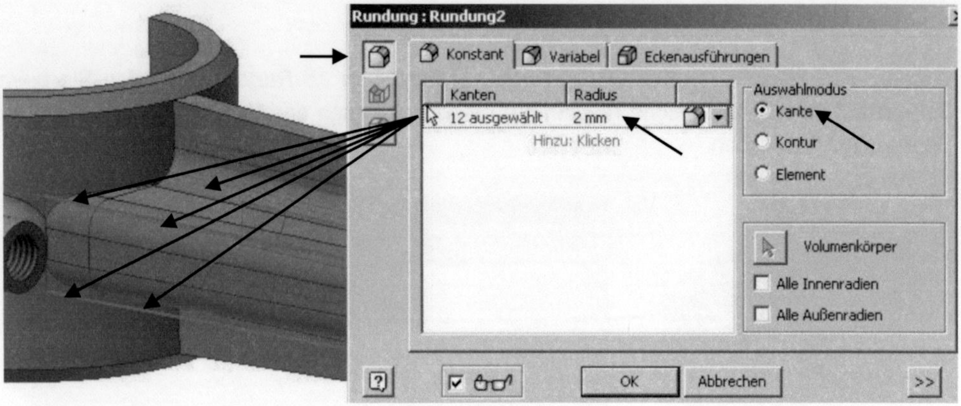

Abb. 119 Abrunden des Pleuels

- ***Rundung***
- Option: Kantenabrundung
- Register: Konstant
- Radius: 2 mm
- Kanten: 12 Kanten wählen (5 Kanten sind in Abb. 119 dargestellt)
- OK

HINWEIS: In der oberen Abbildung wurden nur fünf Kanten markiert. Insgesamt müssen 12 Kanten ausgewählt werden (die restlichen Kanten sind hier nicht sichtbar).

Das Bauteil kann im Anschluss ***gespeichert*** und ***geschlossen*** werden.

4.7 Bauteil Motorgehäuse

4.7.1 Grundlagen zum Bauteil

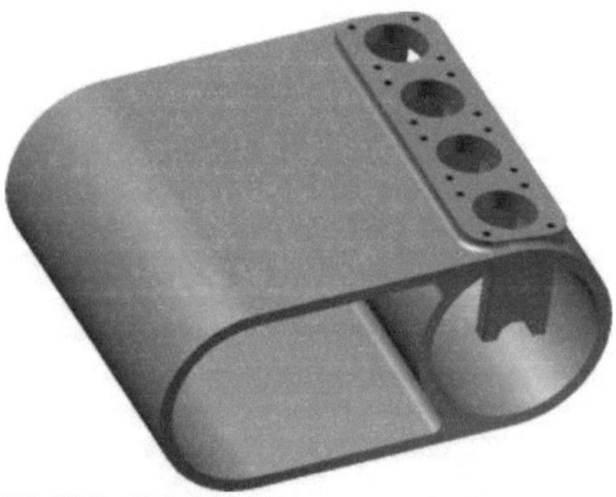

Abb. 120 Das Motorgehäuse

Das Gehäuse des Motors besteht aus einem einfachen Grundkörper der Operation Extrusion, einem Verbindungsflansch, innenliegenden Führungen der Kurbelwelle und Bohrungen. Es umfasst zwei Räume: einen für den Kurbeltrieb, in welchem die Kurbelwelle angeordnet wird, und einen für das Getriebe, welches allerdings in diesem Übungsbuch nicht erstellt wird. Aufbau und Konstruktion eines Getriebes werden im Buch ***Aufbaukurs KONSTRUKTION*** erarbeitet.

4.7.2 Volumenkörper extrudieren

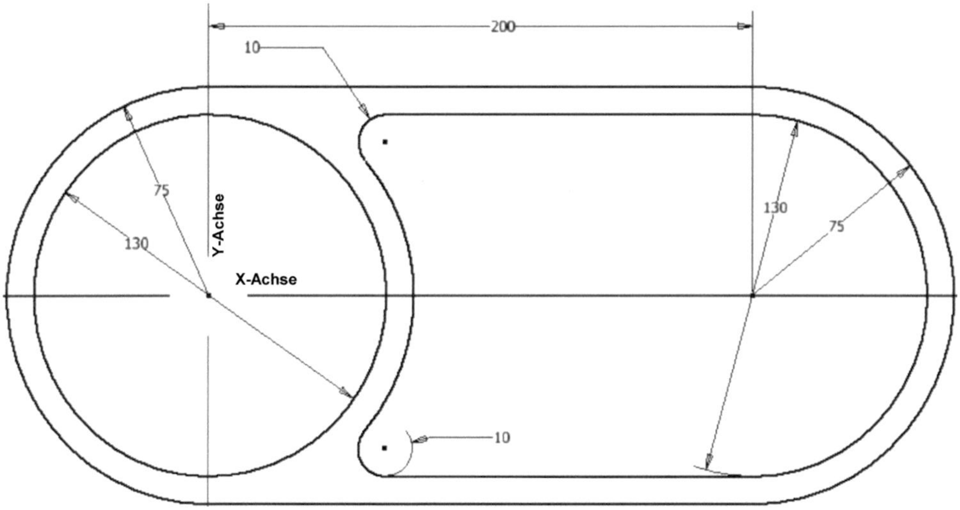

Abb. 121 Basisskizze für das Motorgehäuse zeichnen

Erzeugen Sie ein neues ***Bauteil*** (Norm.ipt). ***Projizieren*** Sie die drei Achsen und zeichnen Sie die in Abb. 121 dargestellte Kontur. Die Skizze danach ***beenden***.

Mit dem Befehl ***Extrusion*** soll die Kontur im Anschluss ***symmetrisch*** um ***296 mm*** extrudiert werden.

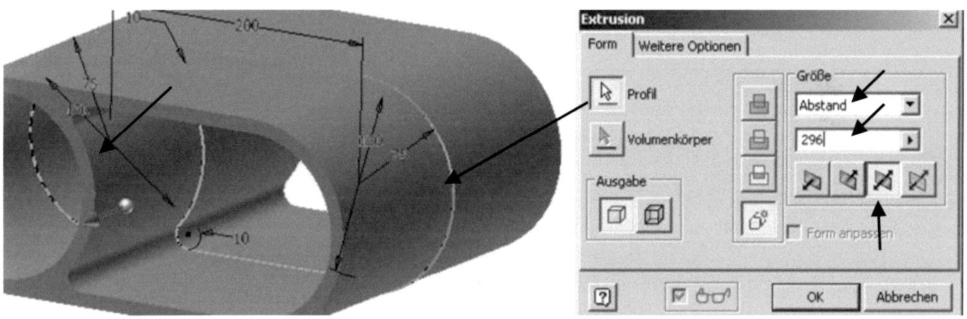

Abb. 122 Extrudieren der 2D-Kontur (Vereinigung)

- ***Extrusion***
- Profil: Kontur
- Verfahren: Vereinigung
- Größe: Abstand (296 mm)
- Richtung: Symmetrisch
- OK

4.7.3 Kurbelwellenlagerung

Abb. 123 Neue 2D-Skizze erzeugen

Wechseln Sie am ***ViewCube*** zur Ansicht ***OBEN*** und erzeugen Sie auf der vor Ihnen liegenden Stirnseite des Motorgehäuses eine neue ***2D-Skizze*** (Abb. 123).

Projizieren Sie die drei Achsen und die in Abb. 124 markierte Stirnfläche des Motorgehäuses. Zeichnen Sie die in Abb. 124 dargestellte Kontur.

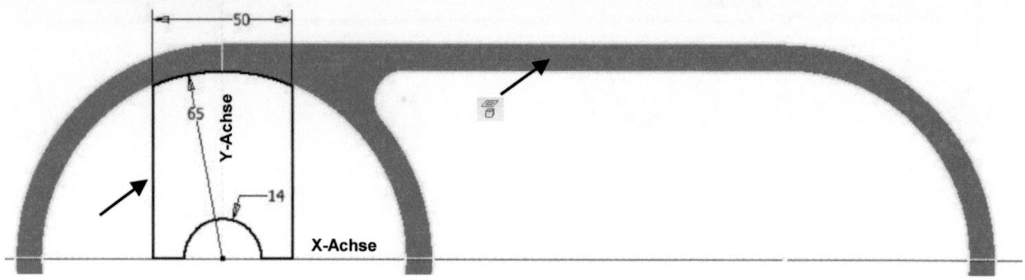

Abb. 124 Zeichnen der Kurbelwellenlagerung

Die Kontur sollte aus vier Linien und zwei Bögen (Mittelpunkt) bestehen. ***Beenden*** Sie die Skizze dann und ***extrudieren*** Sie die Kontur um ***16 mm*** in die in Abb. 125 dargestellte Richtung. Sollte die Kontur bei der Extrusion nicht erkannt werden, muss in die Skizze zurückgekehrt, dort auf eine der Linien mit der rechten Maustaste geklickt und die Option ***Kontur schließen*** gewählt werden. Hier anschließend nacheinander alle Linien und Bögen der Kontur wählen, bis das Programm die Meldung ***Kontur erfolgreich geschlossen*** ausgibt.

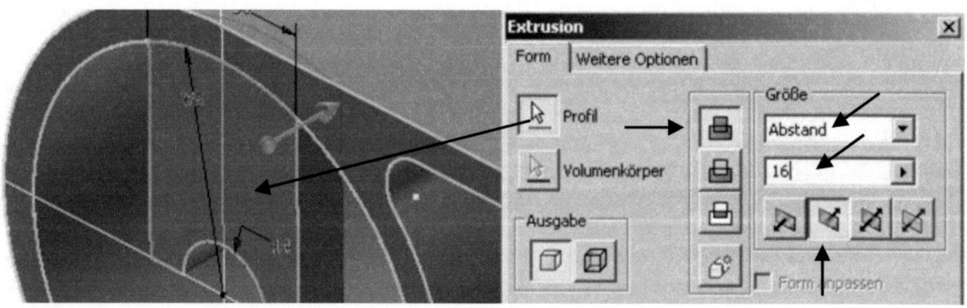

Abb. 125 Extrudieren der Lagerung in Richtung des Gehäuses (Vereinigung)

- ***Extrusion***
- Profil: Kontur
- Verfahren: Vereinigung
- Größe: Abstand (16 mm)
- Richtung: Richtung2
- OK

4.7.4 Gewindebohrungen mit linearen Referenzen

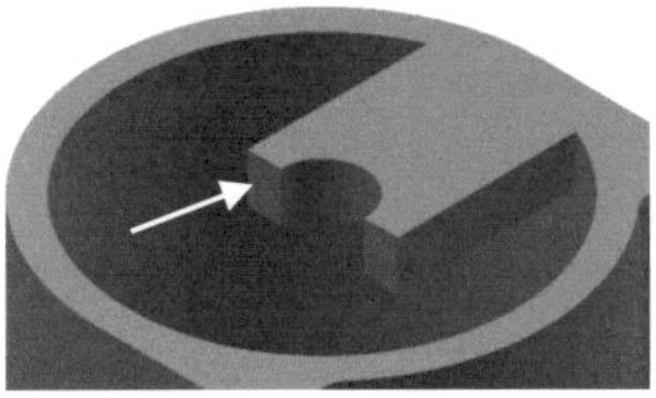

Abb. 126 Oberfläche der Bohrung

Starten Sie den Befehl ***Bohrung*** und platzieren Sie die erste Gewindebohrung auf der in Abb. 126 markierten Oberfläche. Als ***Platzierungstyp*** ist die Option ***Linear*** zu aktivieren. Wiederholen Sie dieses Vorgehen mit denselben Werten bei der zweiten Fläche.

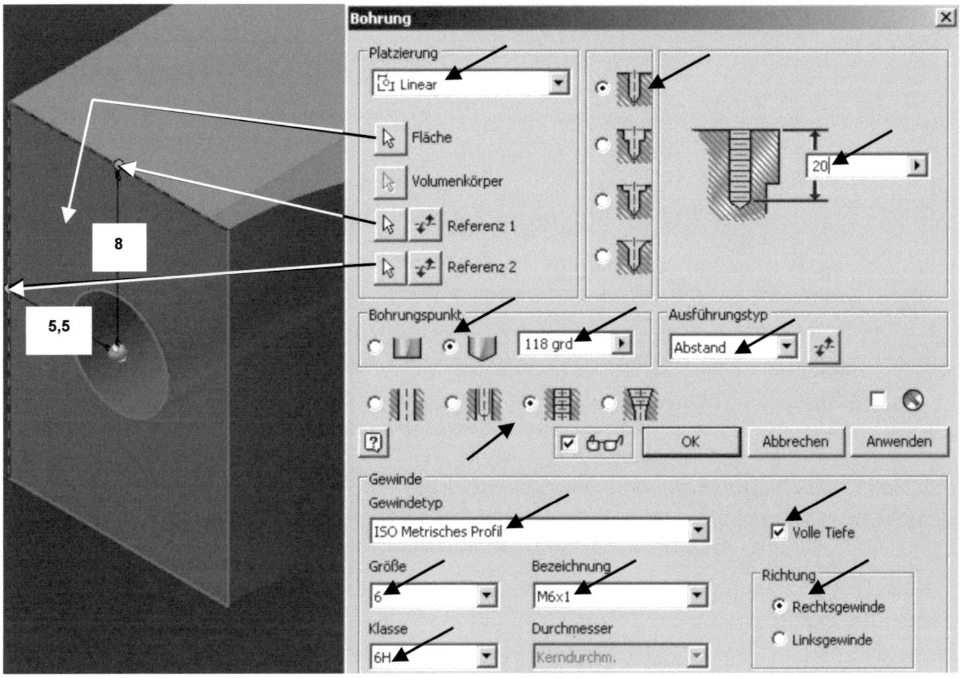

Abb. 127 Erzeugen der ersten Gewindebohrung

- ***Bohrung***
- Platzierung: Linear
- Ebene: Markierte Fläche
- Referenz 1: Kante (8 mm)
- Referenz 2: Kante (5,5 mm)
- Typ: Gewindebohrung
- Ausführungstyp: Abstand (20 mm)
- Gewindelänge: Volle Tiefe
- Gewindetyp: ISO Metrisches Profil
- Größe: 6 - Rechtsgewinde
- Bezeichnung: M6 x 1
- Klasse: 6H
- Anwenden

4.7.5 Kurbelwellenlagerung fasen

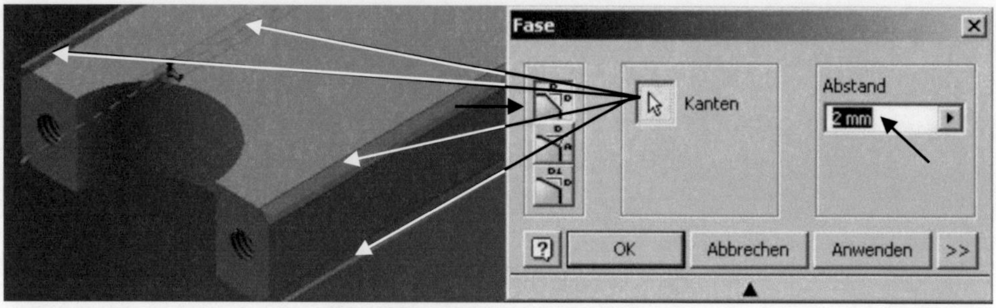

Abb. 128 Fasen der vier markierten Kanten

Fasen Sie die 4 markierten Kanten (Abb. 128) in einem Abstand von ***2 mm*** und bestätigen Sie den Befehl anschließend mit ***OK***.

4.7.6 Elemente mittels rechteckiger Anordnung kopieren

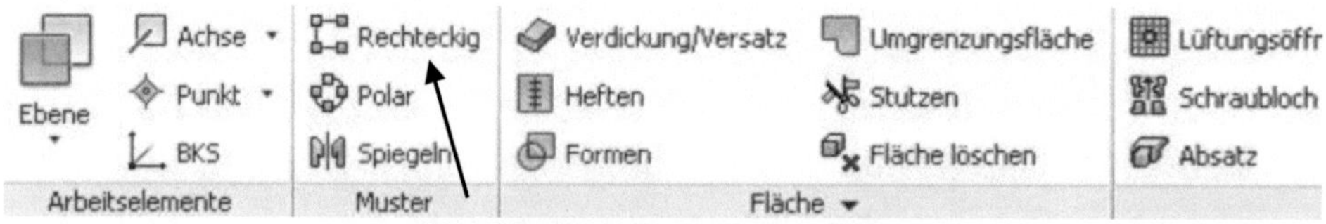

Abb. 129 Der Befehl: Rechteckige Anordnung

Der Befehl ***Rechteckige Anordnung*** ermöglicht das Kopieren geometrischer Elemente entlang eines linearen oder nichtlinearen Pfades in eine oder zwei Richtungen.

Starten Sie den Befehl und aktivieren Sie die Option ***Einzelne Elemente anordnen***. Als ***Elemente*** markieren Sie im Modellbaum nacheinander bei gedrückter STRG-Taste die letzte ***Extrusion*** (Lagerung der Kurbelwelle), beide ***Bohrungen*** und die zuletzt erzeugten ***Fasen***. Beachten Sie hierbei unbedingt die Reihenfolge!

Als Referenz für ***Richtung1*** soll im Modellbaum der Ordner ***Ursprung*** aufgeklappt und hier die ***Z-Achse*** gewählt werden. Die ***Anzahl*** der zu erzeugenden Kopien soll ***5*** und der ***Abstand 70 mm*** betragen (Option ***Intervall***). Die Definition einer zweiten Richtung ist nicht erforderlich.

Es ist darauf zu achten, dass die Kopien in Richtung Motorgehäuse erzeugt werden. Sollte dies bei Ihnen nicht der Fall sein, muss mittels ***Umschalten*** die Richtung gewechselt werden.

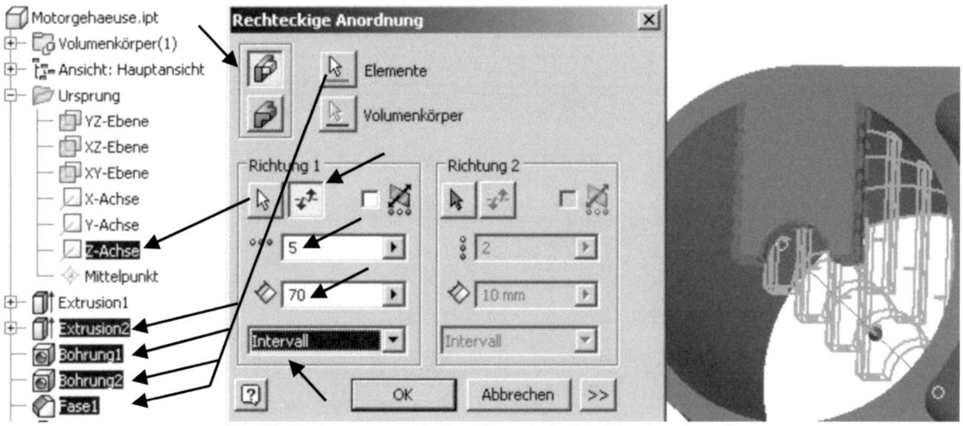

Abb. 130 Kopieren geometrischer Elemente (rechteckige Anordnung)

- ***Rechteckige Anordnung***
- Elemente: Markierte Elemente
- Richtung 1: Z-Achse
- Anzahl: 5
- Abstand: 70 mm
- OK

Wenn alles geklappt hat, sollte die letzte Kurbelwellenlagerung sauber mit der gegenüberliegenden Stirnseite des Motorgehäuses abschließen. Prüfen Sie ob alle fünf Kurbelwellenlagerungen mit Fasen und Bohrungen versehen sind.

4.7.7 Dichtungsflansch zum Zylinderkopf

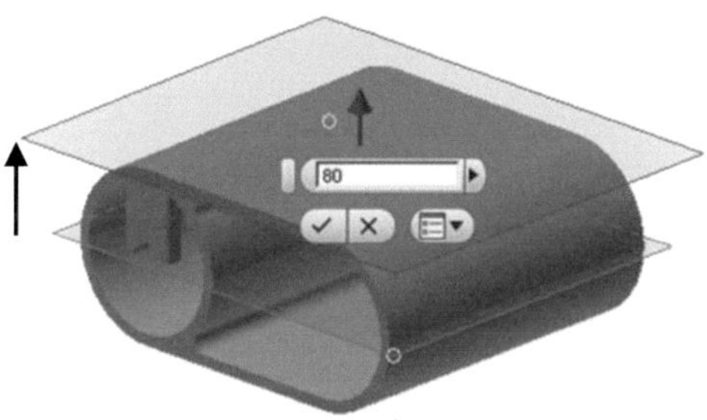

Abb. 131 Neue Ebene (parallel zur XZ-Ebene)

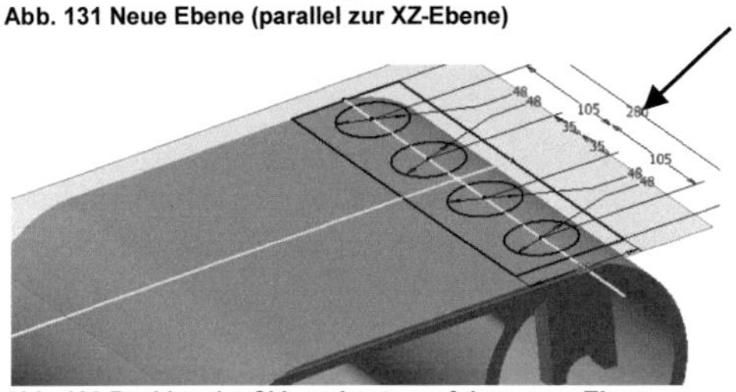

Abb. 132 Position der Skizzenkontur auf der neuen Ebene

Im folgenden Schritt muss ein Dichtungsflansch erzeugt werden, auf dem später Dichtung und Zylinderblock montiert werden können.

Starten Sie den Befehl ***Versatz von Ebene*** und erzeugen Sie, basierend auf der ***XZ-Ebene*** eine neue Ebene in einem Versatz von ***80 mm*** dazu (Abb. 131). Erzeugen Sie auf der neuen Ebene eine ***2D-Skizze*** und ***projizieren*** Sie die drei Achsen.

Am ***ViewCube*** soll die Ansicht ***HINTEN*** eingestellt und dann um 90° gegen den Uhrzeigersinn gedreht werden.

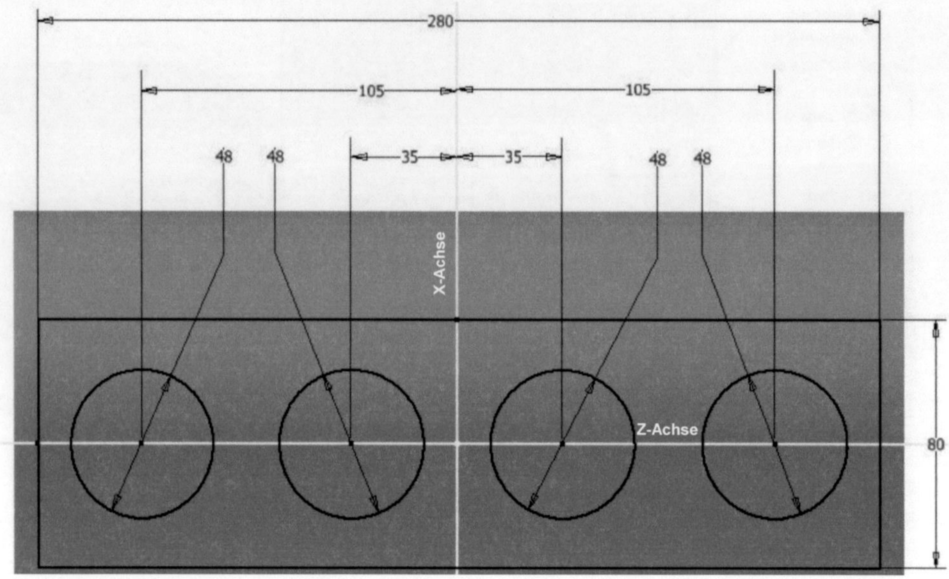

Abb. 133 Basisskizze für den Befestigungsflansch zum Zylinderblock (ViewCube-Ansicht: HINTEN, 90° gegen den UZS gedreht)

Die Kontur besteht aus vier ***Kreisen*** (***D = 48 mm***), deren Mittelpunkte sich auf der projizierten ***Z-Achse*** befinden und einem Rechteck (***280*** x ***80 mm***), welches ***symmetrisch*** zu ***X-*** und ***Z-Achse*** angeordnet ist. Zeichnen Sie die geometrischen Elemente und beenden Sie den Skizzenbereich anschließend wieder.

Extrudieren Sie die Kontur danach mit der Option ***Zur Nächsten*** bis an den Volumenkörper (Abb. 134).

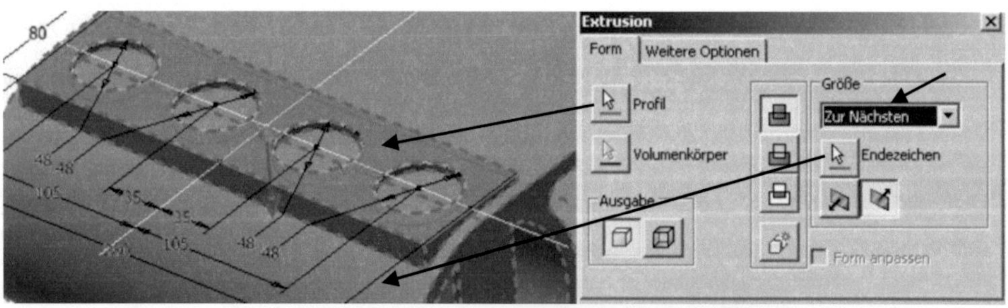

Abb. 134 Kontur bis an den vorhandenen Volumenkörper extrudieren

- ***Extrusion***
- Profil: Kontur
- Verfahren: Vereinigung
- Größe: Zur Nächsten
- Endezeichen: Volumenkörper
- OK

HINWEIS: Sollten Sie Probleme haben die Kontur wie abgebildet auszuwählen, kehren Sie in die Skizze zurück und markieren Sie dort die projizierten Achsen (X, Y, Z) als ***Konstruktionslinien*** (Befehlsgruppe ***Format***).

4.7.8 Bohrungen nach Skizze einfügen

Im nächsten Schritt der Übung wird das Motorgehäuse mit vier ***Bohrungen*** für die vier Laufbuchsen und 16 ***Gewindebohrungen*** für die Zylinderkopfverschraubung versehen. Hierfür soll der Platzierungstyp ***Nach Skizze*** verwendet werden.

Erzeugen Sie eine ***2D-Skizze*** auf der zuletzt erzeugten Arbeitsebene, ***projizieren*** Sie die Konturen dieser Oberfläche und zeichnen Sie alle (20) in Abb. 135 dargestellten ***Punkte***. Vereinfachen Sie sich die Aufgabe, indem Sie zuerst fünf Punkte (links) zeichnen, diese bemaßen und anschließend mit dem Befehl ***Rechteckige Anordnung*** in einem Abstand von ***70 mm***, ***4*** x entlang der ***Z-Achse*** anordnen (Richtung eventuell umschalten!).

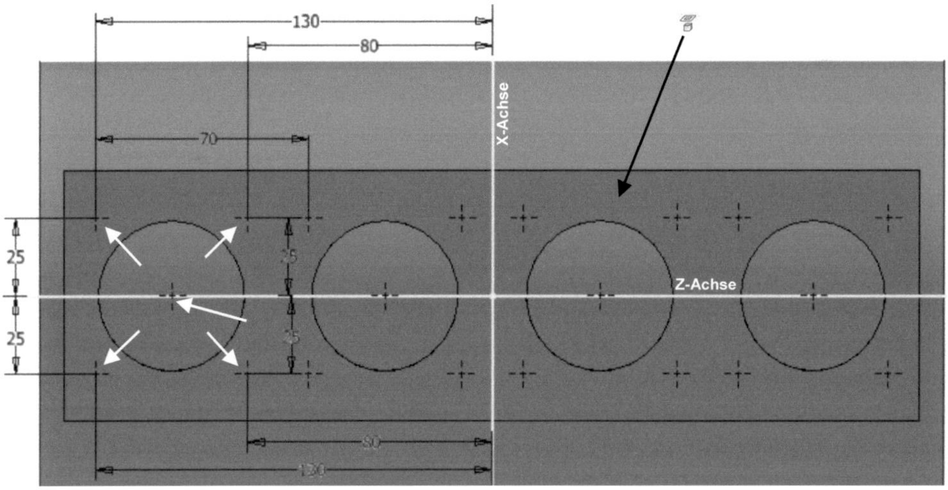

Abb. 135 Zeichnen der 20 Bohrungspunkte

Vergewissern Sie sich noch einmal, dass alle 20 Punkte vorhanden sind und korrekt angeordnet wurden, da diese als Grundlage für die folgenden Bohrungen dienen werden. Die Skizze ist danach zu beenden.

HINWEIS: Achten Sie darauf, dass während des Zeichnens der Punkte im Skizzenbereich in der Befehlsgruppe ***Format*** die Option ***Mittelpunkt*** aktiviert ist, da Sie ansonsten nur Hilfspunkte zeichnen (welche im Bohrungsbefehl nicht erkannt werden).

Starten Sie den Befehl **_Bohrung_**. Im ersten Schritt sollen die 16 außen liegenden Bohrungspunkte verwendet werden (Abb. 136). Der Platzierungstyp **_Nach Skizze_** erkennt automatisch alle 20 Bohrungspunkte der letzten Skizze.

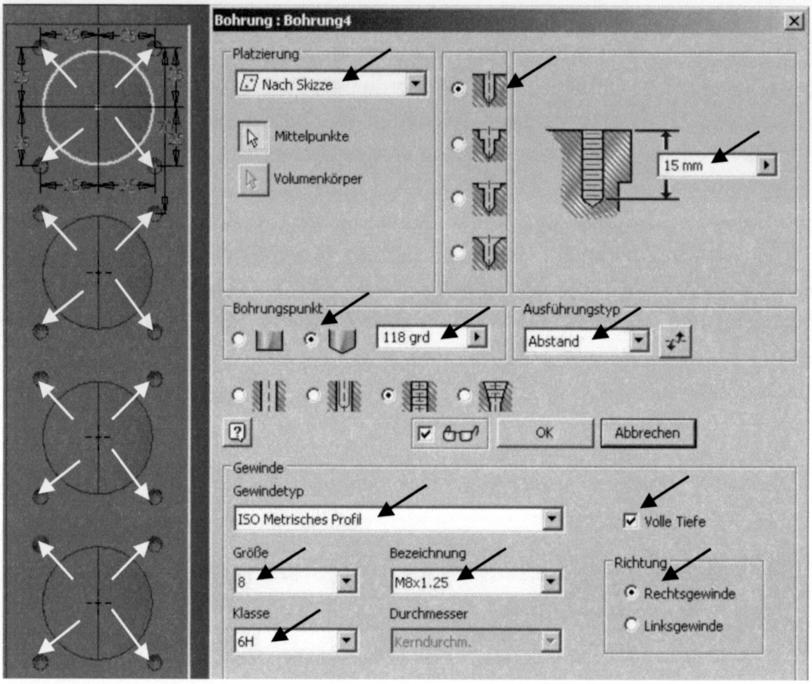

Abb. 136 Erstellen der 16 Gewindebohrungen

- **_Bohrung_**
- Platzierung: Nach Skizze
- Mittelpunkte: Punkte der Skizze
- Typ: Gewindebohrung
- Ausführungstyp: Abstand (15 mm)
- Gewindelänge: Volle Tiefe
- Gewindetyp: ISO Metrisches Profil
- Größe: 8 - Rechtsgewinde
- Bezeichnung: M8 x 1,25
- Klasse: 6H
- OK

Nach der Bestätigung des Befehls berechnet das Programm die Bohrungen. Hierfür zieht das Programm die zuvor erzeugte 2D-Skizze heran, sie integriert sich in den Bohrungsbefehl. Da die Skizze allerdings auch für die restlichen vier Bohrungen benötigt wird, muss sie reaktiviert werden. Hier bietet das Programm eine komfortable Lösung an:

Klappen Sie im Modellbaum die zuletzt erzeugte Bohrung auf und markieren Sie die darin enthaltene Skizze. Klicken Sie mit der **_rechten Maustaste_** auf diese Skizze und wählen Sie die Option **_Skizze wieder verwenden_**.

Die Skizze reaktiviert sich und erscheint erneut im Modellbaum. Starten Sie den Befehl ***Bohrung*** und verwenden Sie die in Abb. 137 markierten vier Skizzenpunkte, um damit weitere Bohrungen (diesmal ohne Gewinde) zu erstellen. Die Bohrungspunkte müssen dem Programm diesmal manuell zugewiesen werden.

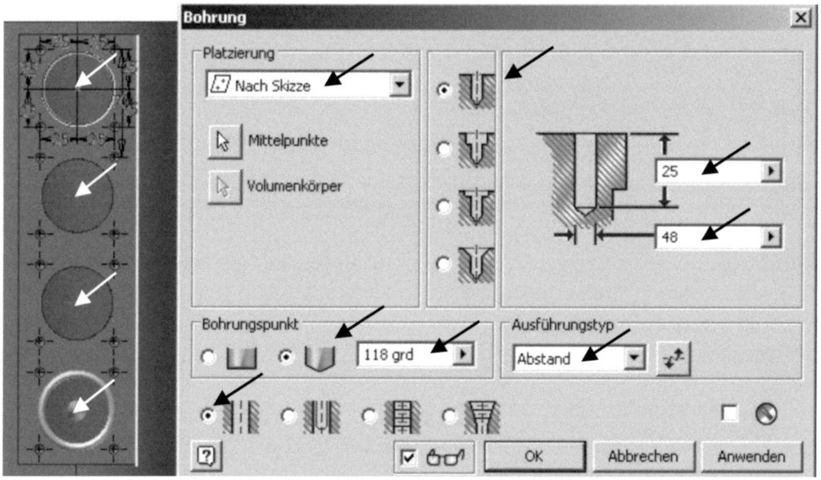

Abb. 137 Bohren der vier Löcher für die Zylinderlaufbuchsen

- ***Bohrung***
- Platzierung: Nach Skizze
- Mittelpunkte: Vier markierte Punkte
- Typ: Bohren
- Ausführungstyp: Abstand (25 mm)
- Durchmesser: 48 mm
- Bohrungsspitze: Spitze (118°)
- Gewinde: Nein
- OK

HINWEIS: Nachdem eine Skizze durch die Option ***Skizze wieder verwenden*** reaktiviert wurde, bleibt diese so lange sichtbar, bis die Sichtbarkeit manuell entfernt wird. Klicken Sie hierfür im Modellbaum mit der ***rechten Maustaste*** auf die Skizze und entfernen Sie den Haken bei der Option ***Sichtbarkeit***. Auch die Arbeitsebene kann wieder ausgeblendet werden.

4.7.9 Übergangsbereich zum Flansch abrunden

Mittels ***Rundung*** soll der Anschlussflansch am Motorgehäuse seine endgültige Form erhalten. Im ersten Schritt sind die in Abb. 138 markierten Kanten (auch die beiden Kanten der entgegengesetzten Seite) mit einem ***Radius*** von ***20 mm*** zu runden. Sobald diese Rundungen erzeugt wurden, ist die resultierende umlaufende Kante (Abb. 139) an der Verbindungsstelle (zwischen Flansch und Motorgehäuse) um ***5 mm*** zu runden.

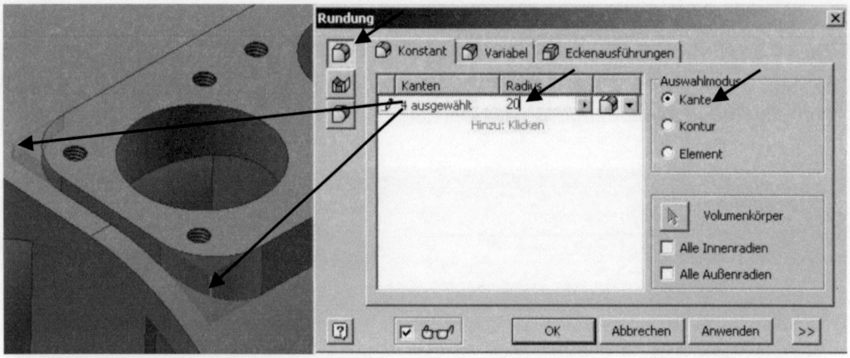

Abb. 138 Abrunden der vier Kanten am Flansch (nur die beiden Kanten der ersten Seite sind sichtbar)

- ***Rundung***
- Kanten: Vier Kanten (markierte Kanten in Abb. 138 und die Kanten auf der gegenüberliegenden Seite)
- Radius: 20 mm
- Anwenden

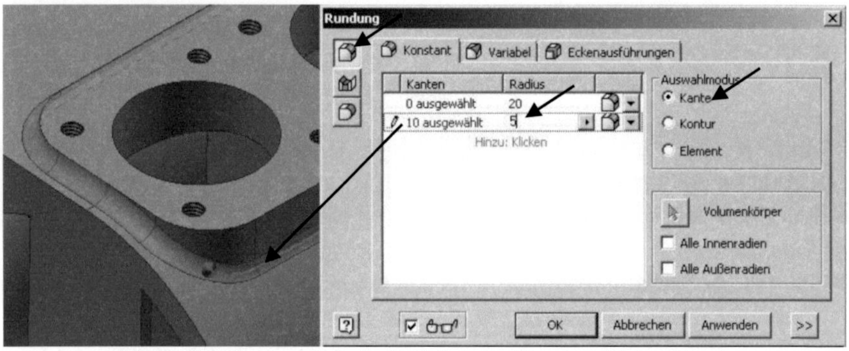

Abb. 139 Abrunden der umlaufenden Kante (zwischen Flansch und Motorgehäuse)

- Kante: Umlaufende Kante (Abb. 139)
- Radius: 5 mm
- OK

HINWEIS: Achten Sie darauf, dass die Rundung der ersten vier Kanten (R = 20 mm) zuerst mit Anwenden ***ANWENDEN*** bestätigt werden muss, bevor die umlaufende Kante (R = 5 mm) gewählt werden kann.

Das Bauteil kann jetzt als ***Motorgehaeuse.ipt*** gespeichert und anschließend geschlossen werden.

4.8 Bauteil Zylinderblock

4.8.1 Grundlagen zum Bauteil

Abb. 140 Der Zylinderblock

Der Zylinderblock kühlt die Verbrennungsräume und trägt die Laufbuchsen und den Riemenkanal. Er wird zwischen Motorgehäuse und Zylinderkopf montiert. Der Zylinderblock in diesem Übungsbeispiel wird (wie bei Motoren dieser Baugröße üblich) allein durch den Fahrtwind gekühlt. Hierfür besitzt er spezielle Kühlrippen, die sich über den gesamten Volumenkörper erstrecken.

4.8.2 Kühlrippen sweepen

Abb. 141 Der Befehl: Sweeping

Der Befehl ***Sweeping*** ermöglicht das Führen einer 2D-Kontur entlang eines Pfades um daraus einen Volumenkörper zu erzeugen. Er erfordert eine 2D-Skizze mit einem geschlossenen Profil und einen Pfad.

Öffnen Sie die heruntergeladene und bereits vorhandene Datei ***Zylinderblock.ipt*** aus dem Projektordner. Der Zylinderblock wurde in seiner grundlegenden Form bereits erzeugt und soll jetzt durch abschließende Arbeiten fertiggestellt werden.

Die Kühlrippen sollen durch einen Materialschnitt (Differenz) im Befehl ***Sweeping*** erzeugt werden. Die im Bauteil bereits vorhandene freie ***Skizze*** enthält das Profil. Als Pfad soll die in Abb. 142 markierte umlaufende Kante des Zylinderblocks verwendet werden.

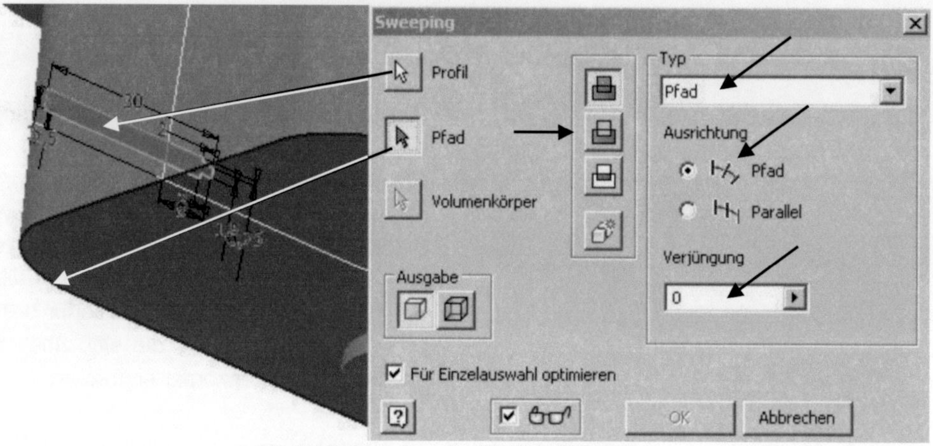

Abb. 142 Sweepen der ersten Kühlrippe (Differenz)

- ***Sweeping***
- Profil: Kontur (Skizze3, Modellbaum)
- Pfad: Markierte umlaufende Kante
- Verfahren: Differenz
- Typ: Pfad
- Ausrichtung: Pfad
- OK

HINWEIS: Die Meldung ***Pfad schneidet Profil nicht*** kann durch ***OK*** bestätigt werden. Das Programm weist lediglich darauf hin, dass Pfad und Profil keinen gemeinsamen Schnittpunkt aufweisen.

Die erste Kühlrippe wurde erzeugt und muss jetzt kopiert werden. Hier soll der Befehl ***Rechteckige Anordnung*** verwendet werden. Als ***Element*** ist im Modellbaum der Befehl ***Sweeping*** zu wählen. Für die ***Richtung*** soll die ***Y-Achse*** verwendet werden.

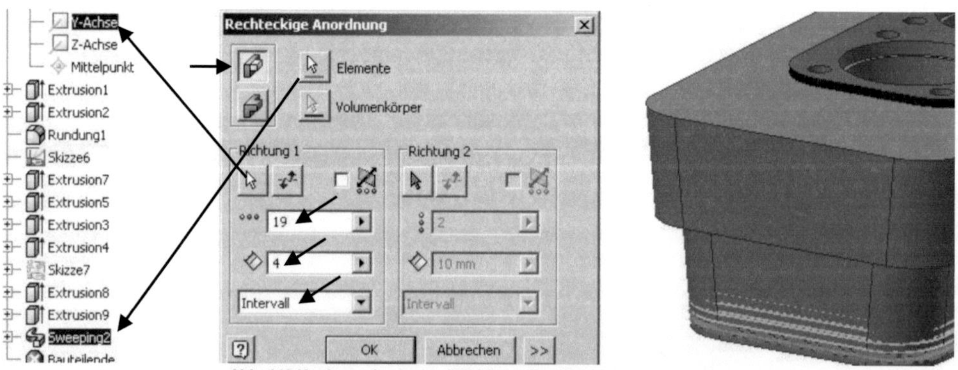

Abb. 143 Kopieren der ersten Kühlrippe (Rechteckige Anordnung)

- ***Rechteckige Anordnung***
- Elemente: Sweeping-Element
- Richtung 1: Y-Achse
- Anzahl: 19
- Abstand: 4 mm
- OK

Weitere Änderungen am Bauteil sind nicht erforderlich. ***Speichern*** Sie die Datei und schließen Sie sie anschließend.

4.9 Bauteil Zylinderkopf

4.9.1 Grundlagen zum Bauteil

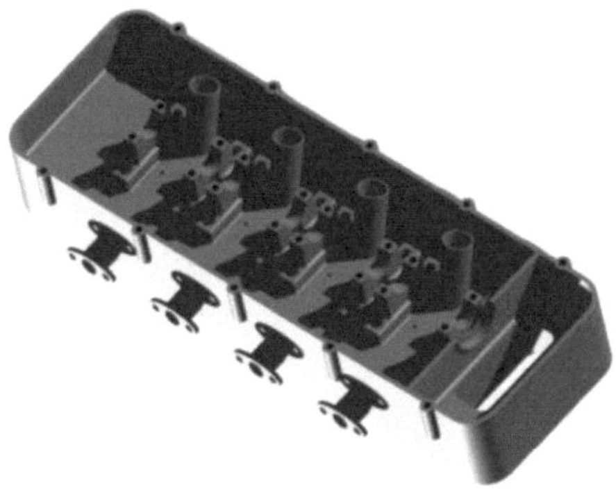

Abb. 144 Der Zylinderkopf

Der Zylinderkopf schließt den Verbrennungsraum der Zylinder nach oben ab. Er lagert die Bauteile der Ventilsteuerung (Nockenwelle, Ventile, Riemenrad der Nockenwelle und einen Teil des Riemenkanals) und trägt die Verbindungskanäle zwischen den Verbrennungsräumen und der Ansaug-/Abgasseite. Der Zylinderkopf wird auf den Zylinderblock montiert und mit einem Ventildeckel nach oben abgedichtet.

4.9.2 Erstellen einer schrägen Ebene

Abb. 145 Der Befehl: Winkel zu Ebene um Kante

Öffnen Sie die bereits vorhandene (heruntergeladene) Datei ***Zylinderkopf.ipt***. Der Basiskörper wurde bereits erzeugt und soll jetzt fertiggestellt werden. Sehen Sie sich die einzelnen Befehlsschritte im Modellbaum in Ruhe an und verschaffen Sie sich einen Überblick über die erfolgten Arbeitsschritte, um die Vorgehensweise nachvollziehen zu können. In der folgenden Übung soll eine schräge Ebene erzeugt werden, auf der anschließend eine ***2D-Skizze*** zu erstellen ist.

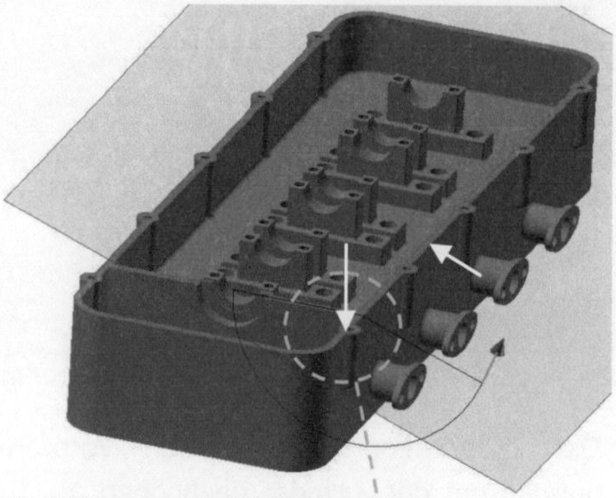

Abb. 146 Ebene - Winkel zu Ebene um Kante

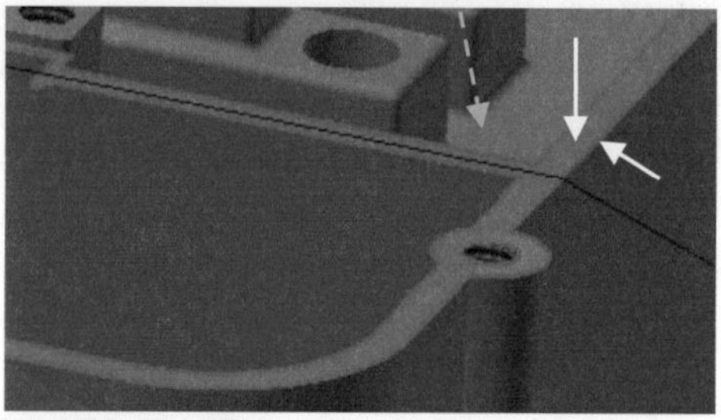

Abb. 147 Detailansicht

Starten Sie den Befehl ***Ebene - Winkel zu Ebene um Kante***. Mit diesem Befehl kann eine neue Ebene parallel zu einer vorhandenen Ebene/ Fläche erzeugt und anschließend um eine Achse/ Kante geneigt werden.

Klicken Sie zuerst auf die in Abb. 146/ 147 markierte ***Fläche***, dann auf die markierte ***Kante***. Im Eingabefenster des Befehls ist dann der Drehwinkel der Ebene anzugeben. Tragen Sie hier ***160°*** ein.

- ***Ebene - Winkel zu Ebene um Kante***
- Ebene: Markierte (schmale) Fläche
- Kante: Markierte Kante
- Winkel: 160°
- ***Anwenden***

HINWEIS: Achten Sie auf die korrekte Lage der Ebene zum Zylinderkopf (Abb. 146). Sollte Ihre Ebene anders liegen, muss eventuell das Vorzeichen des Drehwinkels geändert werden. Ein Doppelklick auf die Ebene öffnet das Eingabefenster zur Korrektur des Winkels.

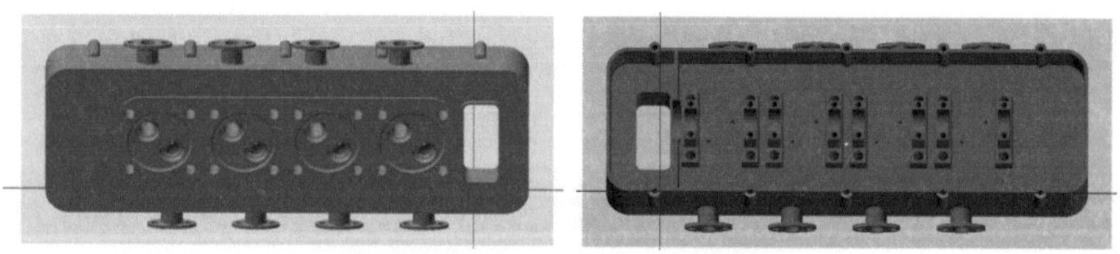

Abb. 148 (L) Ansicht vor Ausrichten; (R) Korrigierte Ansicht

Erstellen Sie auf der neuen Ebene eine ***2D-Skizze***. Das Programm wird die Ansicht jetzt automatisch in die in Abb. 146 L dargestellte Position bringen, die aber noch korrigiert werden muss. Wählen Sie am ***ViewCube*** die Ansicht ***HINTEN***, starten Sie anschließend den Befehl ***Ausrichten nach*** (Register ***Ansicht*** > ***Navigieren***) und klicken Sie dann auf die neu erzeugte Ebene. Die Ansicht sollte jetzt wie in Abb. 148 R dargestellt ausgerichtet sein.

Projizieren Sie die drei Achsen und zeichnen Sie zuerst einen ***Punkt***, ***10 mm*** von der projizierten ***X-Achse*** und ***100 mm*** von der projizierten ***Y-Achse*** entfernt (Abb. 149).

Um diesen Punkt herum sind anschließend drei ***Kreise*** zu zeichnen (***D1 = 14 mm***, ***D2 = 18 mm***; ***D3 = 20 mm***). ***Beenden*** Sie die Skizze anschließend.

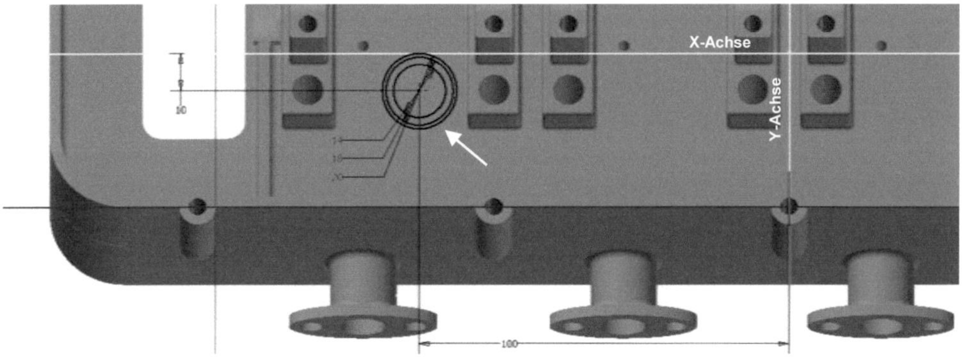

Abb. 149 Bohrungspunkt und drei Kreise zeichnen

4.9.3 Zündkerzeneinsätze bohren und extrudieren

Die Sichtbarkeit der neu erzeugten Ebene kann nun wieder aufgehoben werden (***rechte Maustaste*** > ***Sichtbarkeit***). In den folgenden Arbeitsschritten sollen insgesamt eine Gewindebohrung und drei Extrusionen ins Bauteil eingefügt werden.

Starten Sie den Befehl ***Bohrung*** und aktivieren Sie die Option ***Nach Skizze***.

Der Bohrungspunkt sollte automatisch erkannt werden. Sie benötigen eine Gewindebohrung mit dem Ausführungstyp ***Durch alle***. Die Bohrung muss in Richtung Volumenkörper zeigen. Sollte dies bei Ihnen nicht der Fall sein, wechseln Sie die Richtung (***Umschalten***). Übernehmen Sie die restlichen Einstellungen aus Abb. 150 und bestätigen Sie anschließend den Befehl.

Da die Skizze noch für die Extrusionen benötigt wird, muss sie reaktiviert werden. Klappen Sie hierfür im Modellbaum die letzte Bohrung auf, markieren Sie die darunterliegende Skizze und wählen Sie mit der ***rechten Maustaste*** darauf die Option ***Skizze wieder verwenden***.

Folgen Sie der nachstehenden Befehlskette, um die Bohrung und die drei Extrusionen nacheinander umzusetzen.

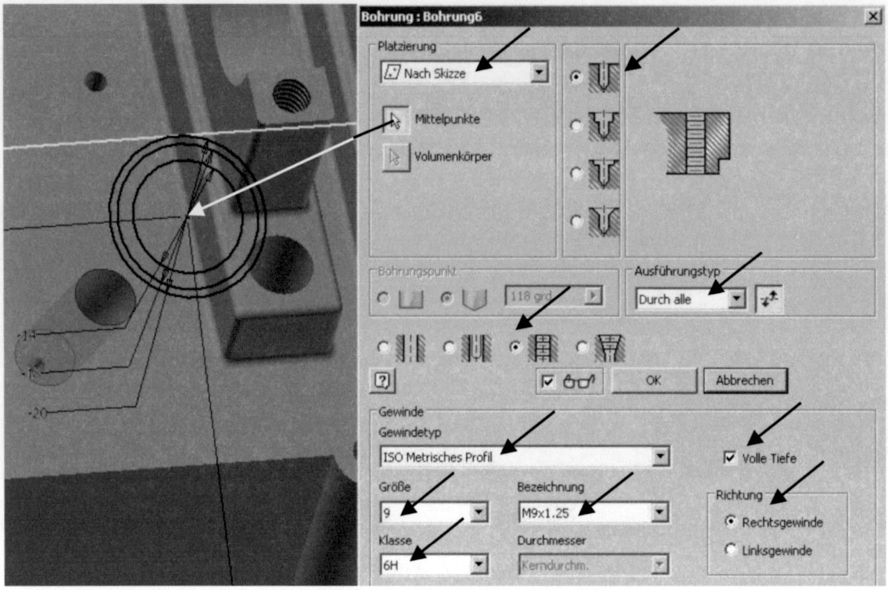

Abb. 150 Erzeugen der Gewindebohrung (Zündkerze)

- ***Bohrung***
- Platzierung: Nach Skizze
- Mittelpunkte: Punkt
- Typ: Gewindebohrung
- Ausführungstyp: Durch alle
- Gewindelänge: Volle Tiefe
- Gewindetyp: ISO Metrisches Profil
- Größe: 9 - Rechtsgewinde
- Bezeichnung: M9 x 1,25
- Klasse: 6H
- OK

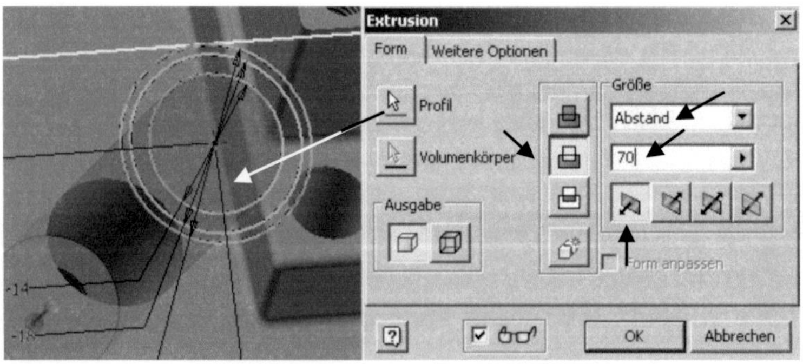

Abb. 151 Erzeugen der ersten Extrusion (Differenz)

- ***Extrusion***
- Profil: Kreis (D = 14 mm)
- Verfahren: Differenz
- Größe: Abstand (70 mm)
- Richtung: Richtung1
- OK

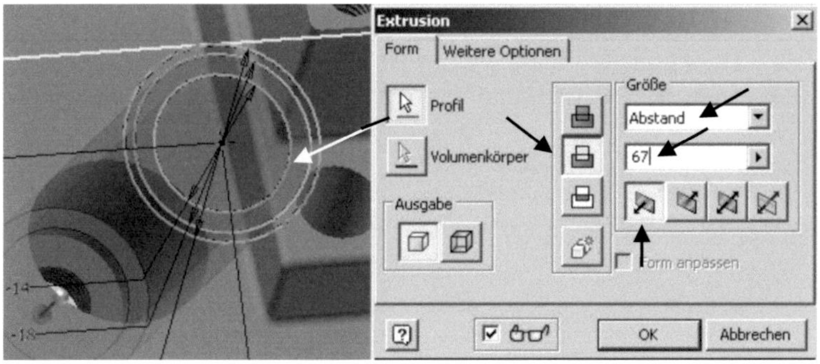

Abb. 152 Erzeugen der zweiten Extrusion (Differenz)

- ***Extrusion***
- Profil: Kreisring (zw. D = 14 mm und D = 18 mm)
- Verfahren: Differenz
- Größe: Abstand (67 mm)
- Richtung: Volumenkörper
- OK

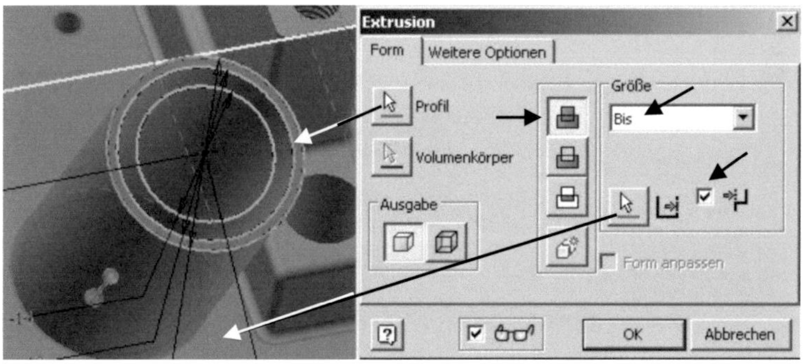

Abb. 153 Erzeugen der dritten Extrusion (Vereinigung)

- ***Extrusion***
- Profil: Kreisring (zw. D= 18 mm und D= 20 mm)
- Verfahren: Vereinigung
- Größe: Bis
- Bis: Markierte Fläche
- OK

4.9.4 Vorhandene Anordnungen erweitern

Die verwendete Skizze wird nicht mehr benötigt und kann wieder ausgeblendet werden (rechte Maustaste > Sichtbarkeit). Die drei letzten Arbeitsschritte (Extrusionen, Gewindebohrung) wurden für den ersten Zylinder erstellt und müssen auch auf die restlichen drei Zylinder übertragen werden. Hier kann eine bereits vorhandene Anordnung benutzt und um die neuen Arbeitsschritte erweitert werden.

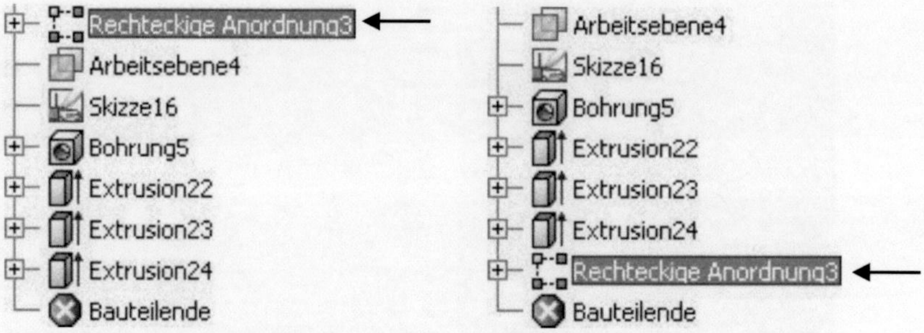

Abb. 154 (L) Ausgangssituation (Modellbaum); (R) Rechteckige Anordnung nach unten verschoben

Im Modellbaum finden Sie eine ***Rechteckige Anordnung*** (Abb. 154 L). Klicken Sie diese mit der linken Maustaste im Modellbaum an und schieben Sie sie bei gedrückter linker Maustaste zwischen die letzte ***Extrusion*** und das ***Bauteilende*** (Abb. 154 R).

Dieser Zwischenschritt ist erforderlich, um die zuletzt erzeugten Elemente (eine Bohrung und drei Extrusion) in diese Anordnung integrieren zu können. Klicken Sie jetzt mit der rechten Maustaste auf die ***Rechteckige Anordnung*** und wählen Sie die Option ***Element bearbeiten***.

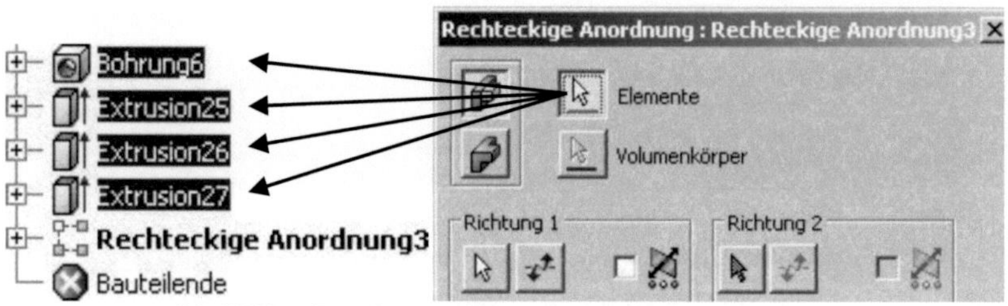

Abb. 155 Hinzufügen der neuen Elemente zur vorhandenen Anordnung

Aktivieren Sie die Option ***Elemente*** und fügen Sie dann die in Abb. 155 markierten vier Elemente hinzu (linke Maustaste bei gedrückter STRG-Taste). Weitere Einstellungen sind nicht erforderlich, der Befehl kann bestätigt werden.

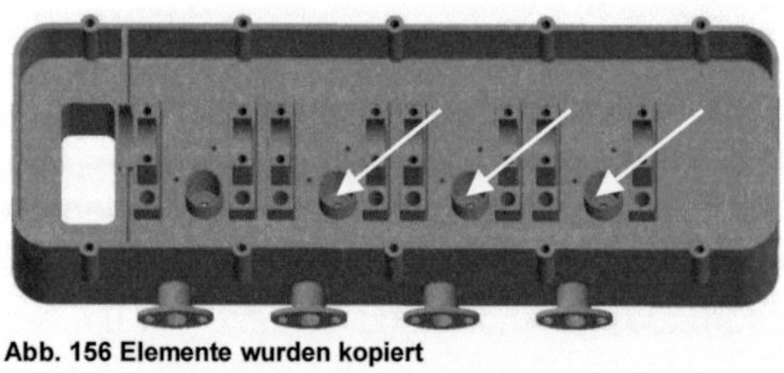

Abb. 156 Elemente wurden kopiert

Jeder Zylinder sollte jetzt mit einer eigenen Zündkerzenfassung versehen sein. ***Speichern*** Sie die Datei und schließen Sie sie.

4.10 Bauteil Nockenwelle

4.10.1 Grundlagen zum Bauteil

Abb. 157 Die Nockenwelle

Die Nockenwelle hat die Aufgabe, die Öffnungszeiten der Ein- und Auslasskanäle zu steuern. Hierfür sind auf der Welle acht Nocken vorhanden, zwei pro Zylinderraum. Grundsätzlich besteht eine Nockenwelle aus der Basiswelle, Nocken, Führungsringen, Passfederaussparungen und Gewindebohrungen. Angetrieben wird sie durch eine Riemenverbindung zur Kurbelwelle.

4.10.2 Passfederaussparung und Gewindebohrung am Wellenende

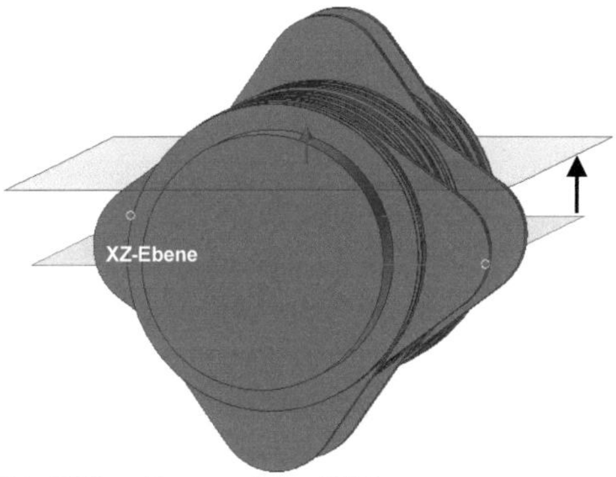

Abb. 158 Neue Ebene parallel zur XZ-Ebene

Öffnen Sie die vorhandene Datei ***Nockenwelle.ipt***. Das Basiselement der Nockenwelle ist bereits vorhanden. Es fehlen eine Nut (in welcher später eine Passfeder platziert werden soll) sowie eine Gewindebohrung.

Wechseln Sie am ***ViewCube*** zur Ansicht ***VORNE***, und erstellen Sie mittels ***Versatz von Ebene*** eine um den Wert ***6 mm*** zur ***XZ-Ebene*** versetzte Ebene (Abb. 158).

Auf dieser soll anschließend eine neue ***2D-Skizze*** erzeugt werden. Die Ansicht am ***ViewCube*** muss auf ***OBEN*** gestellt und um ***90°*** (im UZS) gedreht werden.

An der ***links*** vor Ihnen liegenden Seite der Nockenwelle soll die Kontur der Passfederaussparung gezeichnet werden. ***Projizieren*** Sie die markierte Kante und schneiden die Skizze mit ***F7*** auf.

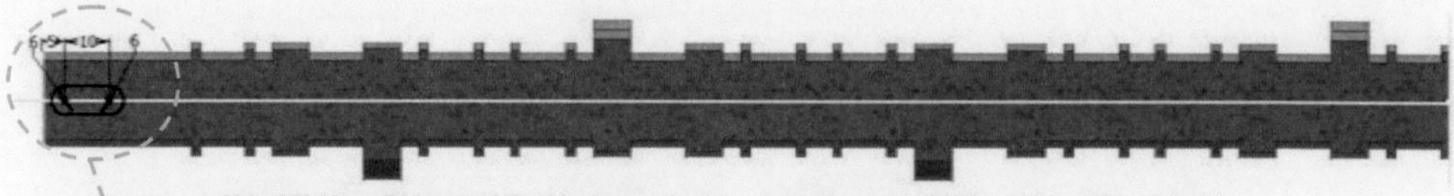

Abb. 159 Neue Skizze auf der Nockenwelle (ViewCube-Ansicht: OBEN, 90° im UZS gedreht)

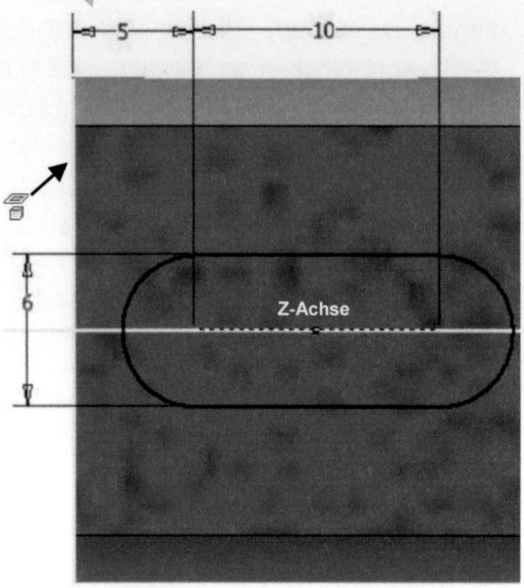

Abb. 160 Detailansicht

- **_Versatz von Ebene_**
- XZ-Ebene (Modellbaum) wählen
- Abstand: 6 mm
- **_Anwenden_**
- Neu erzeugte Arbeitsebene wählen
- **_2D-Skizze_**
- Skizze mit **_F7_** aufschneiden
- ViewCube-Ansicht: **_OBEN_**
- Ansicht **_90°_** **_drehen_** (im UZS)
- **_Projizieren_** 3 Achsen und linke markierte Kante wählen
- Langloch zeichnen (Abb. 160)
- **_Skizze fertig stellen_**

Verwenden Sie den Befehl **_Langloch_** (Typ: Mitte zu Mitte), um die dargestellte Kontur zu zeichnen und anschließend zu bemaßen. Sie soll im Anschluss durch eine **_Extrusion_** vom vorhandenen Volumenkörper subtrahiert werden. Achten Sie auf die korrekte Ausrichtung (Abb. 161).

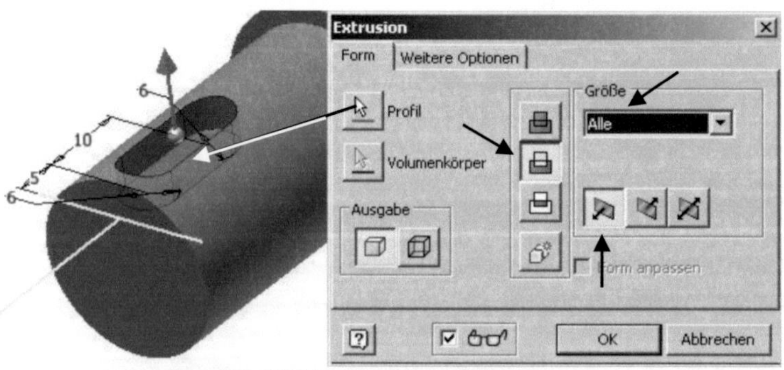

Abb. 161 Extrusion der Kontur (Differenz)

- ***Extrusion***
- Profil: Kontur
- Verfahren: Differenz
- Größe: Alle
- Richtung: Richtung1
- OK

Auf derselben Seite der Nockenwelle soll an der Stirnseite eine ***Gewindebohrung*** erzeugt werden. Verwenden Sie den Platzierungstyp ***Konzentrisch***. Achten Sie darauf, die Bohrung auf der Seite zu platzieren, auf der auch bereits die Passfederaussparung zu finden ist (Abb. 162).

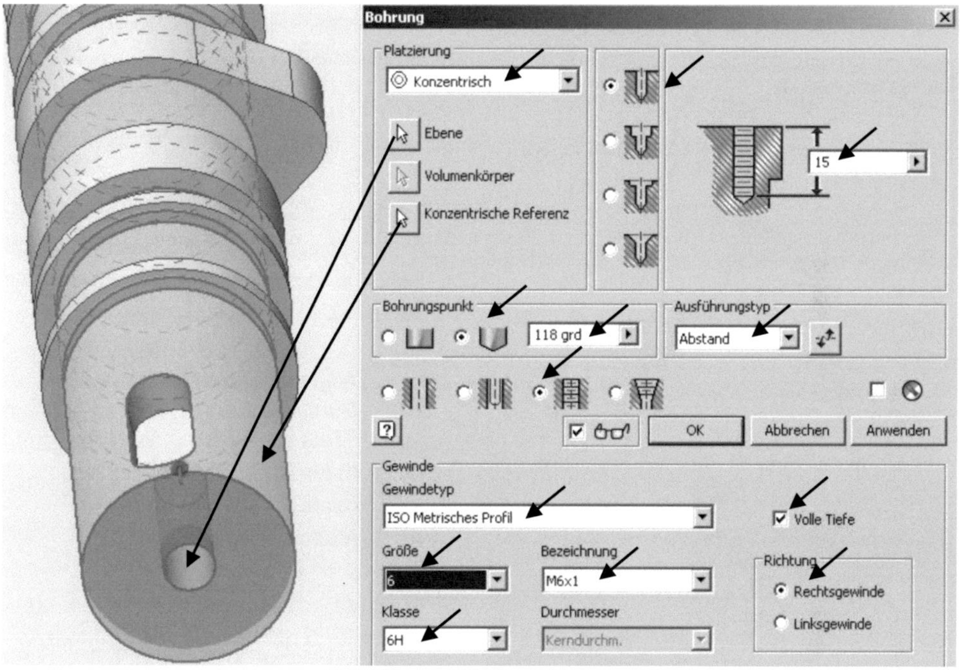

Abb. 162 Erzeugen der Gewindebohrung

- ***Bohrung***
- Platzierung: Konzentrisch
- Ebene: Markierte Fläche
- Konzentrische Referenz: Mantelfläche
- Typ: Gewindebohrung
- Ausführungstyp: Abstand (15 mm)
- Gewindelänge: Volle Tiefe
- Gewindetyp: ISO Metrisches Profil
- Größe: 6 - Rechtsgewinde
- Bezeichnung: M6 x 1
- Klasse: 6H
- OK

Weitere Änderungen am Bauteil sind nicht erforderlich. ***Speichern*** Sie die Datei und schließen Sie sie anschließend.

4.11 Bauteil Kurbelwelle

4.11.1 Grundlagen zum Bauteil

Abb. 163 Die Kurbelwelle

Die Kurbelwelle hat die Aufgabe, die linear-oszillierende Bewegung des Pleuels in eine Drehbewegung umzuwandeln und den Kraftfluss an das Getriebe weiterzuleiten. Bestandteile einer Kurbelwelle sind Kurbelwangen, Führungslager, Pleuellager, Riemen- und Antriebsseite.

4.11.2 Kurbelwangen zeichnen, extrudieren und kopieren

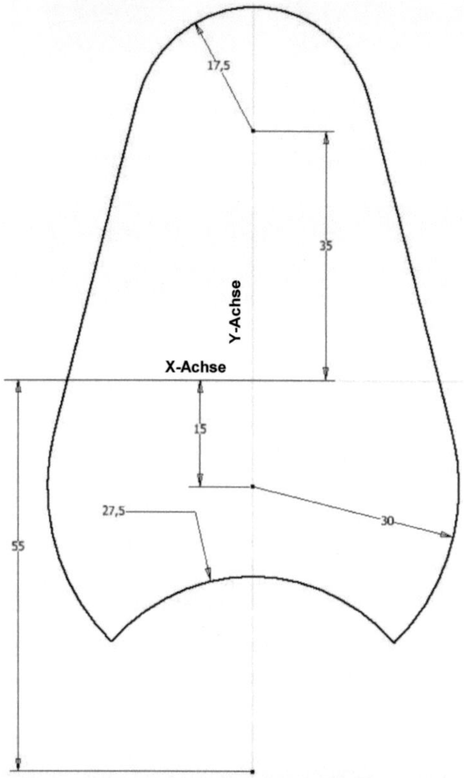

Abb. 164 Basiskontur der ersten Kurbelwange zeichnen

Erstellen Sie ein neues ***Bauteil*** (Norm.ipt). ***Projizieren*** Sie die drei Achsen und zeichnen Sie die Kontur aus Abb. 164.

- ***Neues Bauteil*** (Norm.ipt)
- ***Geometrie projizieren*** (3 Achsen)
- ***Kreis*** R = 17,5 mm zeichnen
- ***Kreis*** R = 27,5 mm zeichnen
- ***Kreis*** R = 30 mm zeichnen
- ***Maße*** setzen
- Zwei ***Linien*** zeichnen
- Linien ***tangential*** zu den Kreisen R = 17,5 mm und R = 30 mm setzen
- Konturen ***stutzen***
- ***Skizze fertig stellen***

Extrudieren Sie die Kontur anschließend symmetrisch um ***10 mm***.

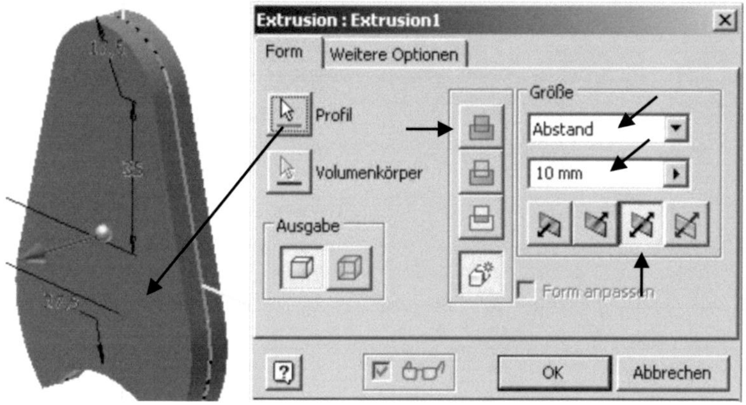

Abb. 165 Extrudieren der Kontur (Vereinigung)

- ***Extrusion***
- Profil: Kontur
- Verfahren: Vereinigung
- Größe: Abstand (10 mm)
- Richtung: Symmetrisch
- OK

Der neue Volumenkörper soll jetzt mit einer ***Rechteckigen Anordnung*** kopiert und entlang der ***Z-Achse*** angeordnet werden.

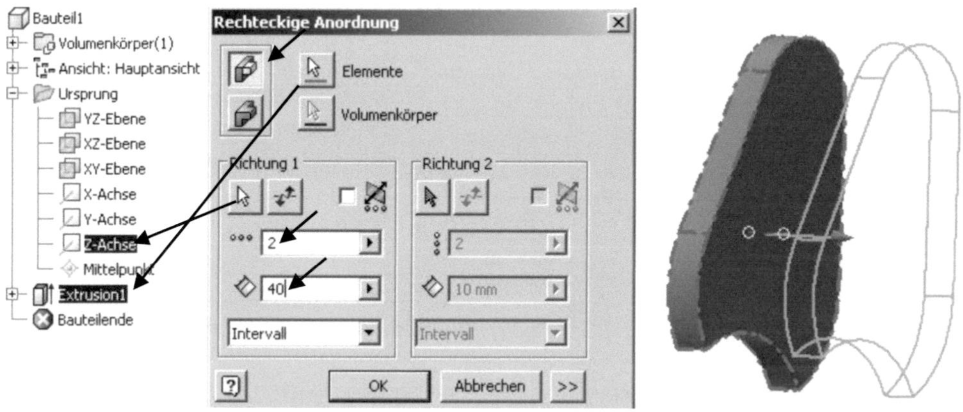

Abb. 166 Kopieren der ersten Kurbelwange (Rechteckige Anordnung)

- ***Rechteckige Anordnung***
- Elemente: Extrusion1
- Richtung 1: Z-Achse
- Anzahl: 2
- Abstand: 40
- Typ: Intervall
- OK

Abb. 167 Neue Ebene (Versatz von Ebene)

Die dritte Kurbelwange erfordert etwas mehr Vorarbeit. Hierfür muss zuerst eine neue Ebene erzeugt (***Versatz von Ebene***) und darauf eine ***2D-Skizze*** erstellt werden.

Dann sind die drei Achsen zu ***projizieren*** und die in Abb. 168 dargestellte Kontur zu zeichnen.

- ***Versatz von Ebene***
- XY-Ebene im Modellbaum wählen
- Versatz: 70 mm
- ***Anwenden***

- ***2D-Skizze*** auf neuer Ebene

- ***Projizieren*** der drei Achsen
- ***Kreis*** R = 17,5 mm zeichnen
- ***Kreis*** R = 27,5 mm zeichnen
- ***Kreis*** R = 30 mm zeichnen
- ***Maße*** setzen
- Zwei ***Linien*** zeichnen
- Linien ***tangential*** zu den Kreisen R = 17,5 mm und R = 30 mm setzen
- Konturen ***stutzen***

- ***Skizze fertig stellen***

Extrudieren Sie die Kontur anschließend symmetrisch um ***10 mm***.

Die noch sichtbare Arbeitsebene ist jetzt auszublenden.

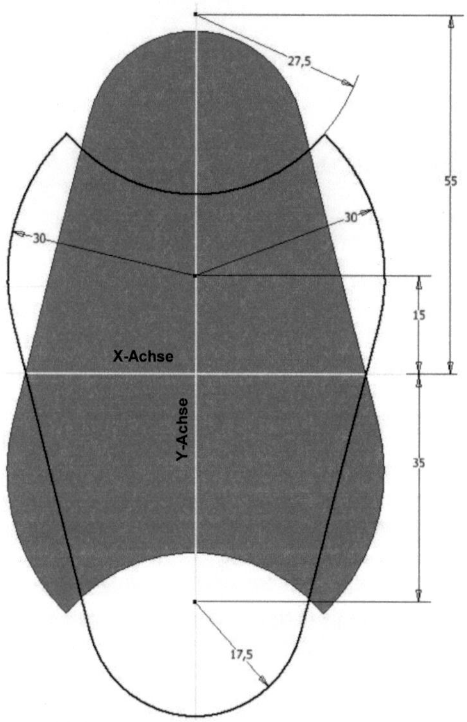

Abb. 168 Zeichnen der Kontur

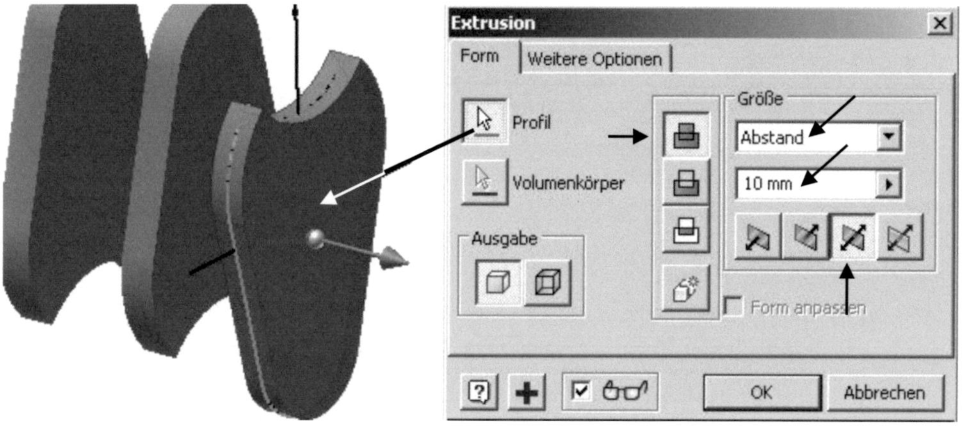

Abb. 169 Symmetrisches Extrudieren der Kontur (Vereinigung)

- ➢ ***Extrusion***
- ➢ Profil: Kontur
- ➢ Verfahren: Vereinigung
- ➢ Größe: Abstand (10 mm)
- ➢ Richtung: Symmetrisch
- ➢ OK

Auch die letzte Extrusion muss mittels ***Rechteckiger Anordnung*** einmal entlang der Z-Achse angeordnet werden. Anschließend sollen alle vorhandenen Kanten um den Radius ***2 mm*** ***gerundet*** werden. Verwenden Sie die Option ***Alle Außenradien***.

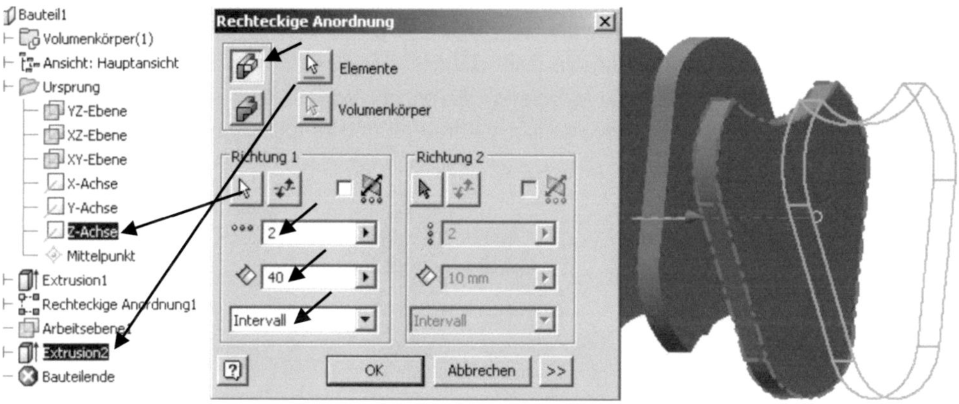

Abb. 170 Kopieren der letzten Kurbelwange (Rechteckiger Anordnung)

- ➢ ***Rechteckige Anordnung***
- ➢ Elemente: Letzte Extrusion
- ➢ Richtung 1: Z-Achse
- ➢ Anzahl: 2
- ➢ Abstand: 40
- ➢ Typ: Intervall
- ➢ OK

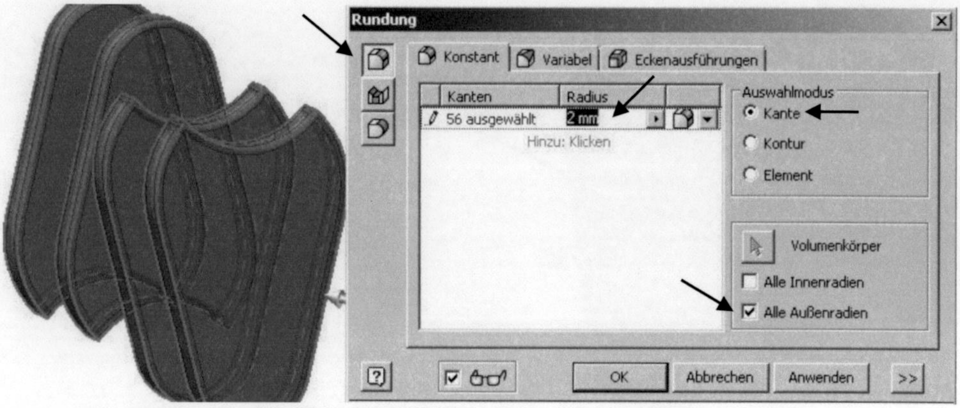

Abb. 171 Abrunden aller Kanten (Option: Alle Außenradien)

- ***Rundung***
- Typ: Kantenabrundung
- Option: Konstant
- Option: Alle Außenradien
- Radius: 2 mm
- OK

4.11.3 Pleuel- und Führungslager

Pleuel- und Führungslager sollen per ***Drehung*** erzeugt werden. Die hierfür benötigte ***2D-Skizze*** ist auf der ***YZ-Ebene*** zu erstellen. Wechseln Sie am ***ViewCube*** zur Ansicht ***RECHTS*** und ***drehen*** Sie die Ansicht anschließend um ***90°*** gegen den UZS. Schneiden Sie die Skizze auf (***F7***), ***projizieren*** Sie die drei Achsen und verwenden Sie den Befehl ***Schnittkanten projizieren*** (unterhalb von ***Geometrie projizieren***), um alle Kanten des vorhandenen Volumenkörpers zu projizieren. Zeichnen Sie im Anschluss die Konturen aus Abb. 173 - 175. Achten Sie auf geschlossene Konturen und vollständige Bemaßungen.

Abb. 172 Vorschau der neuen Skizze (Gesamtansicht)

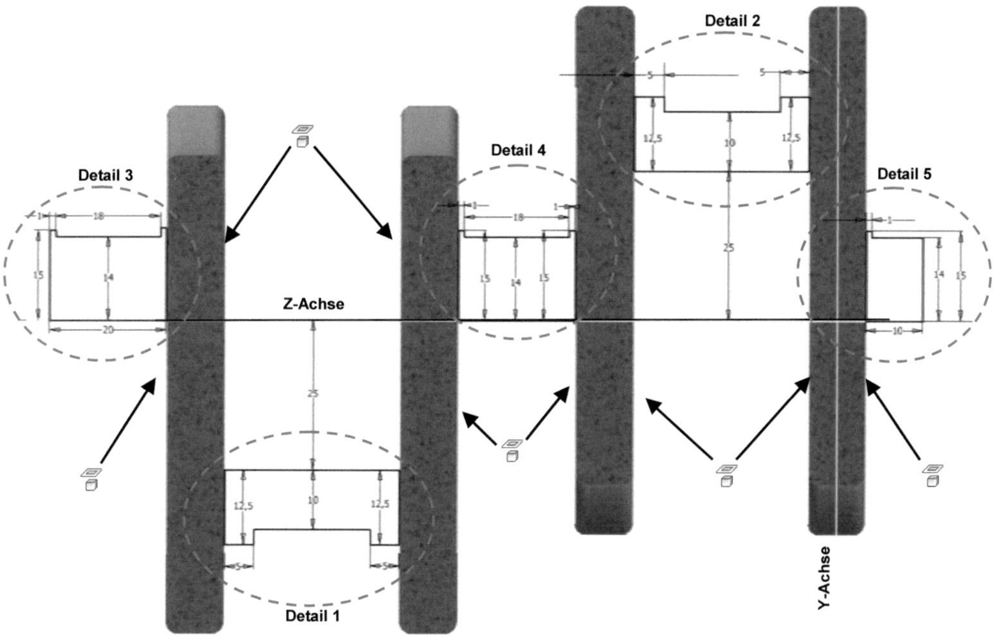

Abb. 173 Basisskizze für Pleuel- und Führungslager (Gesamtansicht)

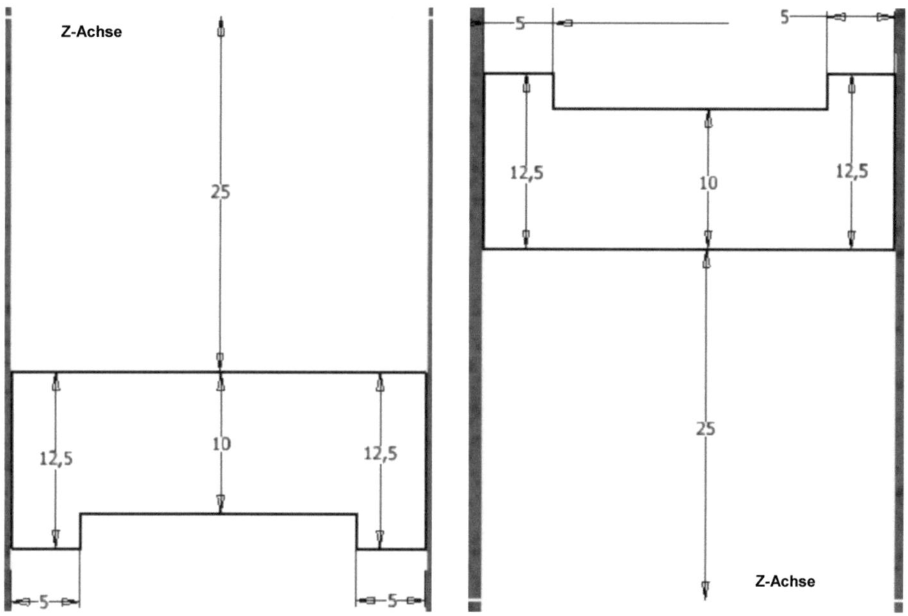

Abb. 174 (L) Detailansicht 1; (R) Detailansicht 2

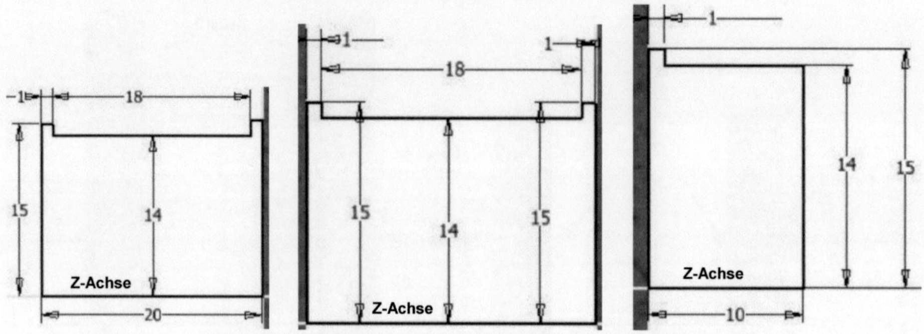

Abb. 175 (L) Detailansicht 3; (M) Detailansicht 4; (R) Detailansicht 5

Nachdem die Basisskizze fertig gezeichnet wurde, sollen die einzelnen Lager in drei Schritten durch jeweils eine ***Drehung*** erstellt werden.

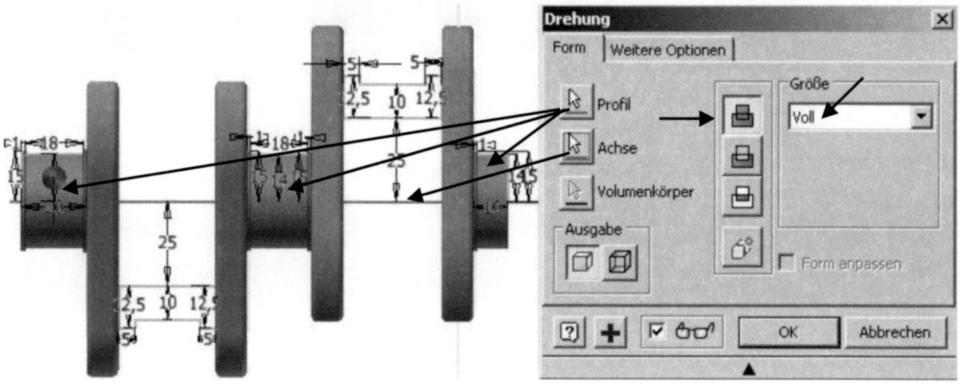

Abb. 176 Drehen der ersten drei Elemente

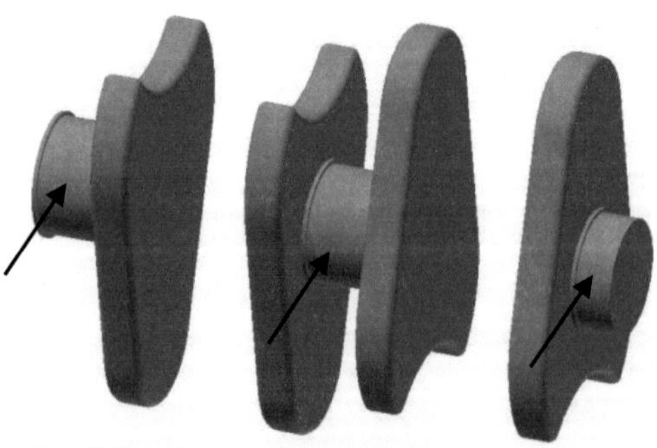

Abb. 177 Vorschau nach der ersten Drehung

- ***Drehung***
- Profil: Drei markierte Konturen
- Achse: Z-Achse
- Größe: Voll
- OK

Reaktivieren Sie die letzte Skizze (rechte Maustaste > Skizze wieder verwenden). Die Skizze finden Sie unter der letzten Umdrehung im Modellbaum.

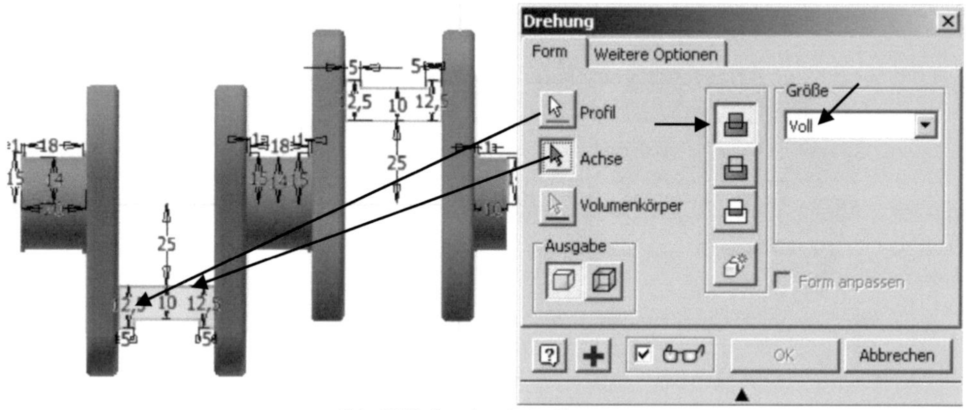

Abb. 178 Drehen des vierten Elements

- **_Drehung_**
- Profil: Markierte Kontur
- Achse: Markierte Linie
- Größe: Voll
- OK

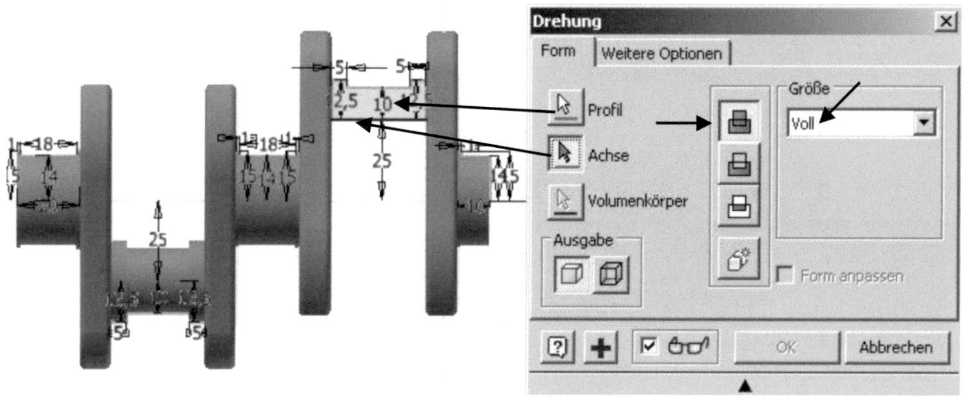

Abb. 179 Drehen des fünften Elements

- **_Drehung_**
- Profil: Markierte Kontur
- Achse: Markierte Linie
- Größe: Voll
- OK

Sie können die Sichtbarkeit der Skizze deaktivieren (rechte Maustaste > Sichtbarkeit). Wechseln Sie in die ***ViewCube-Ansicht OBEN*** und erzeugen Sie auf der vor Ihnen liegenden Stirnfläche (Abb. 180 L) eine neue ***2D-Skizze***. Dort ist ein ***Kreis*** D = ***20 mm*** zu zeichnen, dessen Kreismittelpunkt im Koordinatenursprung liegt.

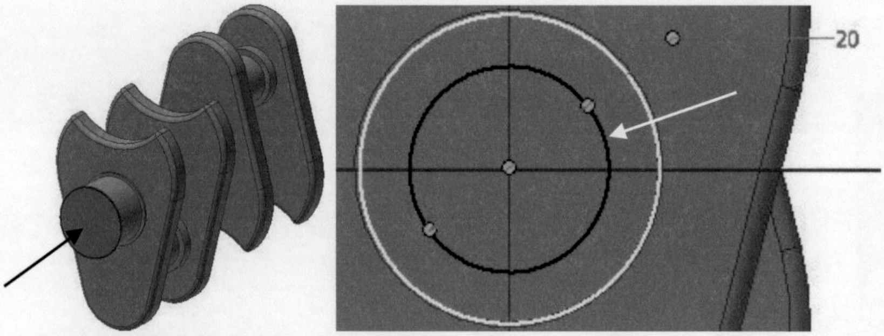

Abb. 180 (L) Auf markierter Fläche eine neue 2D-Skizze erzeugen; (R) Mittig einen Kreis D = 20 mm zeichnen

- ViewCube-Ansicht: ***OBEN***
- ***2D-Skizze*** (auf markierter Fläche)
- ***Kreis*** zeichnen (D = 20 mm, Kreismittelpunkt im Koordinatenurspr.)
- ***Skizze fertig stellen***

Dieser Kreis ist um ***20 mm*** in ***Richtung1*** zu ***extrudieren***.

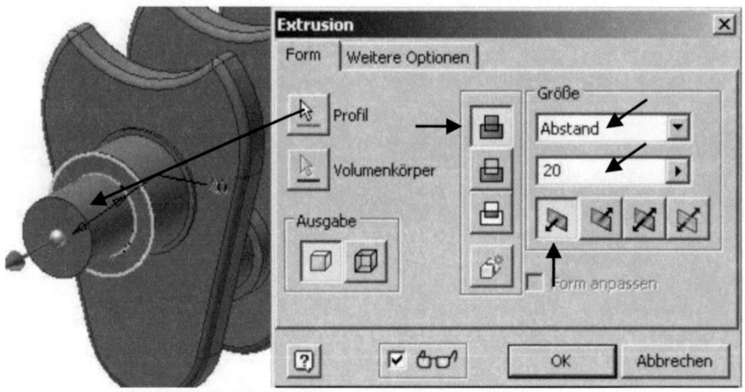

Abb. 181 Extrudieren des Kreises (Vereinigung)

- ***Extrusion***
- Profil: Kreis
- Verfahren: Vereinigen
- Größe: Abstand (20 mm)
- Richtung: Richtung1
- OK

4.11.4 Passfederaussparung und Gewindebohrung

Im vorletzten Bearbeitungsschritt sollen Passfedernut und Gewindebohrung in die Kurbelwelle eingebracht werden. Hierfür benötigen Sie eine neue ***Ebene***, parallel zur XZ-Ebene, und in einem Abstand von ***6 mm*** dazu.

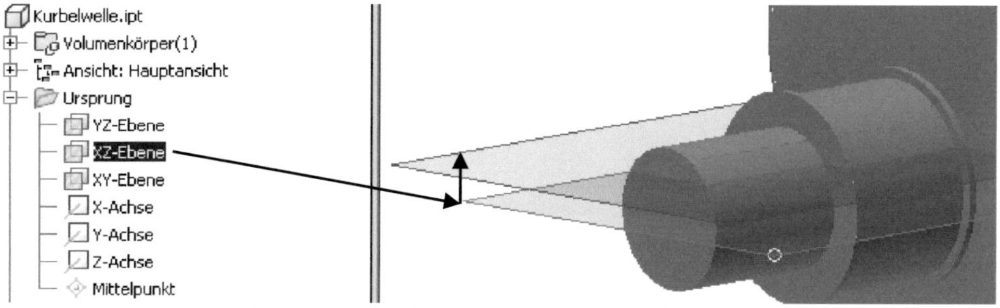

Abb. 182 Erzeugen einer neuen, zur XZ-Ebene parallelen Ebene

Auf dieser Ebene soll eine ***2D-Skizze*** erzeugt werden. Wechseln Sie zur Ansicht ***HINTEN*** und ***drehen*** Sie sie um ***90°*** gegen den UZS. Die jetzt links vor Ihnen liegende Seite ist mit dem in Abb. 184 dargestellten Langloch zu versehen.

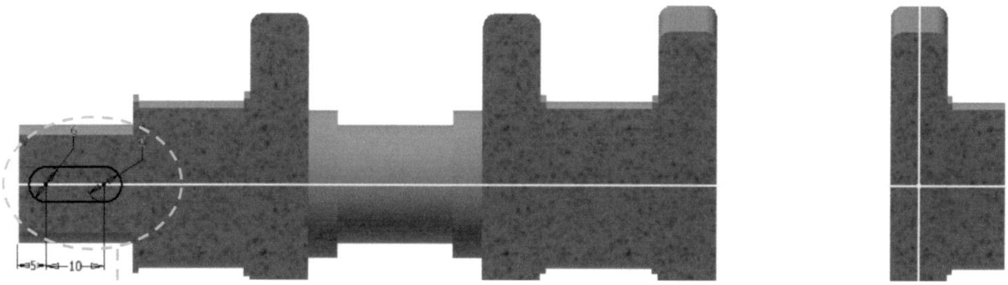

Abb. 183 Neue Skizze auf der Kurbelwelle (Ansicht: HINTEN, 90° gegen den UZS gedreht)

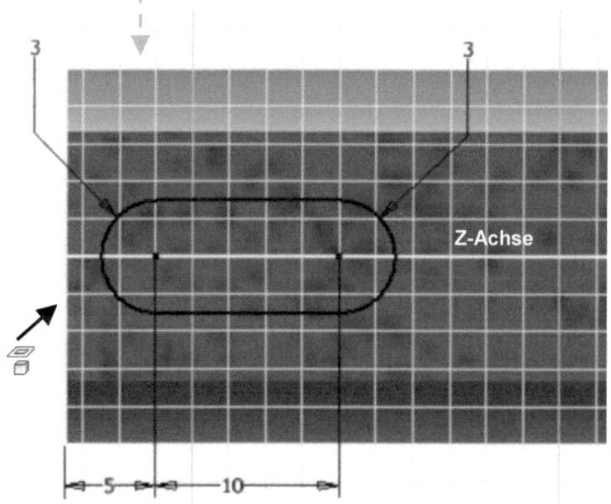

Abb. 184 Detailansicht

- ***Versatz von Ebene***
- Referenz: XZ-Ebene
- Abstand: 6 mm
- ***2D-Skizze*** (auf neuer Ebene)
- Skizze mit ***F7*** aufschneiden
- ViewCube-Ansicht: ***HINTEN***
- Ansicht 90° drehen (gegen UZS)
- 3 Achsen und linke markierte Kante ***projizieren***
- Langloch zeichnen (Abb. 184)
- ***Skizze fertig stellen***

Die neue Kontur soll ebenfalls per ***Extrusion*** vom vorhandenen Volumenkörper subtrahiert werden (Differenz).

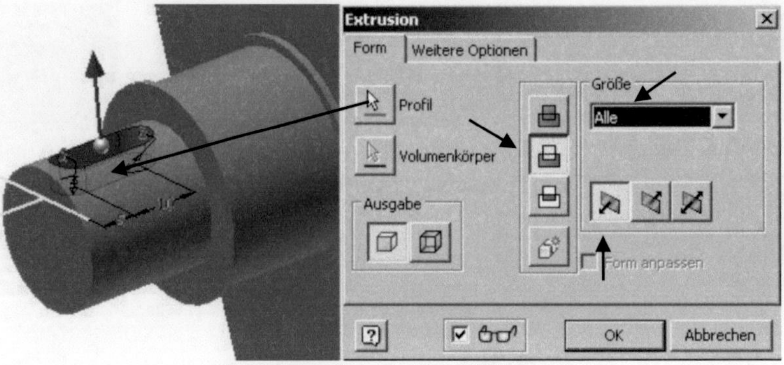

Abb. 185 Extrudieren der Kontur (Differenz)

- ***Extrusion***
- Profil: Kontur
- Verfahren: Differenz
- Größe: Alle
- Richtung: Dargestellt
- OK

Fügen Sie dieser Seite der Kurbelwelle eine ***Gewindebohrung*** hinzu.

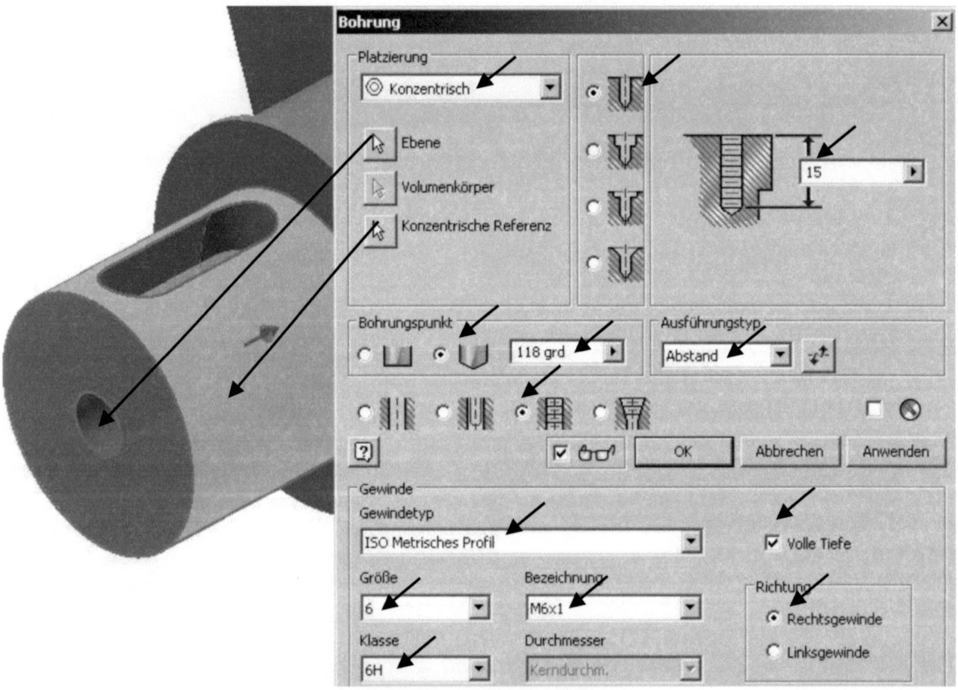

Abb. 186 Hinzufügen der Gewindebohrung

- ***Bohrung***
- Platzierung: Konzentrisch
- Ebene: Markierte Fläche
- Konzentrische Referenz: Kante
- Typ: Gewindebohrung
- Ausführungstyp: Abstand (15 mm)
- Gewindelänge: Volle Tiefe
- Gewindetyp: ISO Metrisches Profil
- Größe: 6 - Rechtsgewinde
- Bezeichnung: M6 x 1
- Klasse: 6H
- OK

4.11.5 Spiegeln des Volumenkörpers

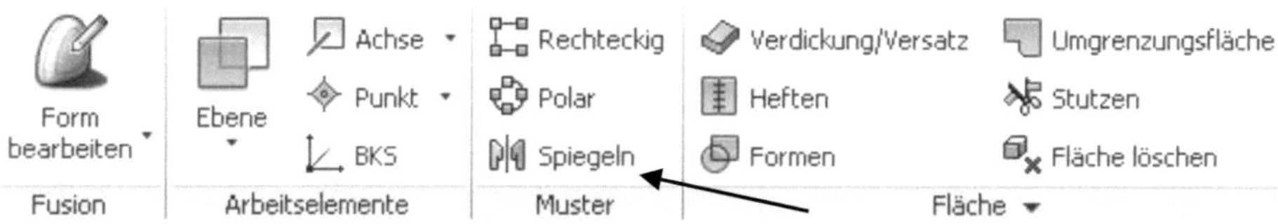

Abb. 187 Der Befehl: Spiegeln

Der Befehl ***Spiegeln*** ermöglicht das Spiegeln von 3D-Elementen. Gespiegelt werden kann an einer Ebene oder Fläche, wobei das Original beibehalten oder gelöscht werden kann. Im folgenden Schritt soll der gesamte vorhandene Volumenkörper an der in Abb. 188 markierten Stirnfläche der Kurbelwelle gespiegelt werden.

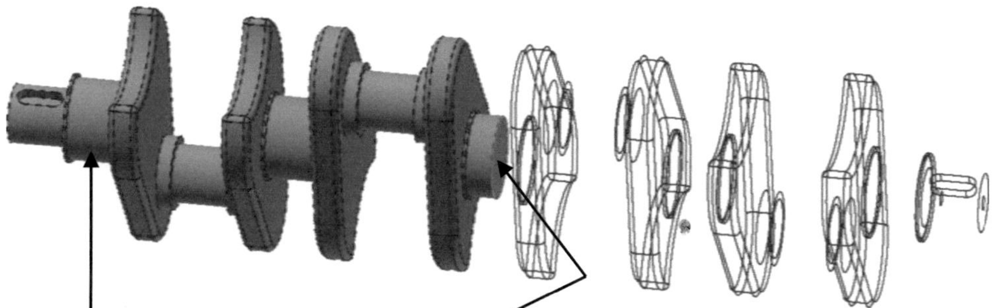
Abb. 188 Spiegeln des gesamten Volumenkörpers an einer Seitenfläche der Kurbelwelle

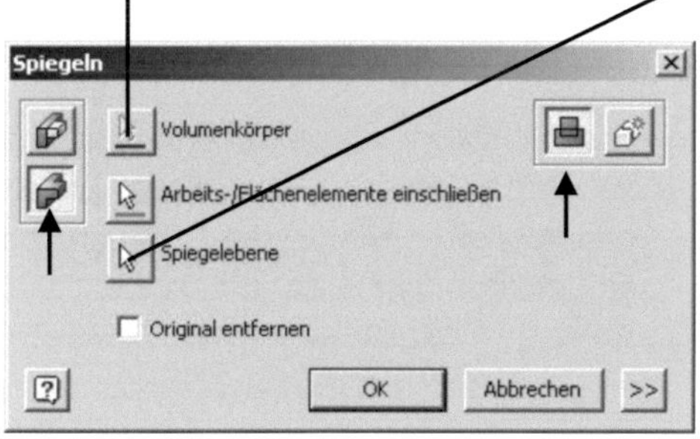

Abb. 189 Spiegeln der Kurbelwellenhälfte

- ***Spiegeln***
- Option: Volumenkörper spiegeln
- Volumenkörper: Automatisch
- Spiegelebene: Markierte Fläche
- OK

Abb. 190 Die Kurbelwelle nach dem Spiegeln

Die Bearbeitung der Kurbelwelle ist damit abgeschlossen. Noch sichtbare Arbeitsebenen oder Skizzen im Zeichenbereich sollten jetzt deaktiviert werden (rechte Maustaste > Sichtbarkeit). Die Datei kann als ***Kurbelwelle.ipt gespeichert*** und geschlossen werden.

Mit der Fertigstellung der Kurbelwelle verlassen wir den Bauteilbereich und starten den Zusammenbau der ersten Unterbaugruppe.

5 BAUGRUPPEN

5.1 Unterbaugruppe Kolben

Abb. 191 Unterbaugruppe: BG_Kolben.iam

Der Übungsmotor besteht aus vielen Einzelteilen, die zu einer Baugruppe zusammengefügt werden müssen. Jede Komponente erhält ihre Position und die für sie bestimmten Bewegungsabhängigkeiten. Große Baugruppen setzen sich in der Regel aus kleineren Unterbaugruppen zusammen. Das vereinfacht den Modellbaum und erleichtert den Zusammenbau. Auch in unserer Hauptbaugruppe sollen einige Unterbaugruppen verwendet werden. Eine dieser Unterbaugruppen wird die Baugruppe ***BG_Kolben.iam*** sein. Sie besteht aus Kolben, Pleuelunter- und -oberseite, einem Bolzen und zwei Schrauben.

5.1.1 Erzeugen der ersten Baugruppe

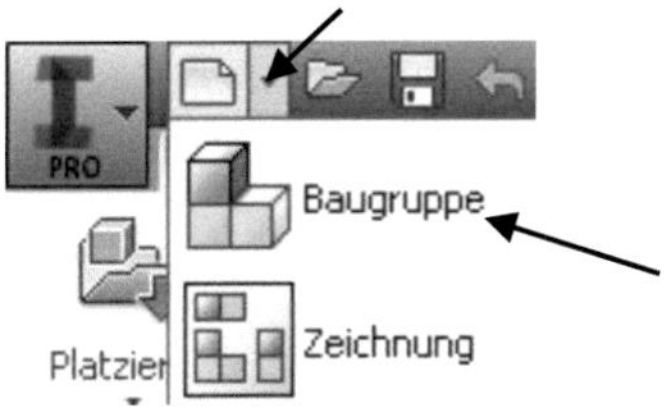

Abb. 192 Erstellen einer neuen Baugruppe

Erstellen Sie eine neue ***Baugruppe*** (Norm.iam, Abb. 192) und speichern Sie diese als ***BG_Kolben.iam*** in Ihrem Projektordner ab. Das Programm startet im Register ***Zusammenfügen*** und erwartet die Befehle.

5.1.2 Das Register ZUSAMMENFÜGEN im Überblick

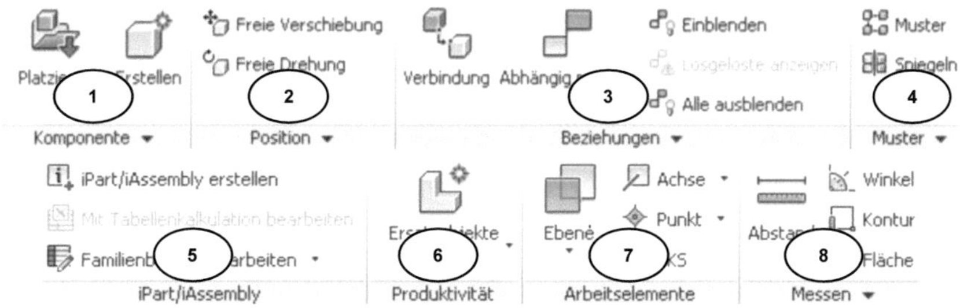

Abb. 193 Befehlsgruppen des Registers: Zusammenfügen

OPTIONEN

---

1) Bauteile/ Komponenten aus einer Datei/ dem Inhaltscenter einfügen, neue Bauteile erstellen, vorhandene Bauteile kopieren, anordnen oder ersetzen
2) Komponenten in Position/ Lage ändern
3) Abhängigkeiten vergeben, ein- oder ausblenden
4) Elemente als Muster anordnen und somit kopieren
5) Erzeugen/ Bearbeiten von Teilefamilien oder iParts/ iAssemblys
6) Bauteile vereinfachen, Bauteilstrukturen organisieren
7) Ebenen, Achsen, Punkte erzeugen
8) Abstände, Winkel, Konturen, Flächeninhalte berechnen

5.1.3 Komponenten platzieren

Abb. 194 Der Befehl: Platzieren

Der Befehl ***Platzieren*** ermöglicht das Einfügen von Komponenten (Bauteilen, Baugruppen) in eine Baugruppe. Wird der Befehl nicht durch ***ESC*** beendet, können die ausgewählten Komponenten mehrfach eingefügt werden.

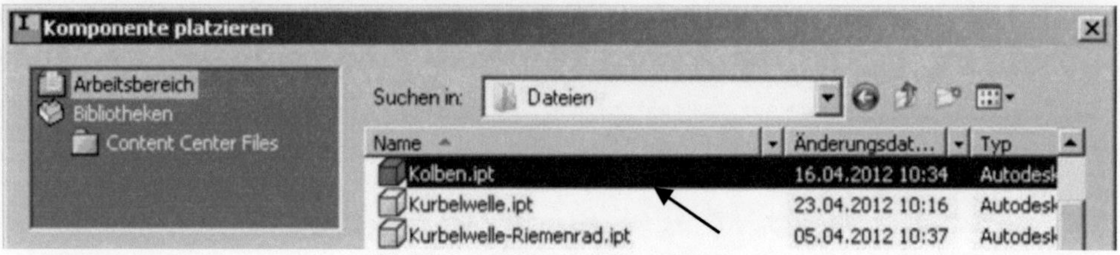

Abb. 195 Auswahlfenster: Kolben einfügen

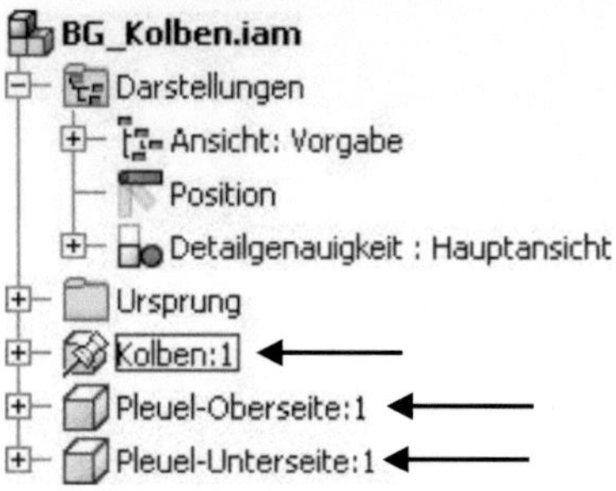

Abb. 196 Modellbaum mit Komponenten

Starten Sie den Befehl und wählen Sie im Projektordner das Bauteil ***Kolben.ipt***. Mit Öffnen ***Öffnen*** bestätigen Sie die Auswahl. Wählen Sie jetzt die Option ***Am Ursprung fixiert platzieren*** der per rechter Maustaste aufgerufenen Auswahl, und das Programm setzt das Bauteil automatisch auf den Koordinatenursprung der Baugruppe (symbolisiert durch ein kleines Pin-Symbol im Modellbaum, siehe Abb. 196). Beenden Sie den Befehl mit ***ESC***. Starten Sie den Befehl erneut, und wählen Sie bei gedrückter STRG-Taste die beiden Bauteile ***Pleuel- Oberseite.ipt*** und ***Pleuel- Unterseite.ipt***. Bestätigen Sie mit ***Öffnen*** und legen Sie die beiden Komponenten einmal mit der linken Maustaste frei im Zeichenbereich ab. Beenden Sie den Befehl mit ***ESC***.

HINWEIS: Soll ein Bauteil nach dem Einfügen in eine Baugruppe weiterhin sämtliche Freiheitsgrade besitzen, muss es mit der linken Maustaste abgelegt werden. Soll ein Bauteil am Koordinatenursprung der Baugruppe ausgerichtet werden, ist vor dem Ablegen die Option ***Am Ursprung fixiert platzieren*** des Auswahlmenüs der rechten Maustaste zu wählen.

5.1.4 Kolben und Pleueloberseite voneinander abhängig machen

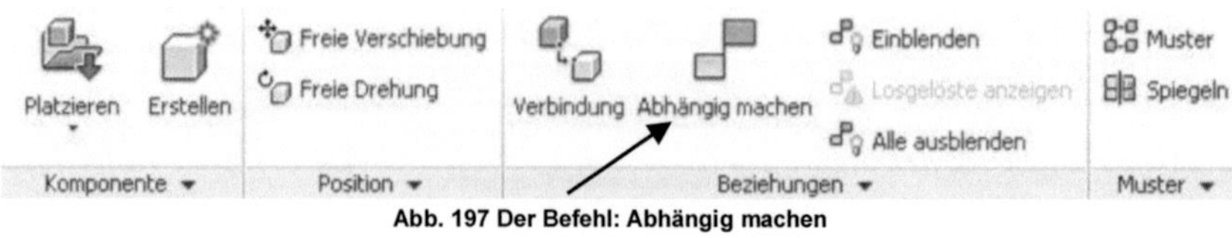

Abb. 197 Der Befehl: Abhängig machen

Wenn eine Komponente in eine Baugruppe eingefügt wird, so ist sie frei beweglich (sofern sie nicht fixiert wurde). Der Befehl ***Abhängig machen*** stellt Verbindungen zwischen Komponenten her, indem deren geometrische Elemente voneinander abhängig gemacht werden. Jede Abhängigkeit eliminiert eine bestimmte Anzahl an Freiheitsgraden und schränkt eine Komponente somit in ihrer Beweglichkeit ein.

Starten Sie den Befehl und verbinden Sie im ersten Schritt ***Kolben.ipt*** und ***Pleuel-Oberseite.ipt*** an den in Abb. 198 dargestellten Achsen miteinander. Bleiben Sie im Reiter ***Baugruppe***, aktivieren Sie den Typ ***Passend***, den Modus ***Passend*** und wählen Sie als ***Auswahl1*** die markierte ***Achse*** am ***Kolben*** und als ***Auswahl2*** die markierte ***Achse*** am ***Pleuel-Auge***.

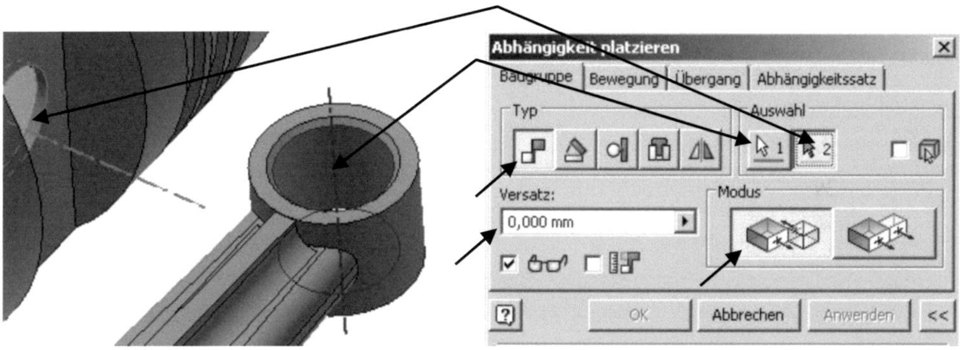

Abb. 198 Setzen der ersten Abhängigkeit zwischen Kolben und Pleuel-Oberseite

- ***Abhängig machen***
- Reiter: Baugruppe
- Typ: Passend
- Auswahl 1: Markierte Achse (Pleuel)
- Auswahl 2: Markierte Achse (Kolben)
- Modus: Passend
- Versatz: 0 mm
- OK

HINWEIS: Die Achse einer Bohrung/ eines zylindrischen Elements können Sie auswählen, indem Sie mit der Maustaste auf die dazugehörige zylindrische Fläche klicken. Bei manchen Elementen sind die zylindrischen Flächen sehr schmal (in unserem Fall die Querbohrung des Kolbens). Dann ist es erforderlich, sehr dicht an die Komponente heranzuzoomen, um diese schmale Fläche greifen zu können.

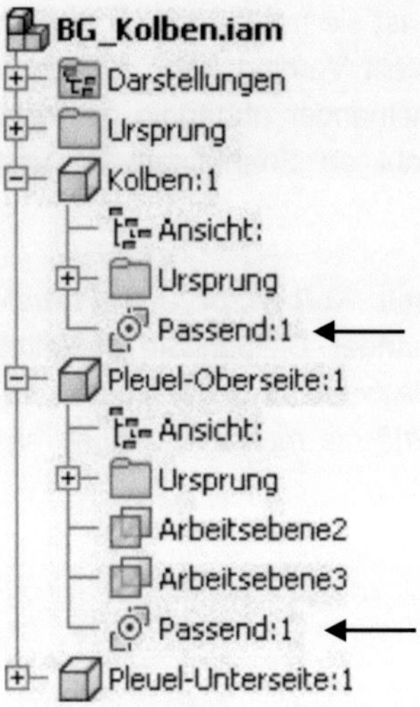

Abb. 199 Abhängigkeiten im Modellbaum

Nachdem die Abhängigkeit gesetzt wurde, wird Sie den betreffenden Komponenten im Modellbaum zugeordnet. Klappen Sie im Modellbaum die Komponenten ***Kolben.ipt*** und ***Pleuel-Oberseite.ipt*** auf. Hier finden Sie die soeben erzeugte Abhängigkeit ***Passend***.

Wenn Sie mit der linken Maustaste über die Abhängigkeit fahren, wird diese im Zeichenbereich angedeutet. Um eine Abhängigkeit zu bearbeiten, markieren Sie diese im Modellbaum und wählen per rechter Maustaste die Option ***Bearbeiten***. Um eine Abhängigkeit zu löschen, markieren Sie diese im Modellbaum und wählen die Option ***Löschen***.

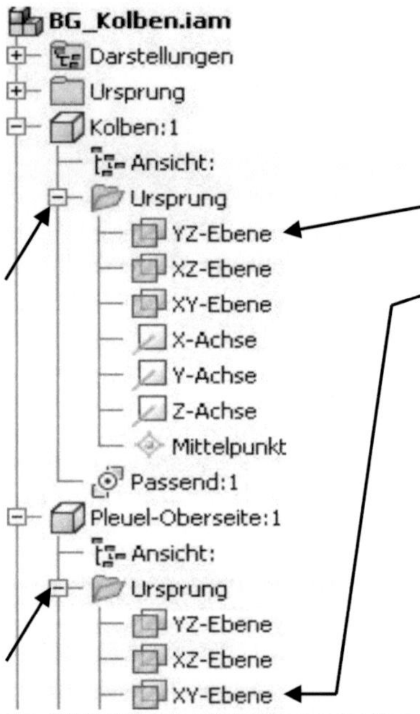

Abb. 200 Modellbaum mit den Ebenen der Komponenten

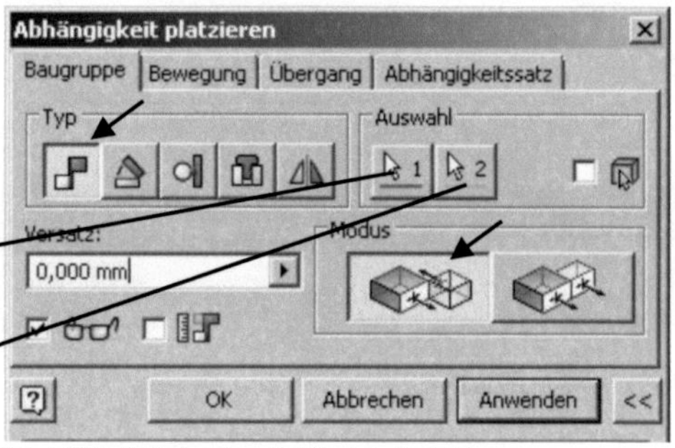

Abb. 201 Befehlsfenster: Abhängigkeit platzieren

- ***Abhängig machen***
- Reiter: Baugruppe
- Typ: Passend
- Auswahl 1: YZ-Ebene (Kolben)
- Auswahl 2: XY-Ebene (Pleueloberseite)
- Modus: Passend
- Versatz: 0 mm
- 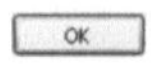

Nachdem beide Achsen aufeinandergelegt wurden, muss das Pleuel mittig zum Kolben positioniert werden. Da bei der Konstruktion stets auf Symmetrie geachtet wurde, können dafür die Ursprungsebenen der Bauteile verwendet werden.

Wenn Sie die Komponenten im Modellbaum aufklappen, finden Sie einen Ordner ***Ursprung*** (Abb. 200). Dort sind alle Achsen und Ebenen enthalten und können zur Positionierung verwendet werden. Starten Sie den Befehl ***Abhängig machen*** (Reiter ***Baugruppe***, Typ ***Passend***, Modus ***Passend***) und wählen Sie als ***Auswahl 1*** die ***YZ-Ebene*** des Bauteils ***Kolben.ipt*** und als ***Auswahl 2*** die ***XY-Ebene*** des Bauteils ***Pleuel-Oberseite.ipt***.

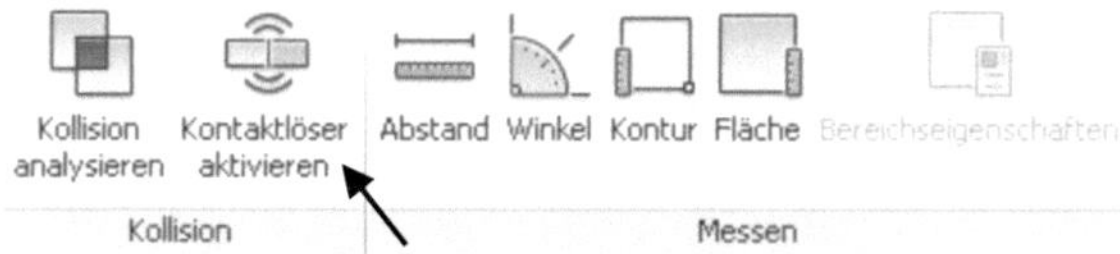

Abb. 202 Aktivieren des Kontaktlösers

Das Programm erkennt in der Grundeinstellung keine Kollisionen zwischen Bauteilen. Das Pleuel könnte im aktuellen Zustand also problemlos durch den Kolben hindurchbewegt werden. Drehen Sie das Pleuel so, dass es mit dem Kolben nicht kollidiert, und aktivieren Sie danach den ***Kontaktsatz***. Hierfür klicken Sie mit der ***rechten Maustaste*** auf das Bauteil ***Pleuel-Oberseite.ipt*** und aktivieren Sie die Option ***Kontaktsatz***. Wiederholen Sie das beim Bauteil ***Kolben.ipt***. Bei beiden Komponenten sollte jetzt im Modellbaum das Symbol ***Kontaktsatz*** angezeigt werden. Wechseln Sie ins Register ***Prüfen*** und starten Sie dort den Befehl ***Kontaktlöser aktivieren*** (Abb. 202). Wenn Sie das Pleuel-Oberteil jetzt bei gedrückter linker Maustaste bewegen, sollte eine Kollision vermieden werden.

HINWEIS: Der ***Kontaktlöser*** aktiviert die automatische Berechnung des Programms auf Kollision zweier Komponenten. Alle betroffenen Komponenten müssen vorher als ***Kontaktsatz*** (Option der rechten Maustaste) aktiviert werden.

5.1.5 Pleuelober- und -unterseite miteinander verbinden

Abb. 203 Der Befehl: Freie Drehung

Im nächsten Schritt sollen Ober- und Unterseite des Pleuels miteinander verbunden werden. Um das Platzieren der Abhängigkeit zu erleichtern, sollte die Unterseite vorher etwas gedreht werden. Der Befehl ***Freie Drehung*** ermöglicht ein freies Drehen einzelner Komponenten einer Baugruppe. Starten Sie den Befehl, wählen Sie anschließend die Unterseite des Pleuels und drehen Sie diese, bis die in Abb. 204 dargestellte Position erreicht ist. Das Drehen dann mit der Taste ***ESC*** beenden. Im Anschluss sollen drei Abhängigkeiten gesetzt werden.

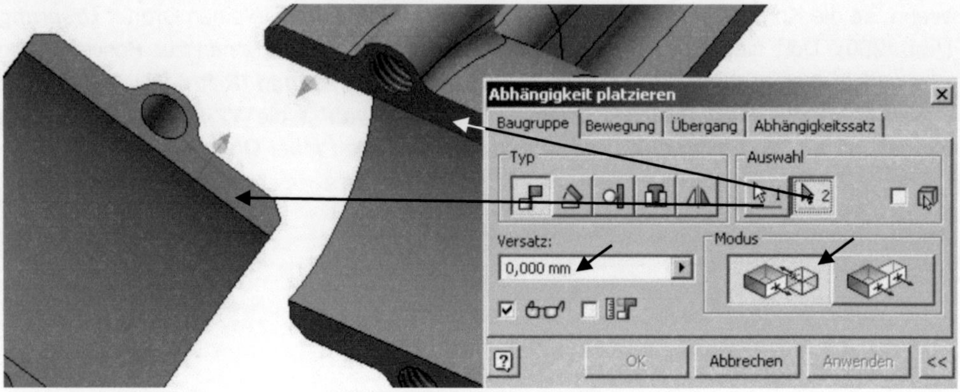

Abb. 204 Flächen abhängig machen

- ***Abhängig machen***
- Reiter: Baugruppe
- Typ: Passend
- Auswahl 1: Markierte Fläche
- Auswahl 2: Markierte Fläche
- Modus: Passend
- Versatz: 0 mm
- OK

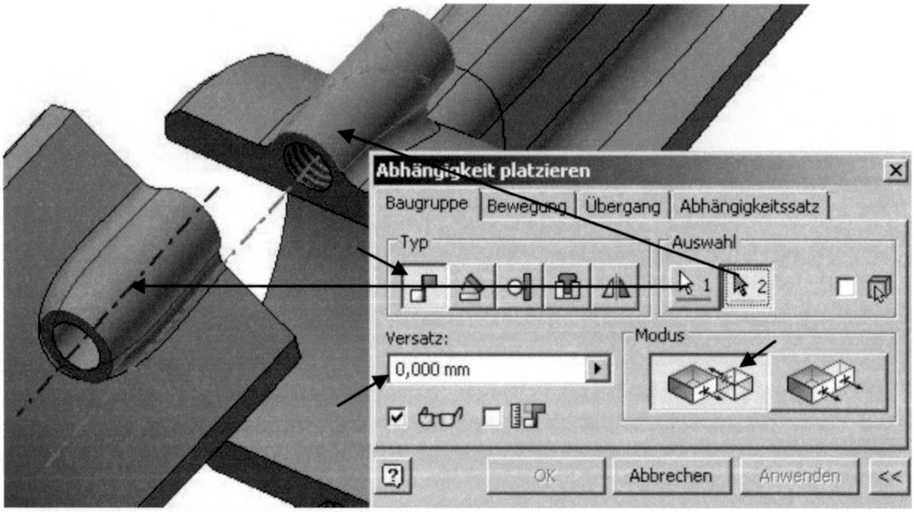

Abb. 205 Achsen abhängig machen

- ***Abhängig machen***
- Reiter: Baugruppe
- Typ: Passend
- Auswahl 1: Markierte Achse
- Auswahl 2: Markierte Achse
- Modus: Passend
- Versatz: 0 mm
- OK

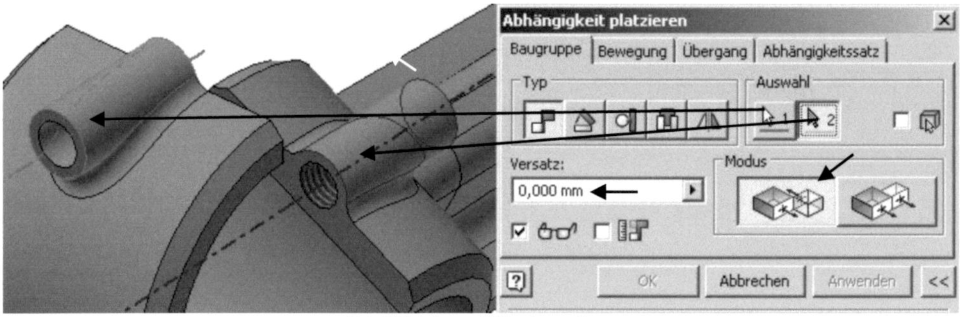

Abb. 206 Achsen abhängig machen

- ***Abhängig machen***
- Reiter: Baugruppe
- Typ: Passend
- Auswahl 1: Markierte Achse
- Auswahl 2: Markierte Achse
- Modus: Passend
- Versatz: 0 mm
- OK

5.1.6 Schrauben aus dem Inhaltscenter platzieren

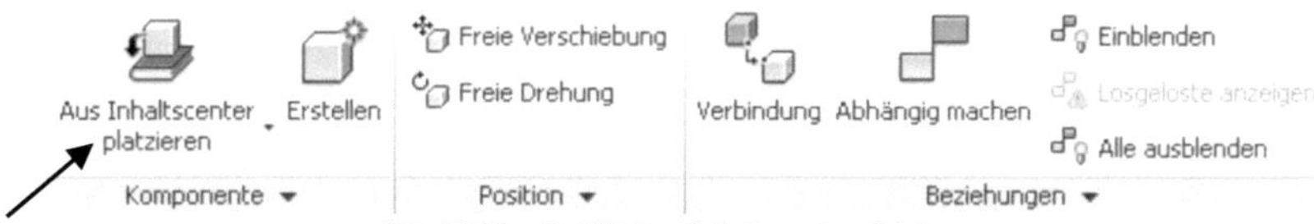

Abb. 207 Der Befehl: Aus Inhaltscenter platzieren

Das Programm bietet mit dem ***Inhaltscenter*** eine Auswahl an Standard-Elementen aus verschiedenen Bereichen (Blech, Elemente, Kabel und Kabelbaum, Profile, Rohre und Leitungen, sonstige Bauteile, Verbindungselemente, Wellenteile).

Starten Sie den Befehl und importieren Sie zwei Schrauben in die Baugruppe, um Ober- und Unterseite des Pleuels miteinander zu verschrauben. Aktivieren Sie im Auswahlfenster die Optionen ***AutoDrop*** und ***Baumstrukturansicht*** (obere Befehlsleiste, Abb. 208). Die Option ***AutoDrop*** ermöglicht eine durch das Programm automatisierte Auswahl der passenden Schraubengröße.

Wählen Sie auf der linken Seite (Kategorieansicht) den Pfad ***Verbindungselemente*** > ***Schrauben*** > ***Zylinderkopf*** und dort die Schraube ***DIN EN ISO 4762***. Bestätigen Sie mit ***OK***.

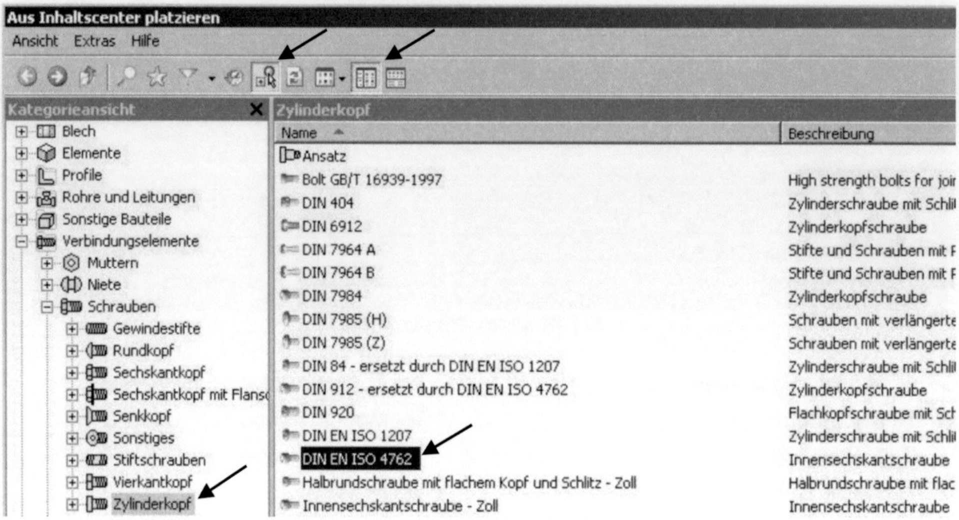

Abb. 208 Auswahl einer Schraube aus dem Inhaltscenter

- ***Inhaltscenter***
- ***AutoDrop*** aktivieren
- ***Baumstrukturansicht*** aktivieren
- Pfad: Verbindungselemente > Schrauben > Zylinderkopf
- Schraube: ***DIN EN ISO 4762*** wählen
- OK

Die Schraube hängt bereits am Mauszeiger. Klicken Sie jetzt auf die in Abb. 209 L markierte Gewindebohrung vom Oberteil des Pleuels, dann auf die in Abb. 209 M markierte Fläche der Gewindebohrung an der Unterseite des Pleuels. Aktiveren Sie anschließend die Option ***Mehrere einfügen*** (Abb. 209 R), um die Schraube in der zweiten Bohrung automatisch zu erzeugen. Ziehen Sie am Doppelpfeil (Schraubenende), bis das Maß ***M3 x 20*** angezeigt wird, und ***bestätigen*** Sie die Eingaben. Beide Schrauben werden nun generiert.

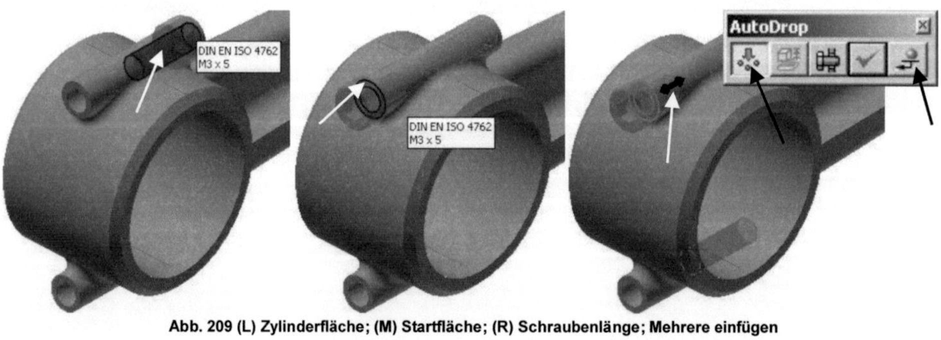

Abb. 209 (L) Zylinderfläche; (M) Startfläche; (R) Schraubenlänge; Mehrere einfügen

- Markierte Zylinderfläche (Pleueloberseite) (Abb. 209 L)
- Markierte Stirnfläche (Abb. 209 M)
- ***Mehrere einfügen*** aktivieren
- ***Doppelpfeil*** ziehen, bis die Länge (M3 x 20) angezeigt wird
- ***Bestätigen***

> ***HINWEIS***: ***AutoDrop*** ermöglicht eine teilautomatisierte Konfiguration von Komponenten aus dem Inhaltscenter. Geometrische Eigenschaften der Komponenten werden dabei anhand der vorhandenen geometrischen Elemente (bei der Schraube die Gewindebohrung) ermittelt und generiert. Diese automatische Option funktioniert allerdings nicht bei allen Komponenten aus dem Inhaltscenter.

Nachdem Ober- und Unterseite des Pleuels miteinander verbunden und durch Schrauben gesichert wurden, soll ein neuer Bolzen erzeugt werden, welcher Kolben und Pleuel miteinander verbindet.

5.1.7 Erstellen einer Komponente aus der Baugruppe heraus

Abb. 210 Der Befehl: Erstellen

Bauteile/ Baugruppen können mit dem Befehl ***Erstellen*** direkt aus der Baugruppe heraus erzeugt werden. Ein immenser Vorteil hierbei ist, dass man sich auf bereits vorhandene Komponenten beziehen kann und die neue Komponente eine Adaptivität (geometrische Beziehung) zu den vorhandenen geometrischen Elementen aufweist. Auf Änderungen an den betreffenden geometrischen (Referenz-)Elementen reagiert das Programm automatisch mit einer Anpassung der abhängigen Komponenten.

Starten Sie den Befehl, geben Sie den Komponentennamen ***Kolbenbolzen*** ein, wählen Sie die Vorlage ***Norm.ipt***, Ihren Projektspeicherort und die Stücklistenstruktur ***Normal***.

Wichtig ist, den Haken bei der Option ***Skizzierebene von gewählter Fläche oder Ebene abhängig machen*** zu setzen, um die neue Komponente mit der entsprechenden Adaptivität zu versehen.

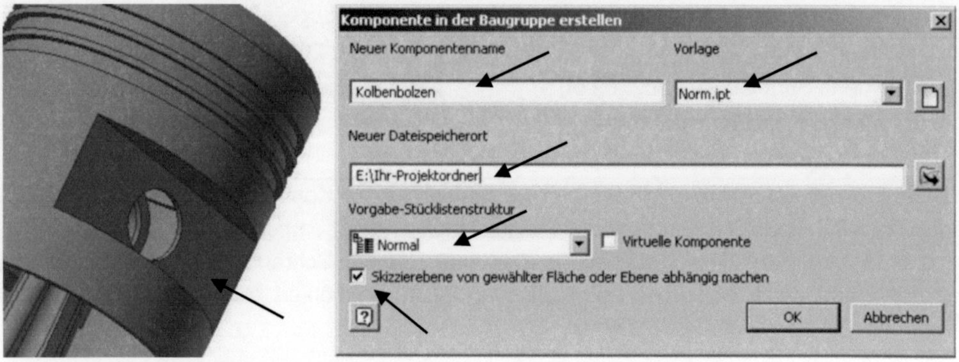

Abb. 211 Erstellen einer neuen Komponente aus der Baugruppe heraus

- ***Erstellen***
- Komponentenname: Kolbenbolzen
- Vorlage: Norm.ipt
- Dateispeicherort: Projektordner
- Stücklistenstruktur: Normal
- Aktivieren: Skizzierebene von gewählter Fläche abhängig machen
- OK

Das Programm erwartet jetzt die Auswahl der Basisebene des neuen Bauteils. Hier soll die in Abb. 211 markierte Fläche des Kolbens gewählt werden. Alle Komponenten der Baugruppe werden danach durchsichtig dargestellt.

Das Programm wechselt automatisch in den Bearbeitungsbereich der neuen Komponente ***Kolbenbolzen.ipt*** und öffnet den Skizzenbereich. ***Projizieren*** Sie die in Abb. 212 R markierte Kante der Kolbenbohrung und beenden Sie die Skizze wieder. Starten Sie den Befehl ***Extrusion***, wählen Sie als Profil den ***Kreis***, als ***Größe*** die Option ***Bis*** und als ***Endezeichen*** die ***gegenüberliegende Kolbenfläche*** (Abb. 211).

Abb. 212 (L) 2D-Skizze auf markierter Fläche erstellen; (R) Bohrungskante projizieren

- Basisebene des neuen Bauteils wählen (markierte Fläche Abb. 211)
- ***Geometrie projizieren*** (markierte Kante Abb. 212 R)
- ***Skizze fertig stellen***

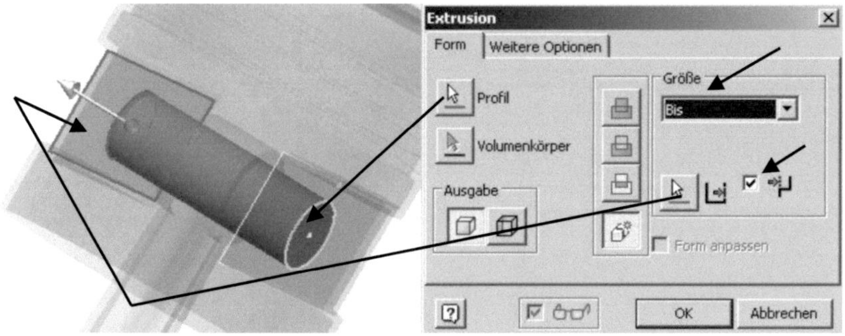

Abb. 213 Extrudieren des projizierten Kreise bis zur gegenüberliegenden Kolbenseite

- ***Extrusion***
- Profil: Markierte Kreisfläche
- Größe: Bis
- Endezeichen: Gegenüberliegende Kolbenfläche (Abb. 213)
- OK

5.1.8 Materialien zuweisen

Deaktivieren Sie die Sichtbarkeit der neu erzeugten Arbeitsebene, falls diese noch eingeblendet sein sollte. Der Befehl ***Zurück*** (Befehlsgruppe ***Zurück***) beendet die Bearbeitung des Bauteils ***Kolbenbolzen.ipt***, und das Programm kehrt in die Baugruppe zurück.

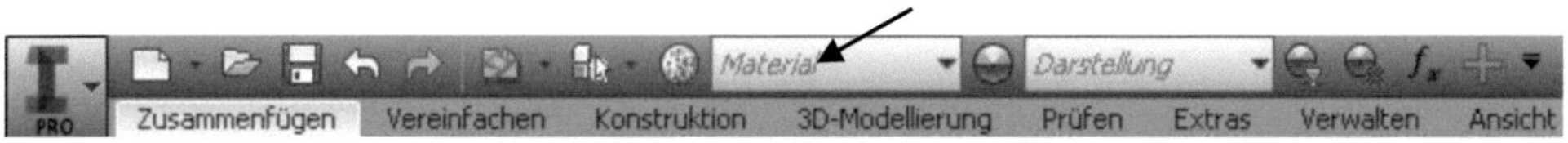

Abb. 214 Bearbeiten der Materialeigenschaften

Nachdem alle Komponenten eingefügt und platziert wurden, soll diesen eine Materialeigenschaft zugewiesen werden. Markieren Sie die entsprechenden Bauteile im Modellbaum und weisen Sie die folgenden Materialien (Abb. 215) zu.

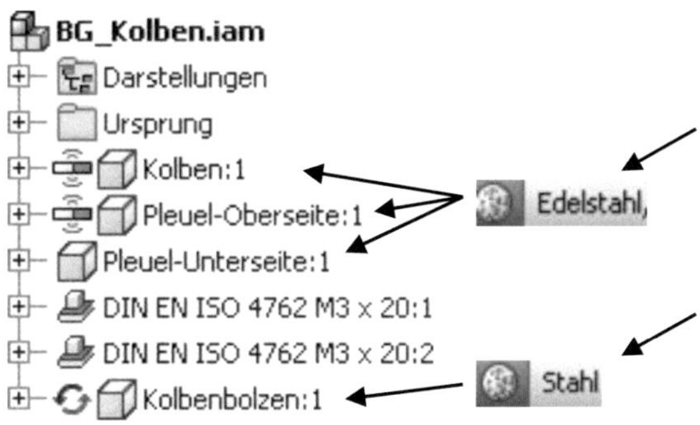

Abb. 215 Auswahl der Materialien

- ***Pleuel-Unterseite.ipt***, ***Pleuel-Oberseite.ipt*** und ***Kolben.ipt*** markieren
- ***Material***
- Edelstahl
- ***ESC***

- ***Kolbenbolzen.ipt*** markieren
- ***Material***
- Stahl
- ***ESC***

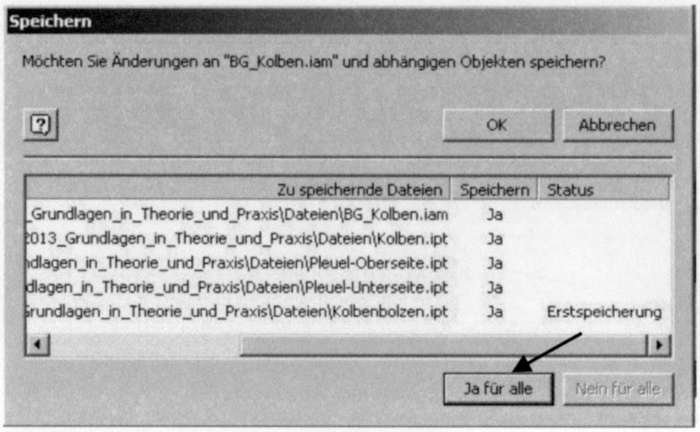

Abb. 216 Speichern der Baugruppe: BG_Kolben.iam

Die Unterbaugruppe ***BG_Kolben.iam*** kann ***gespeichert*** und geschlossen werden.

Achten Sie beim Speichern auf das Befehlsfenster ***Speichern***. Hier muss die Option ***Ja für alle aktiviert*** werden, um auch die neuen Komponenten zu sichern.

5.2 Unterbaugruppe Kurbelwelle

Abb. 217 Die Unterbaugruppe: BG_Kurbelwelle.iam

Die Baugruppe ***BG_Kurbelwelle.iam*** wird aus Kurbelwelle, zwei Riemenrädern, zwei Passfedern, zwei Schrauben und zwei Sicherungsscheiben bestehen.

Passfedern und Schrauben werden aus dem Inhaltscenter geladen, die Sicherungsscheibe als neues Bauteil aus der Baugruppe heraus erzeugt.

5.2.1 Erstellen der neuen Datei und Platzieren der Komponenten

Erstellen Sie eine neue ***Baugruppe*** (Norm.iam) und speichern Sie diese im Projektordner als ***BG_Kurbelwelle.iam***.

Abb. 218 Platzieren der Kurbelwelle

Platzieren Sie die Komponente ***Kurbelwelle.ipt*** aus dem Projektordner einmal frei in der Baugruppe.

5.2.2 Passfedern aus dem Inhaltscenter einfügen

Fügen Sie anschließend zwei ***Passfedern*** aus dem ***Inhaltscenter*** ein. Passfedern können nicht per AutoDrop generiert werden, sondern müssen manuell konfiguriert werden (anhand der Werte Wellendurchmesser, Breite x Höhe und Nennlänge). Auch die Platzierung muss manuell erfolgen. Wählen Sie im Auswahlfenster die Kategorie ***Wellenteile*** > ***Passfedern*** > ***Passfedern - rechteckig*** > ***Gerundet*** und hier die Passfeder ***DIN 6885 A***. Im Auswahlfenster der Passfeder soll der Wellendurchmesser: ***17-22 mm***, Breite x Höhe: ***6 x 6 mm*** und die Nennlänge: ***16 mm*** gewählt werden (Abb. 219).

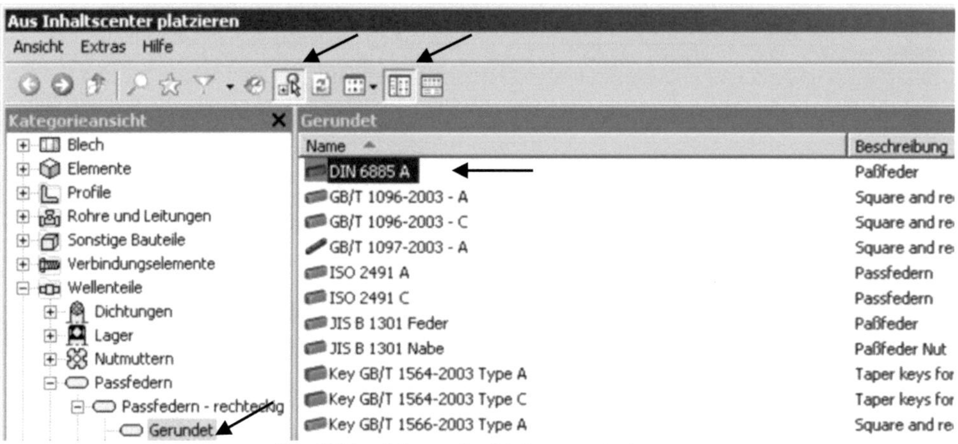

Abb. 219 Passfeder aus dem Inhaltscenter platzieren

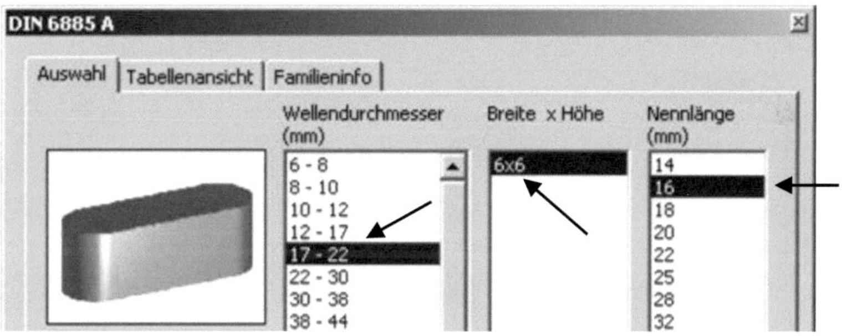

Abb. 220 Abmessungen der Passfeder anhand Wellendurchmesser, Passfedertyp und -nennlänge wählen

- ***Aus Inhaltscenter platzieren***
- Passfeder ***DIN 6885 A*** wählen
- Wellendurchmesser: 17-22 mm
- Breite x Höhe: 6 x 6 mm
- Nennlänge: 16 mm
- OK

Legen Sie die Passfeder zweimal frei im Zeichenbereich ab und platzieren Sie diese dann in die beiden Passfederaussparungen der Kurbelwelle. Orientieren Sie sich an Abb. 221. Die Passfedern sollen sauber in die Nuten eingefügt werden. Verwenden Sie alle hierfür notwendigen ***Abhängigkeiten***.

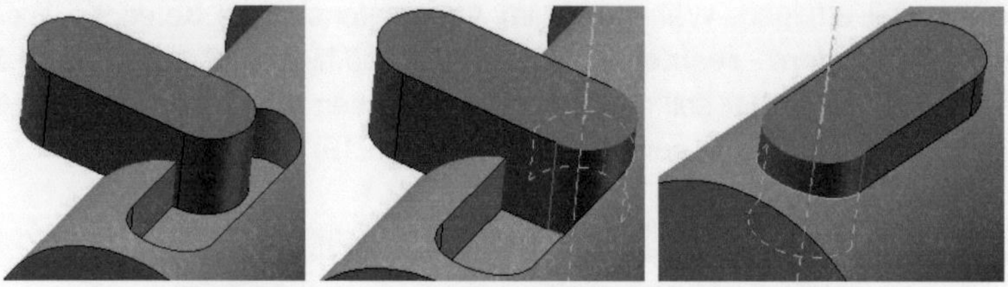

Abb. 221 Platzieren der Passfedern in den Passfederaussparungen

5.2.3 Platzieren der Riemenräder

Abb. 222 Platzieren der Riemenräder

Platzieren Sie das Bauteil ***Kurbelwelle-Riemenrad.ipt*** zweimal frei in der Baugruppe. Erzeugen Sie danach ***Abhängigkeiten***, wie in Abb. 223 dargestellt. Achten Sie darauf, dass die Riemenräder bündig an der Kurbelwelle abschließen und dass die Passfedern korrekt in den hierfür vorgesehenen Aussparungen der Riemenräder platziert werden.

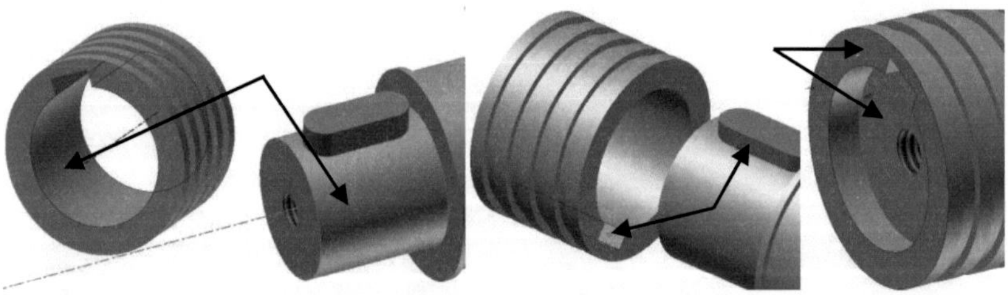

Abb. 223 (L) Achsen verbinden; (M) Flächen verbinden (Passend); (R) Flächen verbinden (Fluchtend)

- ***Abhängigkeit platzieren***
- Typ: Baugruppe - Passend
- Modus: Passend
- Auswahl: Achsen (Abb. 223 L)
- Versatz: 0 mm
- Anwenden
- Modus: Passend
- Auswahl: Flächen (Abb. 223 M)
- Versatz: 0 mm
- Anwenden
- Modus: Fluchtend
- Auswahl: Achsen (Abb. 223 R)
- Versatz: 0 mm
- OK

Wiederholen Sie diese Abhängigkeiten beim zweiten Riemenrad auf der gegenüberliegenden Seite der Kurbelwelle.

5.2.4 Erzeugen der Sicherungsscheiben aus der Baugruppe heraus

Um die Riemenräder gegen ein axiales Von-der-Kurbelwelle-Rutschen zu sichern, muss ein weiteres Bauteil erzeugt werden. Verwenden Sie den Befehl ***Erstellen*** und erzeugen Sie das Bauteil ***Sicherungsscheibe.ipt***. Als Basisfläche für das neue Bauteil soll die in Abb. 224 markierte Stirnfläche der Kurbelwelle verwendet werden (welche Seite der Kurbelwelle Sie verwenden, ist unerheblich).

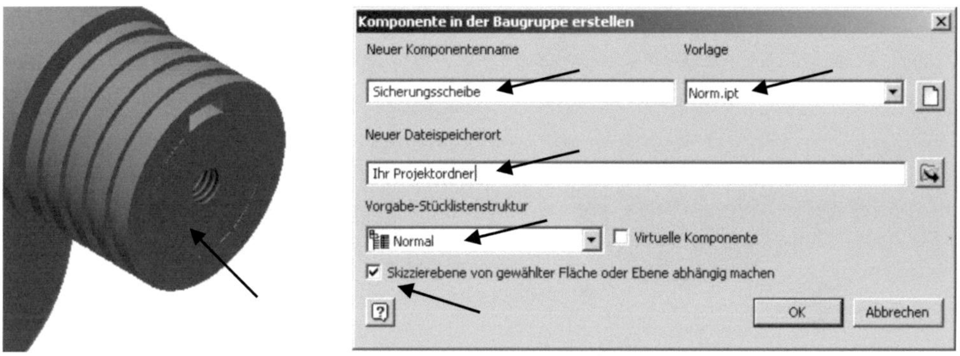

Abb. 224 Erstellen der Sicherungsscheibe.ipt (aus der Baugruppe heraus)

- ***Erstellen***
- Name: Sicherungsscheibe
- Vorlage: Norm.ipt
- Dateispeicherort: Projektordner
- Stücklistenstruktur: Normal
- Aktivieren: Skizzierebene von gewählter Fläche abhängig machen
- OK

Anschließend sind die beiden in Abb. 225 R markierten Bohrungskanten zu ***projizieren*** und die Scheibe zu ***extrudieren***.

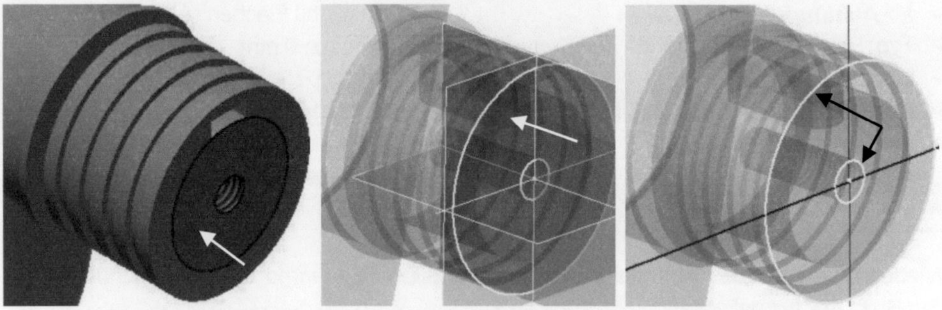

Abb. 225 (L) Fläche für neues Bauteil; (M) Fläche für neue 2D-Skizze; (R) Projizieren beider Kanten

- ***Geometrie projizieren***
- Markierten Bohrungskanten (Abb. 225 R) wählen
- ***Skizze fertig stellen***

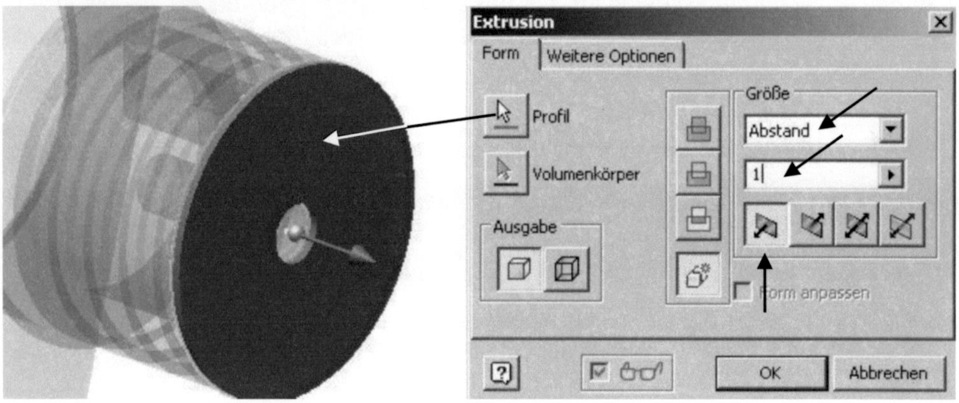

Abb. 226 Extrudieren der Kontur

- ***Extrusion***
- Profil: Markierte Fläche
- Größe: Abstand (1 mm)
- Richtung: Richtung 1
- OK

Verlassen Sie den Bearbeitungsbereich des Bauteils. Um die Sicherungsscheibe auch auf der anderen Seite der Kurbelwelle platzieren zu können, muss zuerst die gesamte Baugruppe ***gespeichert*** werden. Achten Sie darauf, im folgenden Abfragefenster die Option ***Ja für alle*** zu aktivieren. Die Sicherungsscheibe kann anschließend durch ***Platzieren*** ein weiteres Mal in die Baugruppe eingefügt werden. Setzen Sie Abhängigkeiten zwischen den in Abb. 227 markierten Achsen und Flächen der Bauteile Sicherungsscheibe und Kurbelwelle.

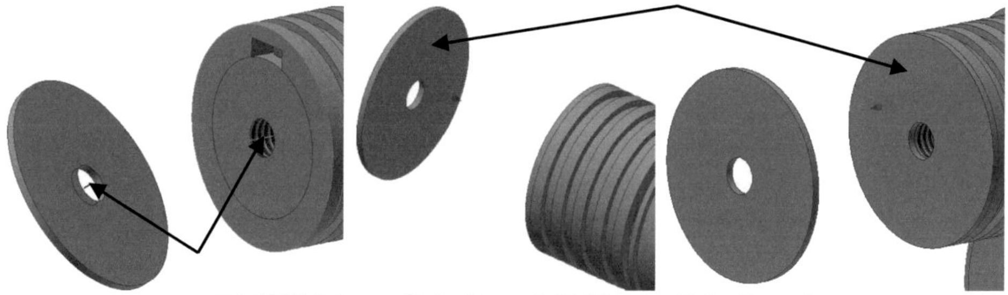

Abb. 227 (L) Achsen verbinden (Passend); (R) Flächen verbinden (Passend)

- ***Abhängigkeit platzieren***
- Typ: Baugruppe - Passend
- Modus: Passend
- Auswahl: Achsen (Abb. 227 L)
- Versatz: 0 mm
- Anwenden
- Modus: Passend
- Auswahl: Flächen (Abb. 227 R)
- Versatz: 0 mm
- OK

5.2.5 Schrauben aus dem Inhaltscenter einfügen

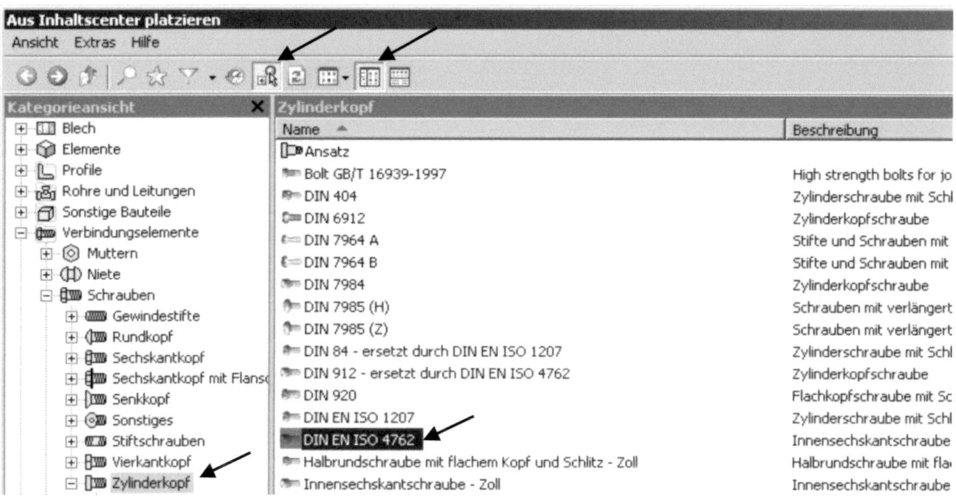

Abb. 228 Platzieren einer Schraube aus dem Inhaltscenter

Weiterhin benötigen Sie zwei Schrauben aus dem ***Inhaltscenter***. Achten Sie auf die aktivierte Option ***AutoDrop***, folgen Sie im Fenster ***Kategorieansicht*** dem Pfad ***Verbindungselemente*** > ***Schrauben*** > ***Zylinderkopf*** und wählen Sie hier die Schraube ***DIN EN ISO 4762***.

Abb. 229 (L) Gewindebohrung (Kurbelwelle); (M) Startfläche (Sicherungsscheibe); (R) Schraubenlänge

- ***Aus Inhaltscenter platzieren***
- Schraube ***DIN EN ISO 4762*** wählen
- Bohrung: Gewinde der Bohrung (Kurbelwelle, Abb. 229 L)
- Startseite: Seitenfläche (Sicherungsscheibe, Abb. 229 M)
- Doppelpfeil am Schraubenende ziehen, bis die Größe ***M6 x 16*** erreicht ist
- ***Bestätigen***

Erzeugen Sie eine weitere (identische) Schraube auf der gegenüberliegenden Seite der Kurbelwelle.

5.2.6 Materialien zuweisen

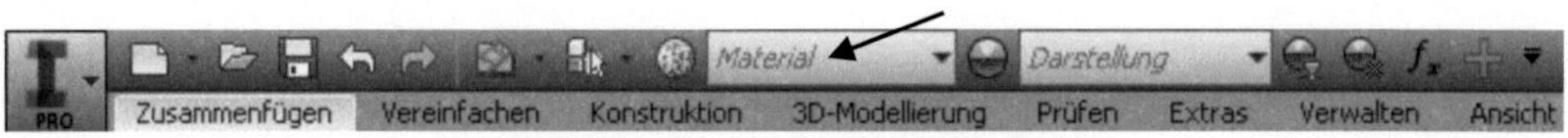

Abb. 230 Bearbeiten der Materialeigenschaften

Auch in der Baugruppe ***BG_Kurbelwelle.iam*** soll den Komponenten ein Material zugewiesen werden. Weisen Sie den folgenden Komponenten Materialien zu:

- ***Kurbelwelle***: Edelstahl
- ***Kurbelwelle-Riemenrad*** (2x): Aluminium 6061
- ***Sicherungsscheibe*** (2x): Stahl

Die Datei kann anschließend ***gespeichert*** und geschlossen werden.

5.3 Unterbaugruppe Nockenwelle

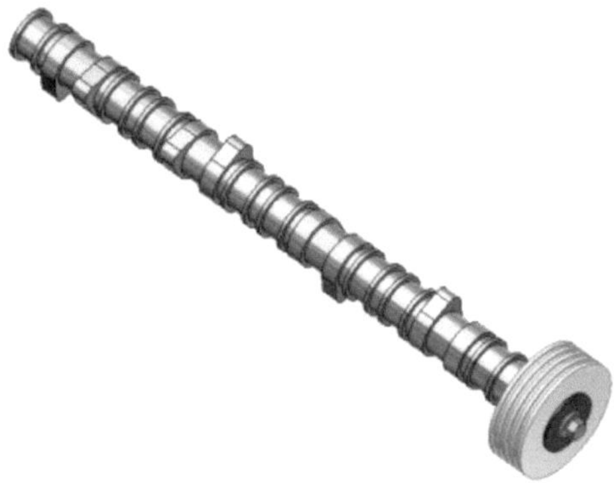

Abb. 231 Die Unterbaugruppe: BG_ Nockenwelle.iam

Die Baugruppe ***BG_Nockenwelle.iam*** setzt sich aus fünf Komponenten zusammen (Nockenwelle, Riemenrad-Nockenwelle, Sicherungsscheibe, Passfeder, Schraube). Passfeder und Schraube sollen aus dem Inhaltscenter erzeugt werden. Als Sicherungsscheibe kann die aus der Kurbelwellen-Baugruppe heraus erzeugte Sicherungsscheibe verwendet werden.

5.3.1 Platzieren der Komponenten

Erstellen Sie eine neue ***Baugruppe*** (Norm.iam) und speichern Sie diese als ***BG_Nockenwelle.iam*** im Projektordner ab. Fügen Sie dann die Bauteile ***Nockenwelle.ipt***, ***Nockenwelle-Riemenrad.ipt*** und ***Sicherungsscheibe.ipt*** in die Baugruppe ein.

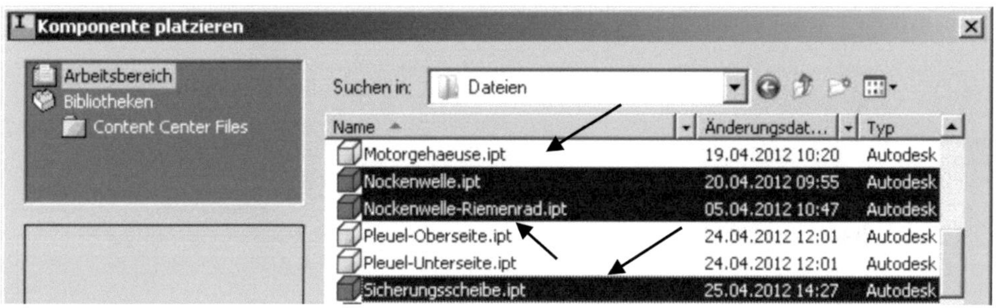

Abb. 232 Einfügen der ersten Komponenten

- ***Komponente platzieren***
- Die folgenden Bauteile bei gedrückter STRG-Taste wählen: Nockenwelle.ipt, Nockenwelle-Riemenrad.ipt, Sicherungsscheibe.ipt
- Öffnen

Legen Sie die drei Komponenten je einmal in der Baugruppe ab und beenden Sie den Befehl anschließend mit ***ESC***.

5.3.2 Passfeder aus dem Inhaltscenter einfügen

Nockenwelle und Riemenrad werden auch hier durch eine Passfeder miteinander verbunden, welche jetzt aus dem ***Inhaltscenter*** einzufügen ist. Wählen Sie im Fenster ***Kategorieansicht*** den folgenden Pfad: ***Wellenteile*** > ***Passfedern*** > ***Passfedern - rechteckig*** > ***Gerundet***. Hier ist erneut der Passfedertyp ***DIN 6885 A*** zu verwenden.

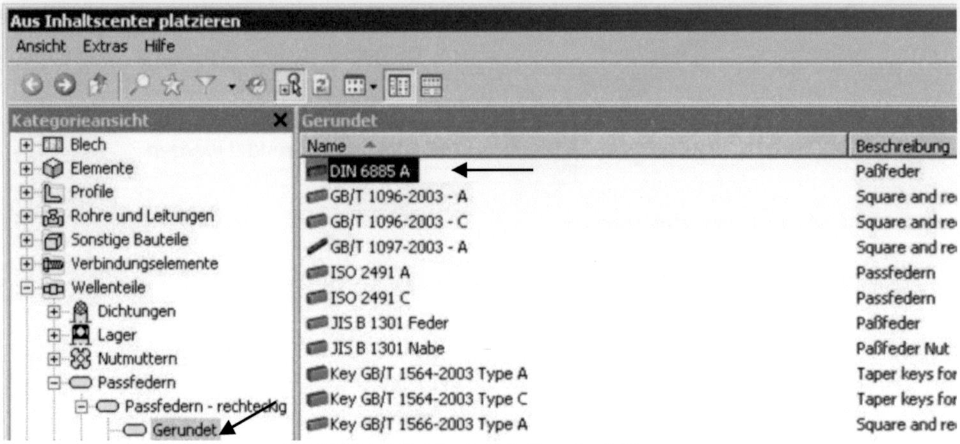

Abb. 233 Passfeder aus dem Inhaltscenter einfügen

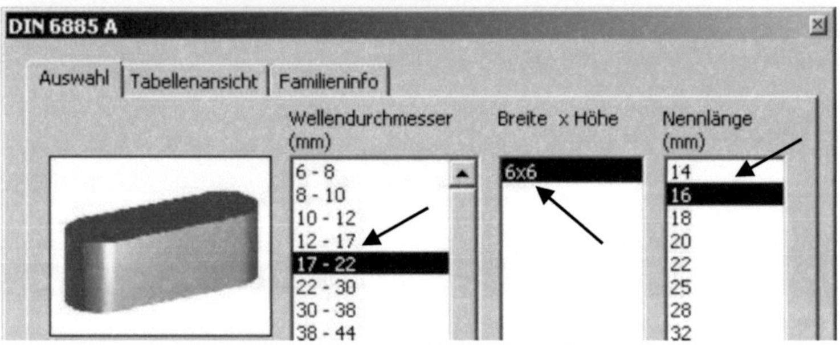

Abb. 234 Abmessungen der Passfeder wählen

- ***Aus Inhaltscenter platzieren***
- Passfeder ***DIN 6885 A*** wählen
- Wellendurchmesser: 17-22 mm
- Breite x Höhe: 6 x 6 mm
- Nennlänge: 16 mm
- OK

Legen Sie die Passfeder einmal im Zeichenbereich ab und positionieren Sie diese dann in der Passfederaussparung der Nockenwelle wie in Abb. 235 dargestellt.

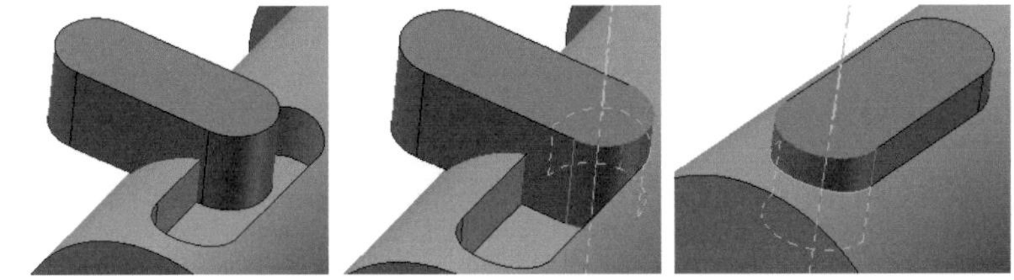

Abb. 235 Platzieren der Passfeder in der Passfederaussparung

5.3.3 Riemenrad und Sicherungsscheibe auf der Nockenwelle befestigen

Das Riemenrad der Nockenwelle soll jetzt mit der Nockenwelle und der Passfeder verbunden werden. Es ist darauf zu achten, die Passfeder sauber in der hierfür vorgesehenen Aussparung des Riemenrades zu platzieren. Auch muss das Riemenrad bündig mit der Stirnseite der Nockenwelle (Abb. 236) abschließen.

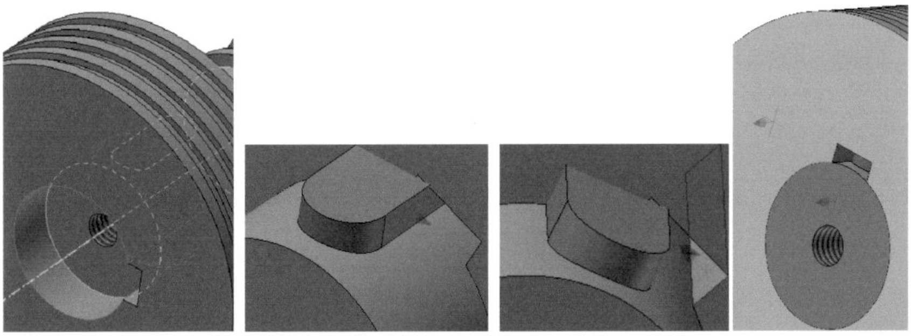

Abb. 236 Riemenrad mit Nockenwelle und Passfeder verbinden

Nun kann auch die Sicherungsscheibe wie in Abb. 237 dargestellt befestigt werden.

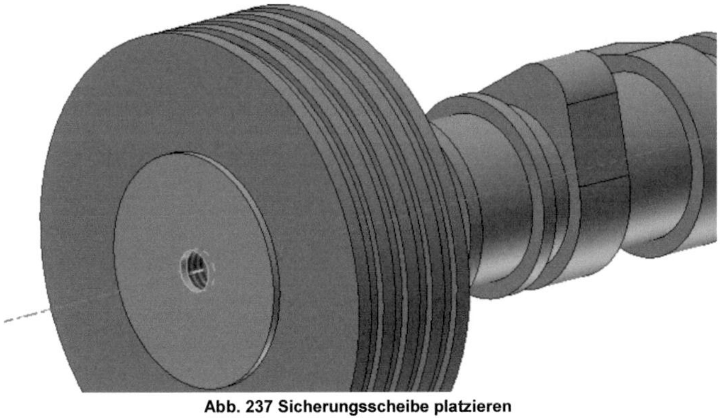

Abb. 237 Sicherungsscheibe platzieren

5.3.4 Schraube aus dem Inhaltscenter einfügen

Abschließend soll die Baugruppe mit einer Zylinderkopfschraube aus dem ***Inhaltscenter*** versehen werden. ***Pfad*** und ***Schraubentyp*** sind mit denen der Baugruppe ***BG_Kurbelwelle.iam*** identisch. Die Platzierung der Schraube erfolgt per ***AutoDrop***.

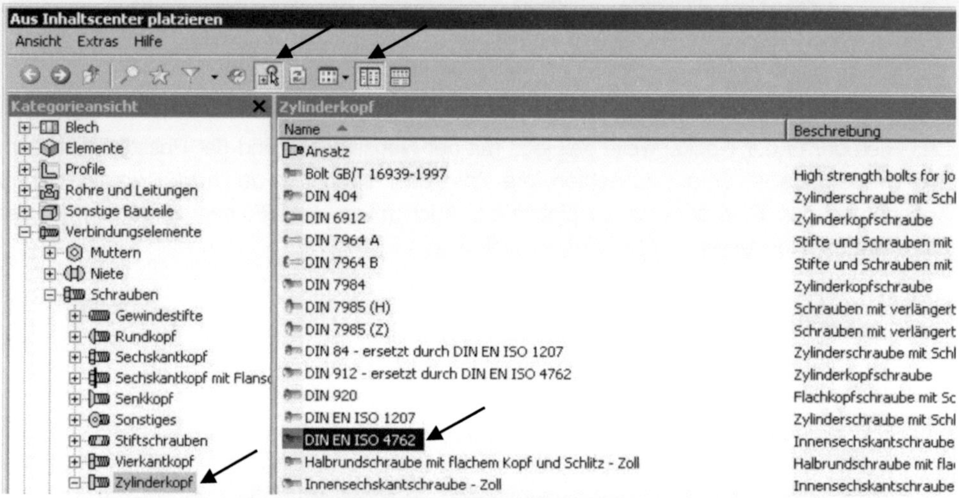

Abb. 238 Auswahl der Schraube (Inhaltscenter)

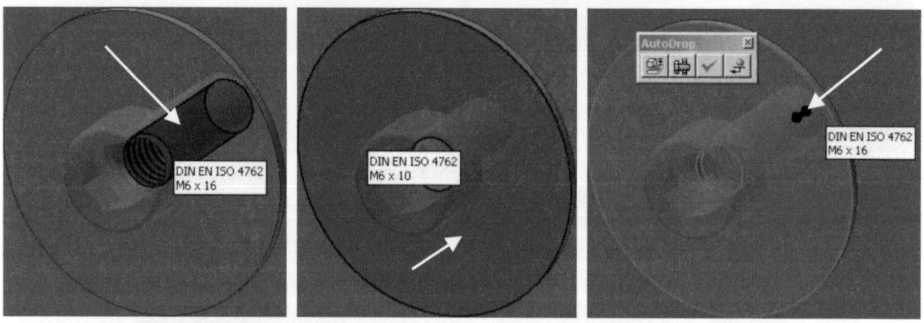

Abb. 239 (L) Gewindebohrung (Nockenwelle); (M) Startfläche (Sicherungsscheibe); (R) Schraubenlänge

- ***Aus Inhaltscenter platzieren***
- Schraube ***DIN EN ISO 4762*** wählen
- Bohrung: Gewindebohrung der Nockenwelle (Abb. 239 L)
- Startseite: Markierte Fläche der Sicherungsscheibe (Abb. 239 M)
- Doppelpfeil am Schraubenende ziehen, bis die Länge ***M6 x 16*** erreicht ist
- ***Bestätigen***

HINWEIS: Komponenten aus dem Inhaltscenter können jederzeit nachträglich bearbeitet werden. Um die geometrischen Abmessungen zu ändern, wählen Sie per rechter Maustaste die Option **_Größe ändern_**. Um eine Komponente aus dem Inhaltscenter gegen eine andere Komponente aus dem Inhaltscenter auszutauschen, wählen Sie per rechter Maustaste die Option **_Aus Inhaltscenter ersetzen_**.

5.3.5 Materialien zuweisen

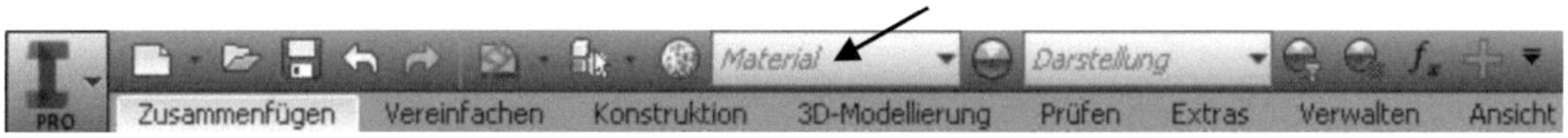

Abb. 240 Bearbeiten der Materialeigenschaften

Vor dem Speichern und Schließen der Baugruppe soll den Bauteilen jeweils ein Material zugewiesen werden:

- **_Nockenwelle_**: Edelstahl
- **_Nockenwelle-Riemenrad_**: Aluminium 6061

Da der Sicherungsscheibe bereits in einer anderen Baugruppe das Material **_Stahl_** zugewiesen wurde, muss dies hier nicht erneut geschehen, die Datei kann **_gespeichert_** und geschlossen werden. Achten Sie auch hier wieder darauf, die Option **_Ja für alle_** zu aktivieren, um die Sicherung der neu erzeugten Schraube aus dem Inhaltscenter zu gewährleisten.

5.4 Unterbaugruppe Zylinderblock

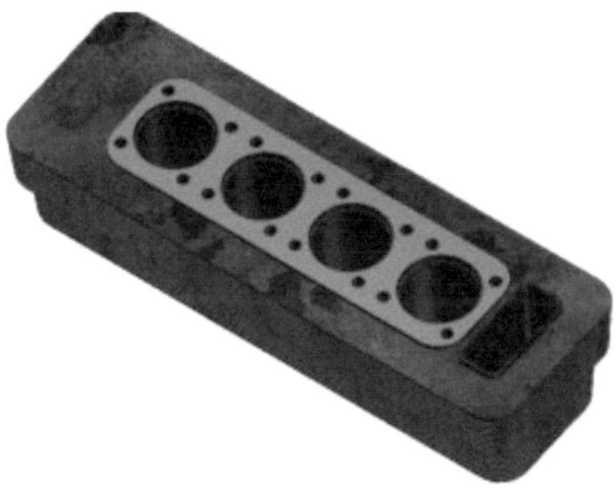

Abb. 241 Die Unterbaugruppe: BG_Zylinderblock.iam

Die Baugruppe **_BG_Zylinderblock.iam_** wird aus insgesamt fünf Komponenten bestehen (dem Zylinderblock und vier Laufbuchsen). Die erste Laufbuchse wird manuell eingefügt und in der ersten Zylinderbohrung (neben dem Riemenkanal) platziert. Die restlichen drei Laufbuchsen sollen durch eine Komponentenanordnung erzeugt und platziert werden.

5.4.1 Einfügen der Komponenten

Erzeugen Sie eine neue ***Baugruppe*** (Norm.iam) und speichern Sie diese als ***BG_Zylinderblock.iam***. ***Platzieren*** Sie die beiden Bauteile ***Zylinderblock.ipt*** und ***Laufbuchse.ipt*** je einmal in der Baugruppe. Die Laufbuchse soll wie in Abb. 242 dargestellt in der ersten Bohrung (neben dem Riemenkanal) positioniert werden. Achten Sie darauf, dass die Laufbuchse bündig (fluchtend) mit dem Zylinderblock abschließt.

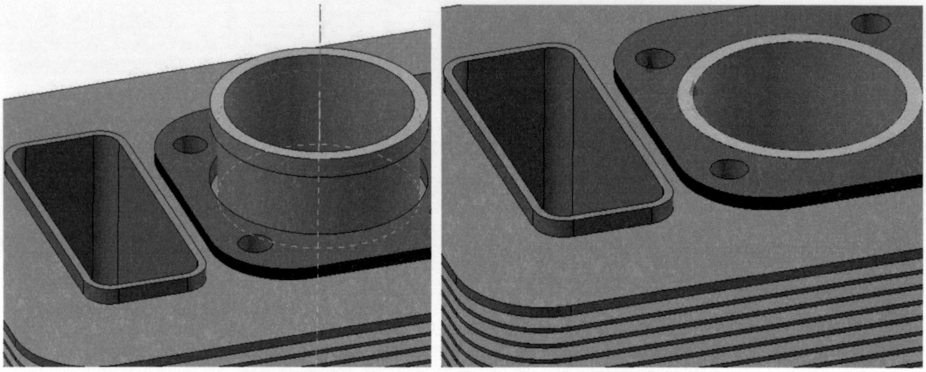

Abb. 242 Positionieren der ersten Laufbuchse im Zylinderblock

5.4.2 Laufbuchse als Muster anordnen

Abb. 243 Der Befehl: Muster (Komponente anordnen)

Die restlichen drei Laufbuchsen sollen als ***Muster*** erzeugt werden. Auch im Baugruppenbereich gibt es Möglichkeiten, Komponenten in Form eines Musters (polar oder rechteckig) zu kopieren und anzuordnen. Starten Sie den Befehl und aktivieren Sie den Reiter ***Rechteckig***. Als Komponente ist die Laufbuchse und als Spaltenrichtung die in Abb. 244 markierte Kante des Zylinderblocks zu verwenden. Die Anzahl soll ***4*** betragen, der Abstand ***70 mm***. Weitere Einstellungen sind nicht erforderlich.

- ***Muster*** (Komponente anordnen)
- Reiter: Rechteckig
- Komponente: Laufbuchse.ipt
- Richtung: Markierte Kante am Zylinderblock
- Anzahl: 4
- Abstand: 70 mm
- OK

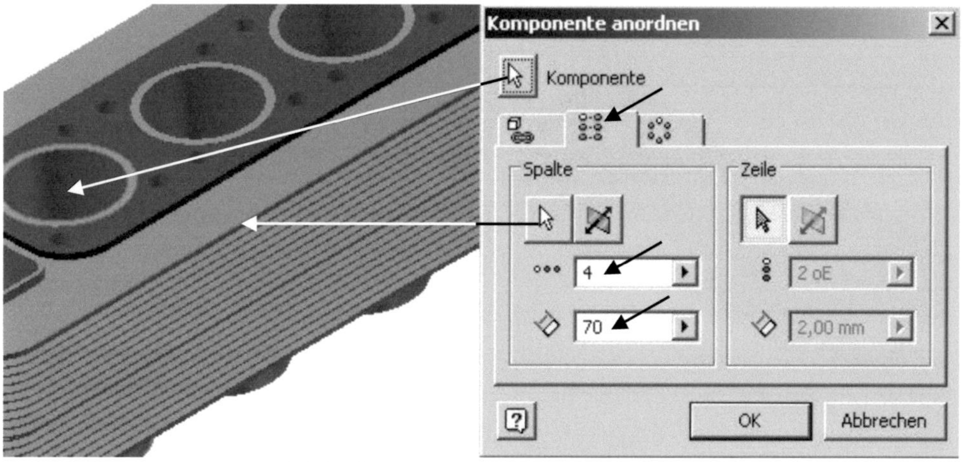

Abb. 244 Kopieren der Laufbuchse (Befehl: Muster)

Vor dem Bestätigen des Befehls sollte kontrolliert werden, ob die Richtung der erzeugten Anordnung entlang des Zylinderblocks erfolgt ist. In jeder großen Bohrung des Zylinderblocks sollte jetzt eine Laufbuchse platziert worden sein. Wenn nicht, muss das mittels der Option ***Umschalten*** korrigiert werden.

5.4.3 Materialien zuweisen

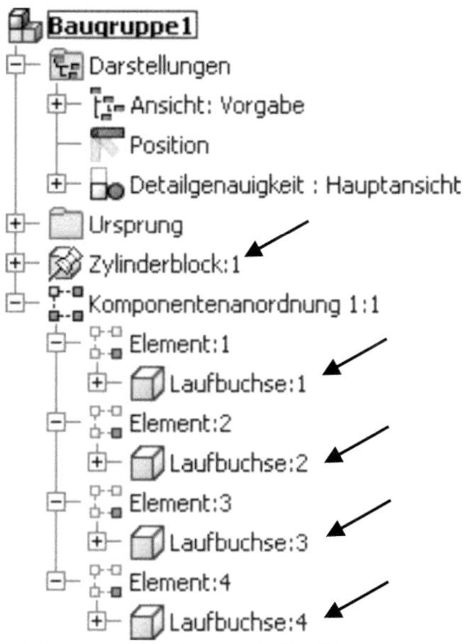

Abb. 245 Die vier Laufbuchsen im Modellbaum

Weisen Sie den Komponenten abschließend noch je ein eigenes ***Material*** zu.

Um den vier Laufbuchsen ein Material zuweisen zu können, muss die ***Komponentenanordnung*** im Modellbaum erweitert werden. Die Laufbuchsen befinden sich In den darin enthaltenen vier Elementen und können dort markiert werden.

- ***Zylinderblock***: Eisen, Guss
- ***Laufbuchsen*** (4x): Edelstahl

Die Baugruppe kann abschließend ***gespeichert*** und geschlossen werden.

5.5 Unterbaugruppe Zylinderkopf

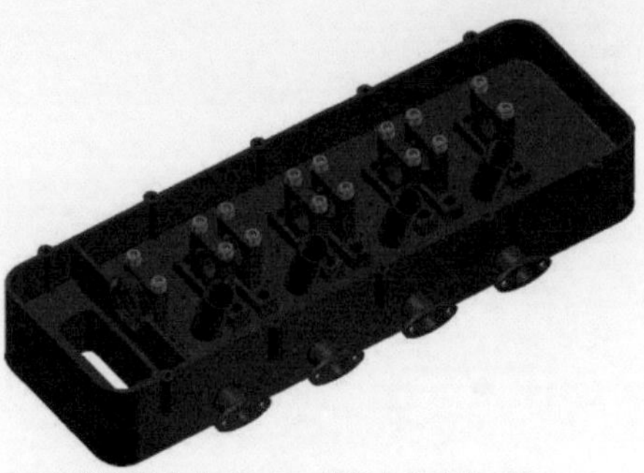

Abb. 246 Die Unterbaugruppe: BG_ Zylinderkopf.iam

Die Baugruppe ***BG_Zylinderkopf.iam*** ist die letzte Unterbaugruppe des Übungsprojekts. Sie besteht aus Zylinderkopf, Zündkerzen, Nockenwellenhaltern, Schrauben und Wellendichtring. Schrauben und Wellendichtring können als Normteile aus dem Inhaltscenter importiert werden.

5.5.1 Platzieren und Positionieren der ersten Komponenten

Erzeugen Sie eine neue ***Baugruppe*** (Norm.iam) und speichern Sie diese als ***BG_Zylinderkopf.iam***. ***Platzieren*** Sie das Bauteil ***Zylinderkopf.ipt*** und legen Sie es mit der Option ***Am Ursprung fixiert platzieren*** der rechten Maustaste einmal im Zeichenbereich ab.

Starten Sie den Befehl erneut und fügen Sie die Bauteile ***Zuendkerze.ipt*** und ***Nockenwellenhalter.ipt*** jeweils einmal in die Baugruppe ein. Diese beiden Bauteile sind frei mit der linken Maustaste abzulegen. Im ersten Schritt sollen Zündkerze und Zylinderkopf miteinander verbunden werden. Die Zündkerze soll in die markierte Position direkt neben dem Riemenkanal eingesetzt werden (Abb. 247).

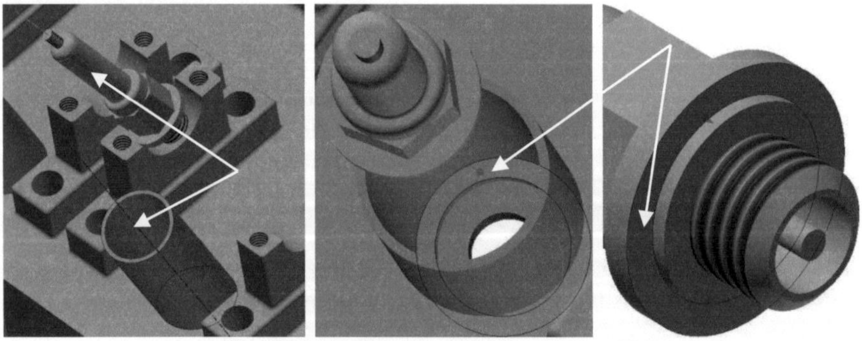

Abb. 247 (L) Achse auf Achse; (R) Flächen (Zündkerze/ Zylinderkopf)

Abb. 248 Position der Zündkerze (Schnittdarstellung)

- ***Abhängigkeit platzieren***
- Typ: Baugruppe - Passend
- Modus: Passend
- Auswahl: Achsen (Abb. 247 L)
- Versatz: 0 mm
- Anwenden
- Modus: Passend
- Auswahl: Flächen (Abb. 247 R)
- Versatz: 0 mm
- OK

Jetzt müssen ***Nockenwellenhalter*** und ***Zylinderkopf*** miteinander verbunden werden (ebenfalls direkt neben dem Riemenkanal). Orientieren Sie sich an Abb. 249.

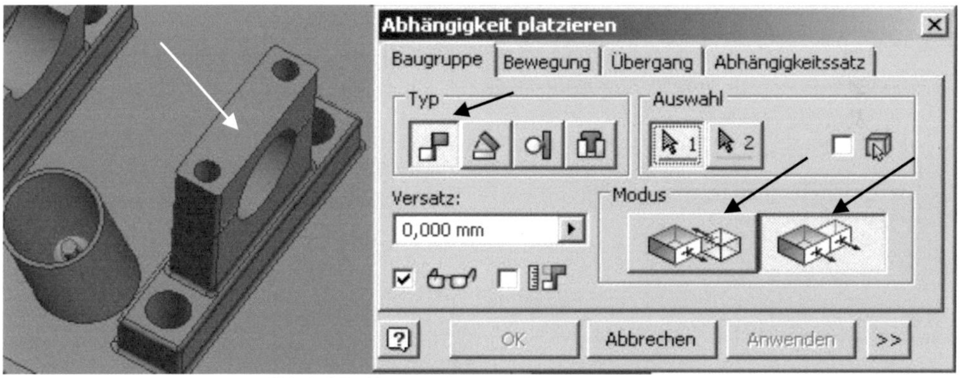

Abb. 249 Positionieren des ersten Nockenwellenhalters

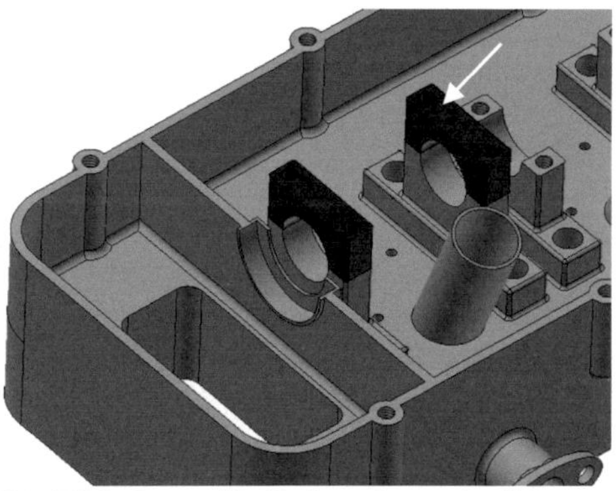

Abb. 250 Platzieren und Positionieren eines zweiten Halters

Platzieren Sie einen zweiten ***Nockenwellenhalter*** und positionieren Sie diesen wie in Abb. 250 dargestellt neben dem ersten Halter, ebenfalls auf der hierfür vorgesehenen Oberfläche.

Zündkerzen und Nockenwellenhalter der restlichen drei Zylinder sollen danach durch den Befehl ***Muster*** erzeugt und angeordnet werden. Als Richtungsvektor wird die in Abb. 252 markierte Kante am Zylinderkopf dienen.

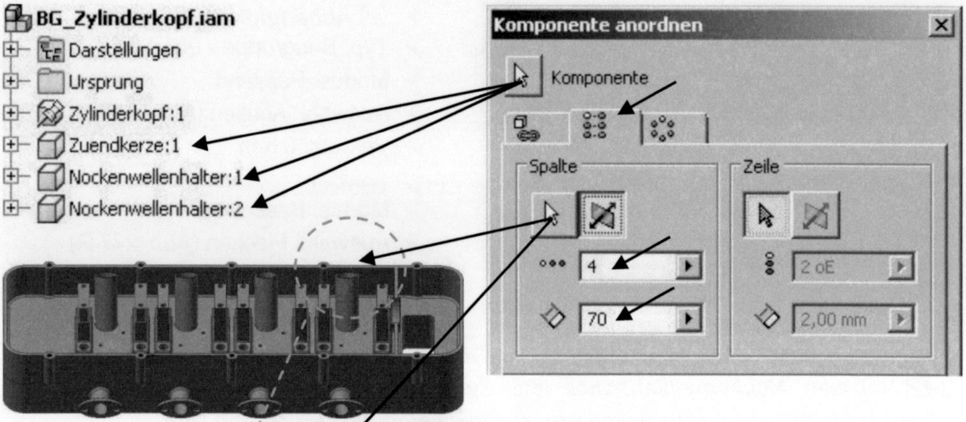

Abb. 251 Kopieren der Komponenten (Rechteckige Anordnung)

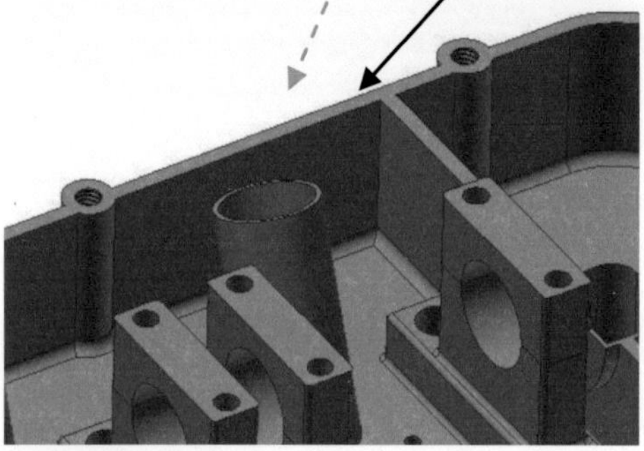

Abb. 252 Detailansicht

- ***Muster***
- Komponenten: Zündkerze, beide Nockenwellenhalter (Abb. 251)
- Referenz für Spalte: Markierte Kante am Zylinderkopf (Abb. 252)
- Anzahl: 4
- Abstand: 70 mm
- OK

> ***HINWEIS***: Achten Sie auf die korrekte Ausrichtung der Anordnung. Verwenden Sie notfalls die Option ***Richtung umkehren***, um sie zu korrigieren.

5.5.2 Schrauben aus dem Inhaltscenter einfügen

Nockenwellenhalter und Zylinderkopf sollen jetzt durch Schrauben aus dem Inhaltscenter miteinander verbunden werden.

Starten Sie den Befehl ***Aus Inhaltscenter platzieren***, wählen Sie den Pfad ***Verbindungselemente*** > ***Schrauben*** > ***Zylinderkopf*** und öffnen Sie hier die Schraube ***DIN EN ISO 4762***. Als Gewinde ist die in Abb. 254 L markierte Gewindebohrung des Zylinderkopfes zu wählen, als Startfläche die in Abb. 254 M markierte Oberfläche des Nockenwellenhalters. Die Schrauben sollen ***25 mm*** lang sein (M6 x 25). Aktivieren Sie im Fenster ***AutoDrop*** die Option ***Mehrere einfügen*** (Abb. 254 R), um zeitgleich alle 16 Schrauben einfügen zu können.

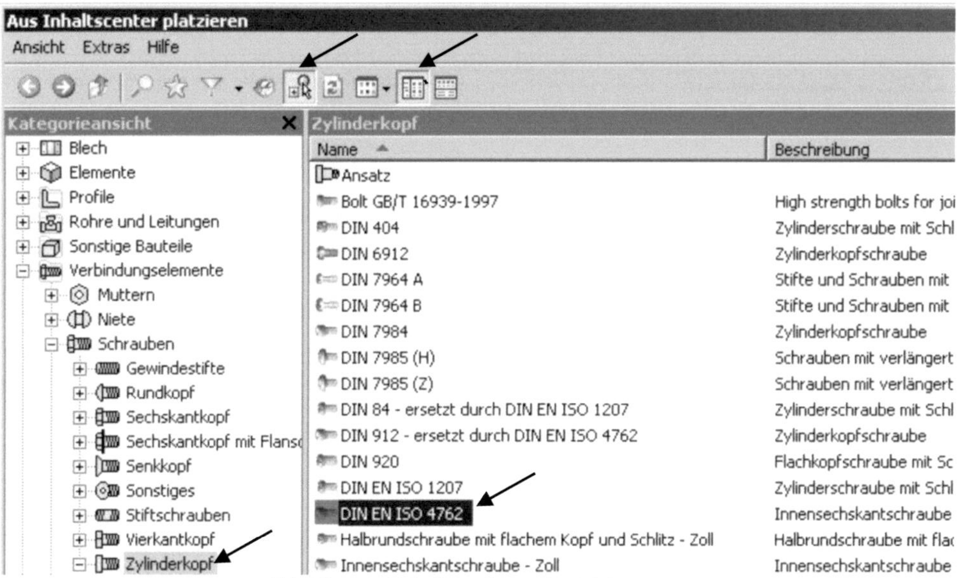

Abb. 253 Auswahl der Schraube aus dem Inhaltscenter

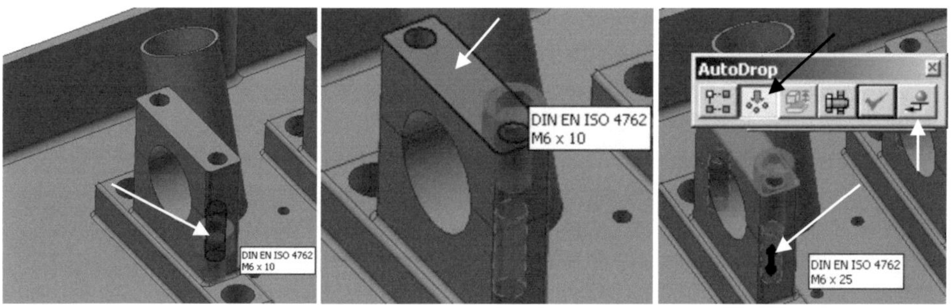

Abb. 254 (L) Gewindebohrung (Zylinderkopf); (M) Startfläche (Nockenwellenhalter); (R) Schraubenlänge; Mehrere einfügen

- ***Aus Inhaltscenter platzieren***
- Schraube: ***DIN EN ISO 4762***
- Bohrung: Gewindebohrung (Zylinderkopf, Abb. 254 L)
- Startfläche: Fläche (Nockenwellenhalter, Abb. 254 M)
- Doppelpfeil am Schraubenende ziehen, bis die Länge ***M6 x 25*** erreicht wurde (Abb. 254 R)
- ***Mehrere einfügen*** aktivieren (Abb. 254 R)
- ***Bestätigen***

5.5.3 Ordnerstrukturen im Modellbaum anlegen

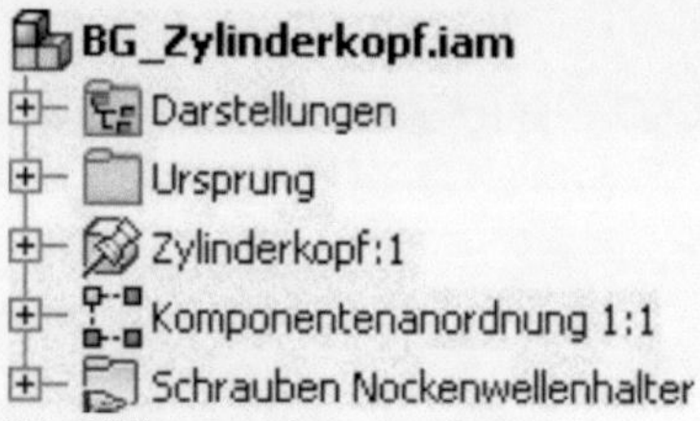

Abb. 255 Erzeugen eines neuen Ordners

Der Modellbaum einer Baugruppe mit vielen Einzelteilen kann schnell unübersichtlich werden. Hier bietet das Programm die Möglichkeit, mehrere Komponenten einer Baugruppe in Ordnern zu sortieren. Der Modellbaum wird dadurch kürzer und übersichtlicher.

Markieren Sie im Modellbaum alle (16) zuletzt eingefügten Schrauben aus dem Inhaltscenter und wählen Sie mit der rechten Maustaste die Option ***Zu neuem Ordner hinzufügen***. Geben Sie diesem Ordner den Namen ***Schrauben Nockenwellenhalter***.

5.5.4 Wellendichtring aus dem Inhaltscenter einfügen

Im letzten Schritt soll der Baugruppe ein ***Wellendichtring*** aus dem Inhaltscenter hinzugefügt werden. Starten Sie den Befehl ***Aus Inhaltscenter platzieren***, wählen Sie den Pfad ***Wellenteile*** > ***Dichtungen*** > ***Wellendichtringe*** und aktivieren Sie die Komponente ***DIN 3760 A***. Die geometrischen Abmessungen sind manuell auszuwählen.

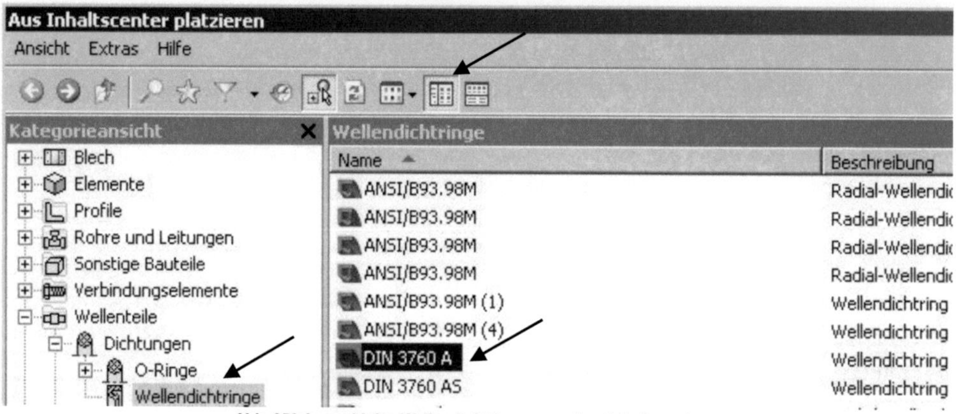

Abb. 256 Auswahl des Wellendichtringes aus dem Inhaltscenter

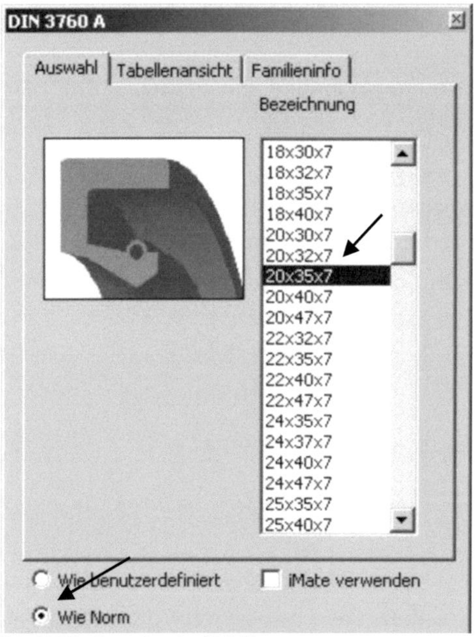

Abb. 257 Konfiguration des Dichtrings

- ***Aus Inhaltscenter platzieren***
- ***Wellenteile***
- ***Dichtungen***
- ***Wellendichtringe***
- Dichtring: ***DIN 3760 A***
- Bezeichnung: 20 x 35 x 7 (Abb. 257)
- OK

Platzieren Sie den Wellendichtring in die speziell hierfür ausgearbeitete Aussparung des Zylinderkopfes (Abb. 258).

Verwenden Sie eine axiale Abhängigkeit (Abb. 258 L) und eine Flächenabhängigkeit (Abb. 258 R), um beide Komponenten miteinander zu verbinden. Die offene Seite des Wellendichtrings muss in Richtung des Riemenkanals zeigen!

Abb. 258 (L) Achse auf Achse legen; (R) Flächen verbinden (Dichtring/ Zylinderkopf)

- ***Abhängigkeit platzieren***
- Typ: Baugruppe - Passend
- Modus: Passend
- Auswahl: Achsen (Abb. 258 L)
- Versatz: 0 mm
- Anwenden
- Modus: Passend
- Auswahl: Flächen (Abb. 258 R)
- Versatz: 0 mm
- OK

5.5.5 Materialien zuweisen

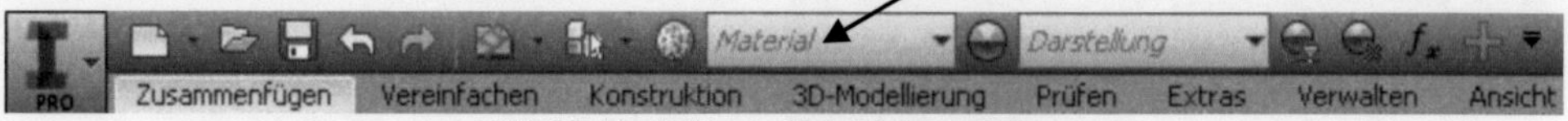

Abb. 259 Bearbeiten der Materialeigenschaften

Abschließend soll den Bauteilen ein ***Material*** zugewiesen werden. Die vier Zündkerzen und die acht Nockenwellenhalter finden Sie in der Komponentenanordnung der einzelnen Elemente (Modellbaum).

- ***Zylinderkopf***: Eisen, Guss
- ***Nockenwellenalter***: Eisen, Guss
- ***Zündkerzen***: Gold

Die Datei kann danach ***gespeichert*** und geschlossen werden (***Ja für alle***!).

5.6 Hauptbaugruppe 4-Takt-Motor

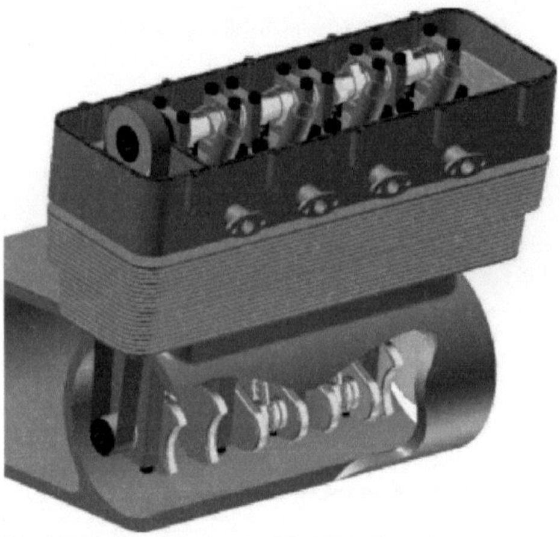

Die Hauptbaugruppe ***BG_4-Takt-Motor.iam*** besteht aus den bereits erzeugten Unterbaugruppen und weiteren Bauteilen und Komponenten aus dem Inhaltscenter. Neue Bauteile (Steuerriemen und Dichtung) sind aus der Baugruppe heraus zu erstellen. Alle Abhängigkeiten sollen möglichst realistisch erzeugt und danach animiert sowie als Video gespeichert werden.

Abb. 260 Die Hauptbaugruppe: BG_4-Takt-Motor.iam

5.6.1 Platzieren des Motorgehäuses als Basisobjekt

Erstellen Sie eine neue ***Baugruppe*** (Norm.iam) und speichern Sie diese als ***BG_4-Takt-Motor.iam***. ***Platzieren*** Sie als erstes das Bauteil ***Motorgehause.ipt***. Hierbei ist unbedingt darauf zu achten, das Bauteil mit der Option ***Am Ursprung fixiert platzieren*** der rechten Maustaste in der Baugruppe abzulegen, um es auf diese Art zu fixieren. Das spätere Animieren der gesamten Baugruppe hängt von diesem wichtigen grundlegenden Schritt ab!

5.6.2 Unterbaugruppen BG_Kurbelwelle und BG_Kolben platzieren

Abb. 261 Einfügen der Baugruppen: BG_Kurbelwelle.iam und BG_Kolben.iam

Platzieren Sie jetzt die Unterbaugruppe ***BG_Kurbelwelle.iam*** einmal und die Unterbaugruppe ***BG_Kolben.iam*** insgesamt viermal in der Hauptbaugruppe.

5.6.3 Flexibilität von Unterbaugruppen

Unterbaugruppen fügt das Programm automatisch als starre Elemente in eine Baugruppe ein. Das bedeutet, dass bewegliche Baugruppen nicht mehr beweglich sind, wenn Sie in eine andere Baugruppe eingefügt wurden. Bei der Baugruppe ***BG_Kolben.iam*** wäre das problematisch, da das Programm die Abhängigkeiten nicht richtig setzen könnte.

Um sie wieder beweglich zu gestalten, klicken Sie mit der rechten Maustaste nacheinander auf jede der vier Kolbenbaugruppen und aktivieren Sie dort die Option ***Flexibel***. Die betreffenden Unterbaugruppen erhalten so ihre volle Beweglichkeit zurück, was im Modellbaum durch das Symbol ***Flexibel*** gekennzeichnet wird.

5.6.4 Abhängigkeiten zwischen Motorgehäuse, Kurbelwelle und Kolben

Die ***Kurbelwelle*** kann nun mit dem ***Motorgehäuse*** verbunden werden. Sie soll axial mit den Kurbelwellenhaltern des Motorgehäuses verbunden und gegen ein Herausrutschen gesichert werden (Flächenabhängigkeit).

Die vier ***Kolbenbaugruppen*** sollen danach mit ***Kurbelwelle*** und ***Motorgehäuse*** verbunden werden. In den folgenden Abbildungen ist die Vorgehensweise dargestellt.

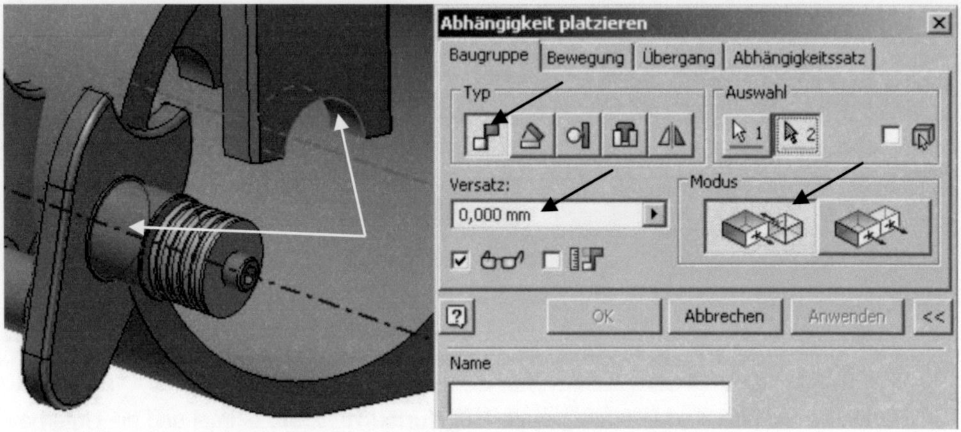

Abb. 262 Platzieren einer axialen Abhängigkeit (Kurbelwelle/ Motorgehäuse)

- ***Abhängigkeit platzieren***
- Typ: Baugruppe - Passend
- Modus: Passend
- Auswahl: Markierte Achsen
- Versatz: 0 mm
- OK

Abb. 263 Platzieren einer Flächenabhängigkeit (Kurbelwelle/ Motorgehäuse)

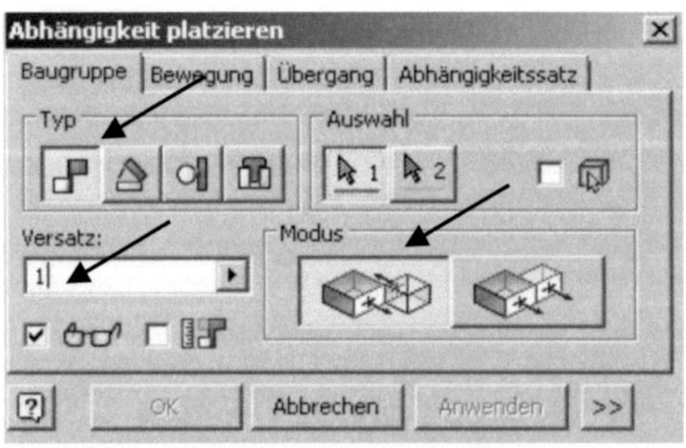

Abb. 264 Befehlsfenster: Abhängigkeit platzieren

- ***Abhängigkeit platzieren***
- Typ: Baugruppe - Passend
- Modus: Passend
- Auswahl: Markierte Flächen
- Versatz: ***1 mm***
- OK

Achten Sie auf den ***Versatz*** von ***1 mm*** zwischen beiden Flächen!

Abb. 265 Platzieren einer axialen Abhängigkeit (Kolben/ Motorgehäuse)

- ***Abhängigkeit platzieren***
- Typ: Baugruppe - Passend
- Modus: Passend
- Auswahl: Markierte Achsen
- Versatz: 0 mm
- OK

Platzieren Sie jetzt auch die restlichen drei Kolben in jeweils einer Zylinderbohrung des Motorgehäuses. Um die Pleuel mit der Kurbelwelle verbinden zu können, sollte das Motorgehäuse vorher ausgeblendet werden. Markieren Sie es im Modellbaum und deaktivieren Sie per rechter Maustaste die Option ***Sichtbarkeit***.

Die Sicht auf die Kurbelwelle ist jetzt frei.

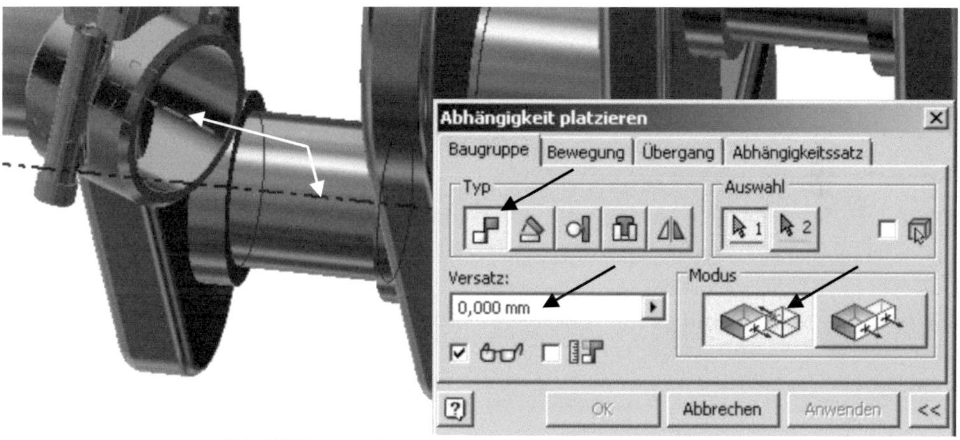

Abb. 266 Platzieren einer axialen Abhängigkeit (Pleuel/ Kurbelwelle)

- ***Abhängigkeit platzieren***
- Typ: Baugruppe - Passend
- Modus: Passend
- Auswahl: Markierte Achsen
- Versatz: 0 mm
- OK

Sobald alle vier Kolbenbaugruppen mit der Kurbelwelle verbunden sind, kann der Kurbeltrieb manuell getestet werden. Drehen Sie die Kurbelwelle bei gedrückter linker Maustaste. Die Kolben sollten sich (analog zur Drehbewegung der Kurbelwelle) linear in den Zylinderbohrungen bewegen. Wenn der Test erfolgreich war, kann die Sichtbarkeit des Motorgehäuses wieder aktiviert werden. Klicken Sie hierfür mit der rechten Maustaste auf das Motorgehäuse im Modellbaum und reaktivieren Sie die ***Sichtbarkeit***.

5.6.5 Kurbelwellenhalter einfügen

Platzieren Sie das Bauteil ***Kurbelwellenhalter.ipt*** einmal in der Baugruppe und positionieren Sie es wie in Abb. 267 und 268 dargestellt. Die Position des ersten Kurbelwellenhalters ist in Abb. 268 markiert. Hier sollte er bündig mit den Flächen des Motorgehäuses abschließen. Die restlichen vier Kurbelwellenhalter sind danach als ***Muster*** (Rechteckige Anordnung) zu erzeugen.

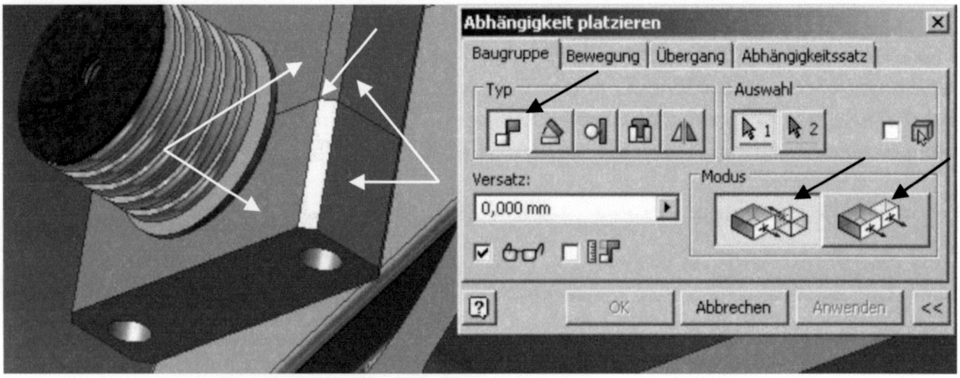

Abb. 267 Platzieren des ersten Kurbelwellenhalters am Motorgehäuse

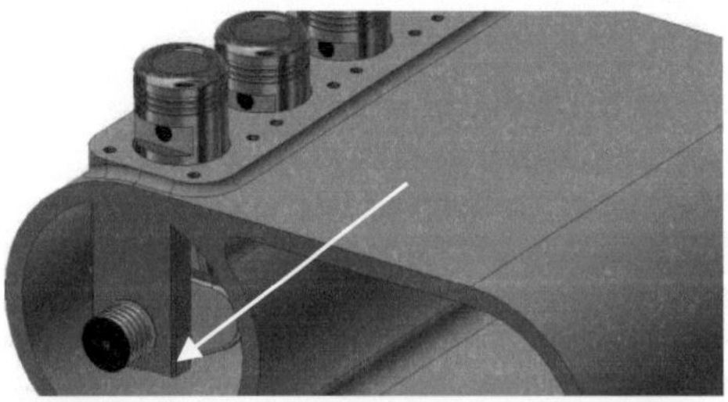

Abb. 268 Position des Kurbelwellenhalters am Motorgehäuse

Verwenden Sie als ***Richtungsreferenz*** die in Abb. 269 markierte Kante des Kurbelwellenhalters, eine Anzahl von ***5*** und einen Abstand von ***70 mm***. Sollte die Anordnung in die falsche Richtung erzeugt werden (aus dem Motorgehäuse heraus), kann das mit der Option ***Richtung umkehren*** korrigiert werden.

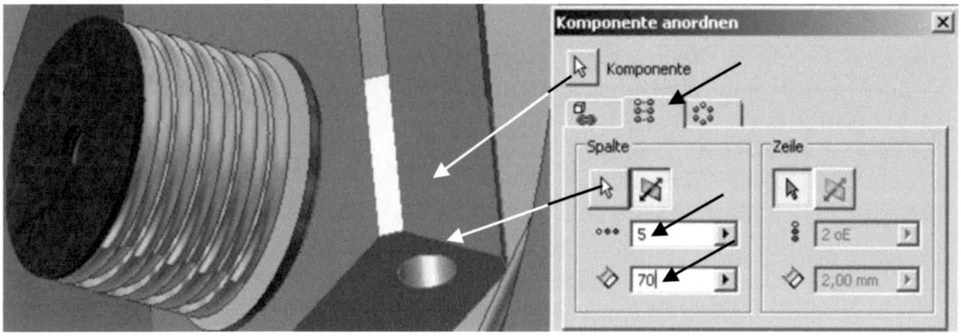

Abb. 269 Kopieren des Kurbelwellenhalters (Rechteckige Anordnung)

- ***Muster*** (Rechteckige Anordnung)
- Komponente: Kurbelwellenhalter
- Referenz für Spalte: Markierte Kante am Kurbelwellenhalter
- Anzahl: 5
- Abstand: 70 mm
- OK

5.6.6 Schrauben aus dem Inhaltscenter einfügen

Kurbelwellenhalter und Motorgehäuse sollen miteinander verschraubt werden. Starten Sie den Befehl ***Aus Inhaltscenter platzieren***, folgen Sie dem Pfad ***Verbindungselemente*** > ***Schrauben*** > ***Zylinderkopf*** und wählen Sie die Schraube ***DIN EN ISO 4762***.

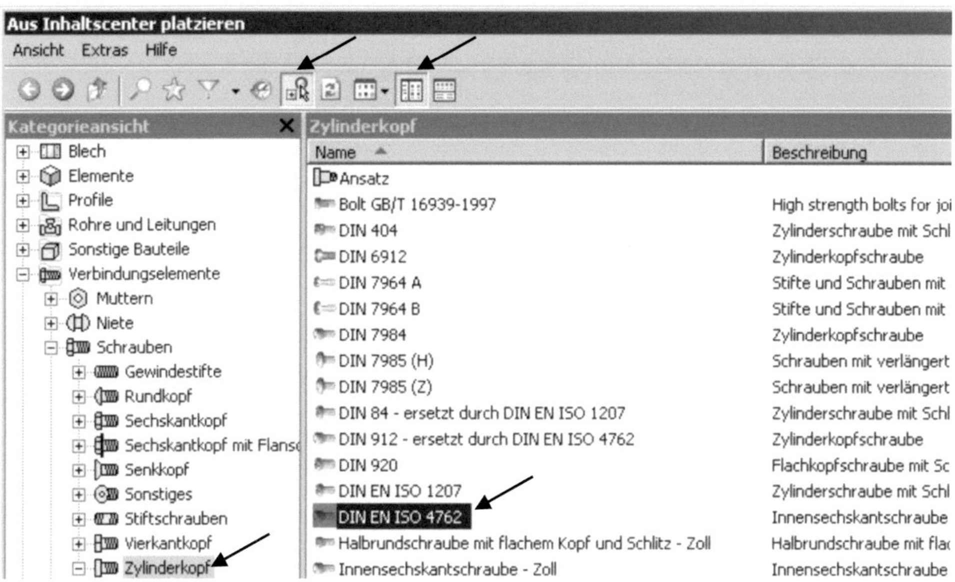

Abb. 270 Auswahl der Schraube aus dem Inhaltscenter

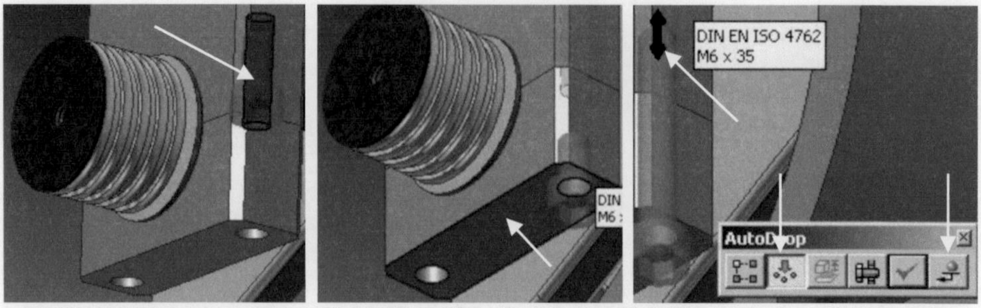

Abb. 271 (L) Gewindebohrung (Motorgehäuse); (M) Startfläche (Kurbelwellenhalter); (R) Schraubenlänge; Mehrere einfügen

- ***Aus Inhaltscenter platzieren***
- Schraube: ***DIN EN ISO 4762***
- Bohrung: Gewindebohrung (Motorgehäuse, Abb. 271 L)
- Startfläche: Fläche (Kurbelwellenhalter, Abb. 271 M)
- Doppelpfeil am Schraubenende ziehen, bis die Länge ***M6 x 35*** erreicht wurde
- ***Mehrere einfügen*** aktivieren
- ***Bestätigen***

5.6.7 Ordnerstrukturen im Modellbaum erzeugen

Strukturieren Sie Ihren Modellbaum durch das Erzeugen weiterer Ordner (rechte Maustaste > Zu neuem Ordner hinzufügen). Fügen Sie die vier Baugruppen ***BG_Kolben.iam*** einem Ordner ***Baugruppe Kolben*** zu und die zuletzt eingefügten ***Schrauben*** einem Ordner ***Schrauben Kurbelwellenhalter***.

5.6.8 Dichtung zwischen Motorgehäuse und Zylinderblock erstellen

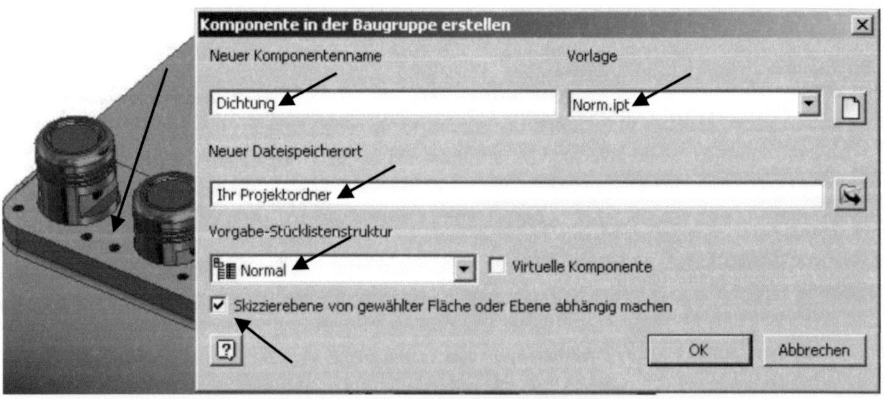

Abb. 272 Neue Komponente (Norm.ipt) auf der markierten Fläche erzeugen

Auf der in Abb. 272 markierten Fläche des Motorgehäuses soll das neue Bauteil ***Dichtung.ipt*** erstellt werden. Die Kontur wird von der Fläche des Dichtungsflansches (Motorgehäuse) ***projiziert*** (Abb. 273 R).

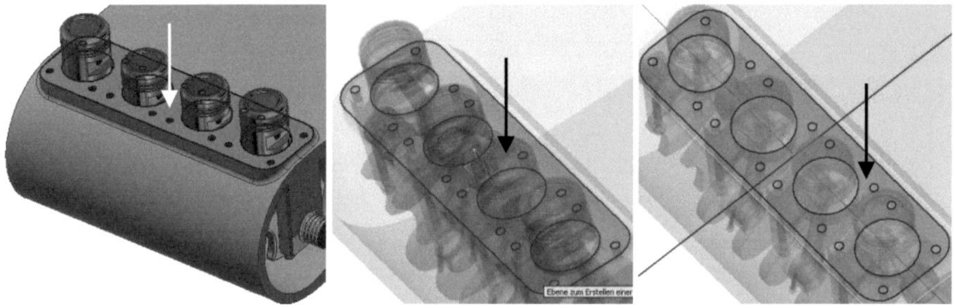

Abb. 273 (L) Referenzfläche der neuen Komponente; (M) Referenzfläche der neuen 2D-Skizze; (R) Projizieren der Fläche

- ***Komponente erstellen***
- Fläche: Markierte Fläche (Abb. 273 L)
- ***Schnittkanten projizieren***
- Motorgehäuse wählen (Abb. 273 R)
- ***Skizze fertig stellen***

Zurück im Register ***3D-Modellierung***, soll die projizierte Kontur um ***2 mm*** ***extrudiert*** werden.

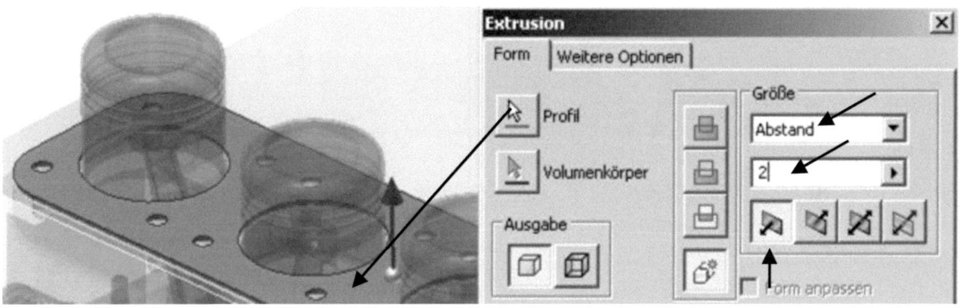

Abb. 274 Extrudieren der projizierten Geometrie (Vereinigung)

- ***Extrusion***
- Profil: Projizierte Fläche
- Vereinigung
- Größe: Abstand 2 mm
- Richtung: Dargestellt
- OK

Das Bauteil kann anschließend ***verlassen*** und die Baugruppe gespeichert werden (Erstspeicherung der neuen Komponenten). Die Baugruppe aber nicht schließen!

5.6.9 Unterbaugruppe BG_Zylinderblock einfügen

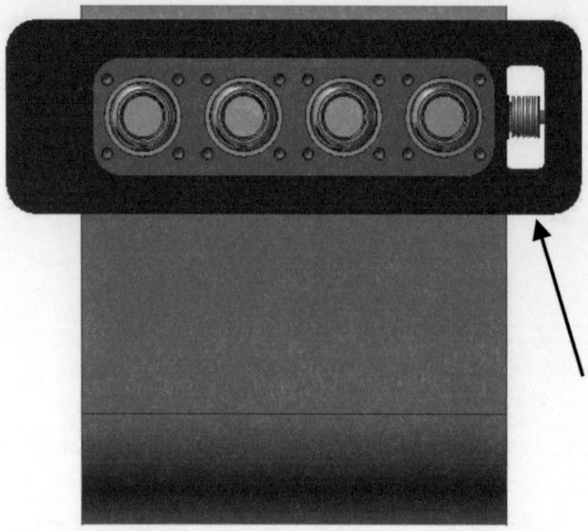

Abb. 275 Platzierte Baugruppe (ViewCube-Ansicht: HINTEN)

Platzieren Sie die Unterbaugruppe ***BG_Zylinderblock.iam*** einmal im Zeichenbereich und setzen Sie die in Abb. 276 dargestellten ***Abhängigkeiten***, um die Baugruppe mit dem Motorgehäuse zu verbinden. Achten Sie darauf, dass der Riemenkanal des Zylinderblocks auf der richtigen Seite platziert wird. Wenn Sie am ***ViewCube*** zur Ansicht ***HINTEN*** wechseln und diese um 90° gegen den UZS drehen, muss die in Abb. 275 dargestellte Ausrichtung des Zylinderblocks erscheinen.

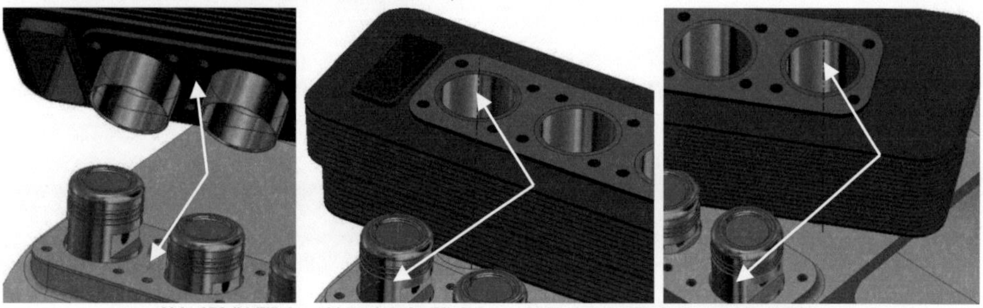

Abb. 276 (L) Flächenabhängigkeit; (M) Achsenabhängigkeit; (R) Achsenabhängigkeit

- ***Abhängigkeit platzieren***
- Typ: Baugruppe - Passend
- Modus: Passend
- Auswahl: Flächen (Abb. 276 L)
- Versatz: 0 mm
- Anwenden
- Modus: Passend
- Auswahl: Achsen (Abb. 276 M)
- Versatz: 0 mm
- Anwenden
- Modus: Passend
- Auswahl: Achsen (Abb. 276 R)
- Versatz: 0 mm
- OK

5.6.10 Dichtung zwischen Zylinderblock und Zylinderkopf einfügen

Oberhalb des Zylinderblocks soll im nächsten Schritt eine Dichtung platziert werden. Verwenden Sie das aus der Hauptbaugruppe heraus erzeugte Bauteil ***Dichtung.ipt***.

Platzieren Sie das Bauteil einmal im Zeichenbereich und ***positionieren*** Sie es im Anschluss wie in den folgenden Abbildungen dargestellt. Welche Art von Abhängigkeiten (Achsen/ Flächen) Sie verwenden, bleibt Ihnen überlassen. Wichtig ist, dass alle Bohrungen (die von Dichtung und Zylinderblock) übereinstimmen.

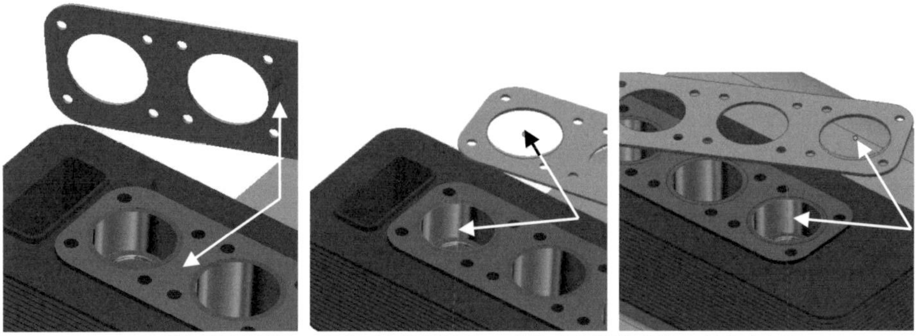

Abb. 277 (L) Flächenabhängigkeit; (M) Achsenabhängigkeit; (R) Achsenabhängigkeit

- ***Abhängigkeit platzieren***
- Typ: Baugruppe - Passend
- Modus: Passend
- Auswahl: Flächen (Abb. 277 L)
- Versatz: 0 mm
- [Anwenden]
- Modus: Passend
- Auswahl: Achsen (Abb. 277 M)
- Versatz: 0 mm
- [Anwenden]
- Modus: Passend
- Auswahl: Achsen (Abb. 277 R)
- Versatz: 0 mm
- [OK]

5.6.11 Unterbaugruppen BG_Zylinderkopf und BG_Nockenwelle einfügen

Platzieren und ***positionieren*** Sie die Baugruppe ***BG_Zylinderkopf.iam***. Achten Sie darauf, die Aussparung für den Riemenkanal auf die richtige Seite zu legen. Orientieren Sie sich an Abb. 278.

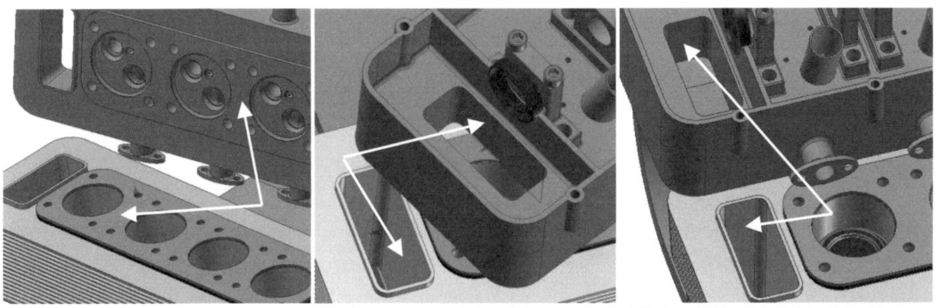

Abb. 278 (L) Flächenabhängigkeit; (M) Flächenabhängigkeit (Fluchtend); (R) Flächenabhängigkeit (Fluchtend)

- ***Abhängigkeit platzieren***
- Typ: Baugruppe - Passend
- Modus: Passend
- Auswahl: Flächen (Abb. 278 L)
- Versatz: 0 mm
- Anwenden
- Modus: Fluchtend
- Auswahl: Flächen (Abb. 278 M)
- Versatz: 0 mm
- Anwenden
- Modus: Fluchtend
- Auswahl: Flächen (Abb. 278 R)
- Versatz: 0 mm
- OK

> ***HINWEIS***: Achten Sie darauf, dass beim Setzen der beiden Flächenabhängigkeiten am Riemenkanal die Option ***Fluchtend*** verwendet wird.

Sobald der Zylinderkopf positioniert wurde, kann die Baugruppe ***BG_Nockenwelle.iam*** ***eingefügt*** werden. Verwenden Sie die folgenden beiden ***Abhängigkeiten***.

Abb. 279 (L) Achsenabhängigkeit; (R) Flächenabhängigkeit

- ***Abhängigkeit platzieren***
- Typ: Baugruppe - Passend
- Modus: Passend
- Auswahl: Achsen (Abb. 279 L)
- Versatz: 0 mm
- Anwenden
- Modus: Passend
- Auswahl: Flächen (Abb. 279 R)
- Versatz: 0 mm
- OK

5.6.12 Nockenwelle und Ventile miteinander verbinden

Die ***Ventile*** stellen in ihrer Platzierung innerhalb der Hauptbaugruppe eine Besonderheit dar. Sie werden linear im Zylinderkopf geführt, benötigen allerdings eine flexible Abhängigkeit, um den Flächen der Nocken der Nockenwelle folgen zu können.

Platzieren Sie im ersten Schritt das Bauteil ***Ventil.ipt*** und legen Sie es achtmal im Zeichenbereich ab. Starten Sie den Befehl ***Abhängigkeit platzieren*** und positionieren Sie die Ventile mit einer ***axialen Abhängigkeit*** in die hierfür vorgesehenen Bohrungen des Zylinderkopfs (Abb. 280).

Abb. 280 (L) Achsenabhängigkeit; (R) Ventile wurden axial platziert

- ***Abhängigkeit platzieren***
- Typ: Baugruppe - Passend
- Modus: Passend
- Auswahl: Achsen (Abb. 280 L)
- Versatz: 0 mm
- [Anwenden]
- Abhängigkeit bei den restlichen drei Ventilen wiederholen (Abb. 280 R)
- [OK]

Achten Sie darauf, dass die Ventilköpfe, wie in Abb. 280 R dargestellt, unterhalb der Nockenwelle angeordnet sind und nicht mit den Nocken kollidieren.

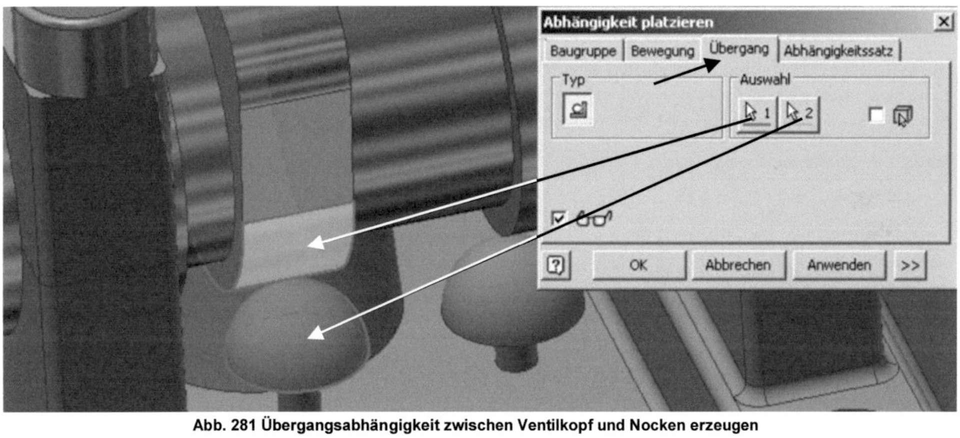

Abb. 281 Übergangsabhängigkeit zwischen Ventilkopf und Nocken erzeugen

- ***Abhängigkeit platzieren***
- Typ: Übergang
- Auswahl 1: Nockenfläche (Abb. 281)
- Auswahl 2: Ventilkopf (Abb. 281)
- [OK]

Mit welchem Ventil Sie starten bleibt Ihnen überlassen. Wichtig ist nur, dass diejenige Fläche am Nocken gewählt wird, die aktuell ***direkt*** oberhalb des Ventils angeordnet ist (der Nocken besteht aus vier einzelnen Flächen). Wiederholen Sie diese Übergangsabhängigkeit bei den restlichen Ventilen.

Drehen Sie die Nockenwelle anschließend bei gedrückter linker Maustaste. Die Ventile sollten sich linear auf und ab bewegen und dem Verlauf des jeweils zugeordneten Nockens folgen. Je nach Rechenleistung Ihres PCs kann die Darstellung dieser vereinfachten Bewegung sehr diskontinuierlich verlaufen.

5.6.13 Die Suchfunktion im Inhaltscenter

Neben der bereits bekannten Methode, Inhaltscenter-Komponenten manuell aus der Kategorieansicht zu wählen, können diese auch mit einer ***Suchfunktion*** lokalisiert werden (sofern die Bezeichnung der gesuchten Komponente bekannt ist).

In der folgenden Übung sollen Zylinderkopfschrauben in die Baugruppe eingefügt werden, welche den Zylinderkopf und den Zylinderblock mit dem Motorgehäuse verschrauben. Deaktivieren Sie die Sichtbarkeit des Zylinderblocks (rechte Maustaste > Sichtbarkeit), um den Blick auf die Gewindebohrungen im Motorgehäuse freizulegen. Das folgende Fenster (***Assoziative Konstruktionsansichtsdarstellung*** > ***Verknüpfung entfernen***) kann mit OK bestätigt werden.

Starten Sie den Befehl ***Aus Inhaltscenter platzieren*** und aktivieren Sie die ***Suchfunktion***. Folgen Sie danach der Befehlskette.

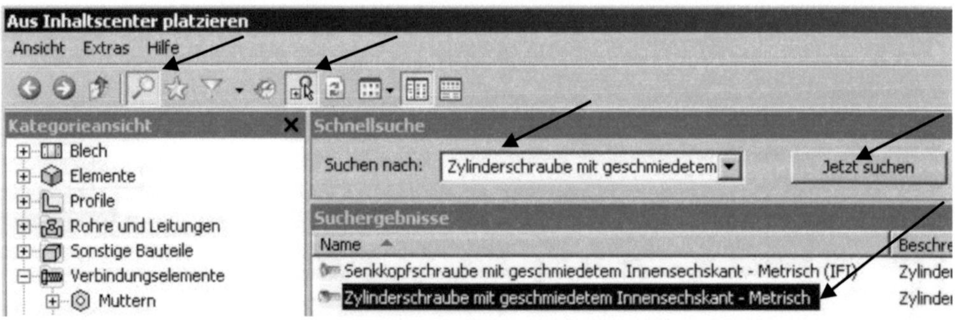

Abb. 282 Die Suchfunktion im Inhaltscenter

- ***Aus Inhaltscenter platzieren***
- ***Suchfunktion*** aktivieren
- Suchen nach: Zylinderschraube mit geschmiedetem Innensechskant
- Jetzt suchen
- Zylinderschraube mit geschmiedetem Innensechskant - Metrisch (Abb. 282)
- OK

Abb. 283 (L) Gewindebohrung (Motorgehäuse); (M) Startfläche (Zylinderkopf); (R) Schraubenlänge; Mehrere einfügen

Abb. 284 Alle Zylinderkopfschrauben wurden eingefügt

- Bohrung: Gewindebohrung (Motorgehäuse, Abb. 283 L)
- Startfläche: Fläche (Zylinderkopf, Abb. 283 M)
- Doppelpfeil am Schraubenende ziehen bis die Größe ***M8 x 1,25 x 140*** erreicht wurde
- ***Mehrere einfügen*** aktivieren
- ***Bestätigen***

Strukturieren Sie Ihren Modellbaum und erzeugen Sie die folgenden Ordner:

- Alle ***16 Zylinderkopfschrauben*** markieren > Ordner ***Zylinderkopfschrauben*** erstellen
- Alle acht ***Ventile*** markieren > Ordner ***Ventile*** erstellen

Die Sichtbarkeit der Baugruppe ***BG_Zylinderblock.iam*** kann wieder aktiviert und die Hauptbaugruppe ***gespeichert*** werden. Sie muss allerdings noch geöffnet bleiben. Im nächsten Schritt soll ein weiteres Bauteil (***Ventildeckeldichtung.ipt***) aus der Baugruppe heraus ***erstellt*** werden.

5.6.14 Komponenten isolieren

Die neue Dichtung soll auf der oberen Dichtfläche des Zylinderkopfs erzeugt und von dieser Kontur abgeleitet werden. Um die Arbeit möglichst übersichtlich zu gestalten, soll von dieser Baugruppe nur der Zylinderkopf sichtbar bleiben.

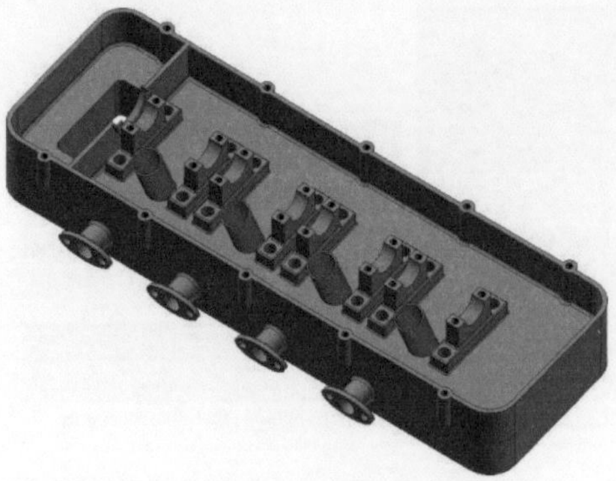

Abb. 285 Isolieren der Komponente: Zylinderkopf.ipt

Um alle anderen Komponenten ausblenden zu können, bietet das Programm eine gute Lösung an - die ***Isolation***. Komponenten können damit schnell und einfach isoliert werden, der Rest wird ausgeblendet.

Klappen Sie im Modellbaum die Baugruppe ***BG_Zylinderkopf.iam*** auf, klicken Sie dann mit der rechten Maustaste auf das Bauteil ***Zylinderkopf.ipt*** und wählen Sie die Option ***Isolieren***. Der Hinweis kann mit ***OK*** bestätigt werden.

5.6.15 Erstellen der Ventildeckeldichtung

Starten Sie den Befehl ***Erstellen*** und erzeugen Sie dann, auf der in Abb. 286 markierten Oberfläche des Zylinderkopfes das neue Bauteil ***Ventildeckeldichtung.ipt***.

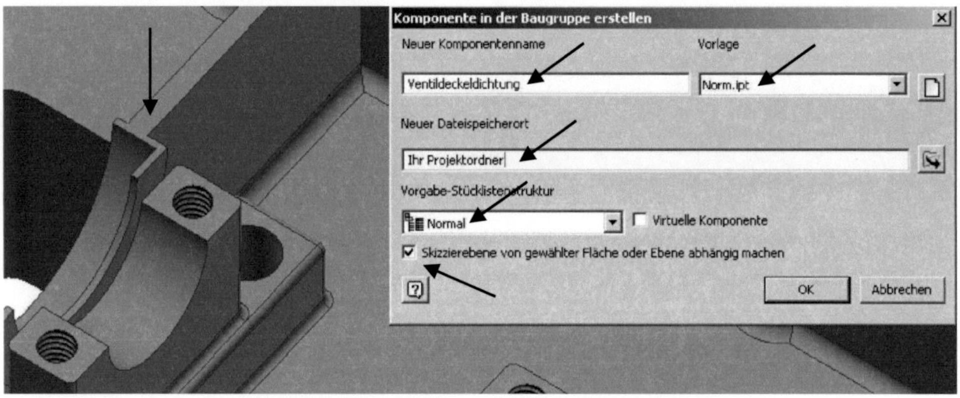

Abb. 286 Ventildeckeldichtung auf markierter Fläche erzeugen

- ***Komponente erstellen***
- Name: Ventildeckeldichtung
- Vorlage: Norm.ipt
- Dateispeicherort: Ihr Projektordner
- OK
- Fläche: Markierte Fläche (Abb. 286) wählen

Im Bearbeitungsbereich des Bauteils (***3D-Modellierung***) wird auf derselben Fläche des Zylinderkopfes eine neue ***2D-Skizze*** erstellt. Projizieren Sie die Kontur dieser Fläche (***Schnittkanten projizieren***) und ***extrudieren*** Sie diese im Anschluss um ***2 mm***.

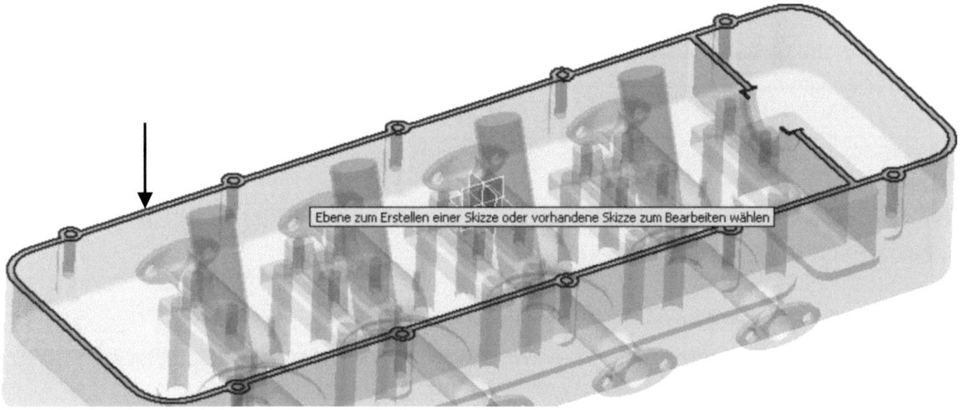

Abb. 287 2D-Skizze erzeugen; Kontur projizieren

- ***Schnittkanten projizieren***
- Zylinderkopf wählen
- ***Skizze fertig stellen***

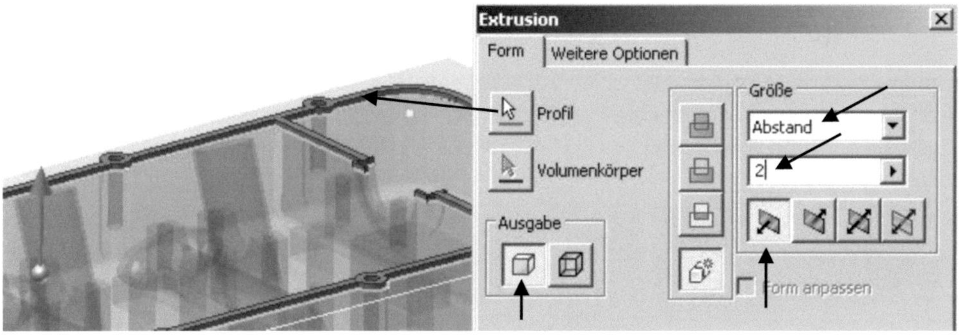

Abb. 288 Extrudieren der Ventildeckeldichtung (Vereinigung)

- ***Extrusion***
- Profil: Markierte Fläche (Abb. 288)
- Vereinigung
- Größe: Abstand (2 mm)
- OK

Entfernen Sie die Sichtbarkeit der vom Programm automatisch neu erzeugten Arbeitsebene und ***verlassen*** Sie anschließend den Bearbeitungsbereich der neuen Komponente.

5.6.16 Materialien zuweisen und Modellbaum strukturieren

Alle drei Dichtungen sollen mit einem Material versehen und im Modellbaum in einen Ordner abgelegt werden. Vorab sollte allerdings die ***Isolation*** beendet werden.

Klicken Sie hierfür mit der rechten Maustaste auf einen freien Bereich im Zeichenfenster und wählen Sie die Option ***Isolieren rückgängig***. Alle Komponenten der Hauptbaugruppe werden wieder sichtbar.

HINWEIS: Wurde die Baugruppe zwischenzeitlich gespeichert, ist die Option ***Isolieren rückgängig*** unter Umstanden nicht mehr verfügbar. Dann müssen alle ausgeblendeten Bauteile im Modellbaum manuell markiert und mit der Option ***Sichtbarkeit*** der rechten Maustaste wieder eingeblendet werden.

Markieren Sie die drei Dichtungen im Modellbaum und weisen Sie ihnen das Material ***Kautschuk*** zu. Die noch markieren Dichtungen sollen außerdem in einen gemeinsamen Ordner ***Dichtungen*** abgelegt werden.

5.6.17 Ventildeckel einfügen

Platzieren Sie das Bauteil ***Ventildeckel.ipt*** und legen Sie es einmal im Zeichenbereich ab. Setzen Sie anschließend die in Abb. 289 dargestellten drei Flächenabhängigkeiten zwischen Ventildeckeldichtung, Ventildeckel und Zylinderkopf.

Die Flächen des Ventildeckels sollten bündig mit den Flächen des Zylinderkopfs abschließen, und die Zündkerzenkanäle im Ventildeckel müssen mit den Zündkerzenkanälen des Zylinderkopfs übereinstimmen.

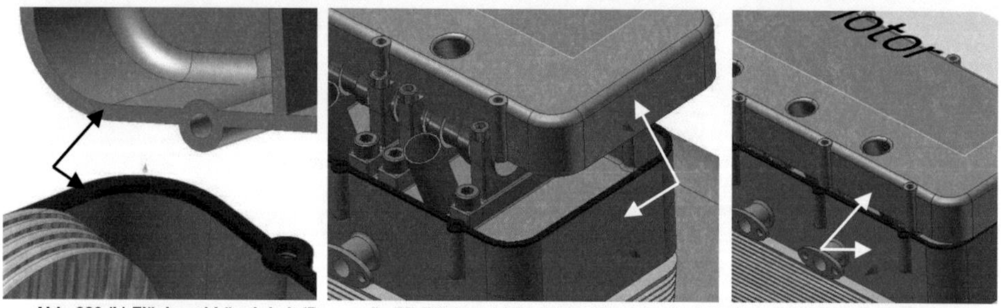

Abb. 289 (L) Flächenabhängigkeit (Passend); (M) Flächenabhängigkeit (Fluchtend); (R) Flächenabhängigkeit (Fluchtend)

- ***Abhängigkeit platzieren***
- Typ: Baugruppe - Passend
- Modus: Passend
- Auswahl: Flächen (Abb. 289 L)
- Versatz: 0 mm
- [Anwenden]
- Modus: Fluchtend
- Auswahl: Flächen (Abb. 289 M)
- Versatz: 0 mm
- [Anwenden]
- Modus: Fluchtend
- Auswahl: Flächen (Abb. 289 R)
- Versatz: 0 mm
- [OK]

5.6.18 Prägen und Gravieren von Flächen

Abb. 290 Der Befehl: Prägen

Markieren Sie den Ventildeckel und wählen Sie mit der rechten Maustaste die Option ***Öffnen***. Das Bauteil wird in einem separaten Arbeitsfenster geöffnet. Mit dem Befehl ***Prägen*** kann Material auf die Oberfläche eines Volumenkörpers aufgetragen (Prägung) oder von dieser entfernt werden (Gravur). Der Befehl benötigt dafür eine 2D-Skizze mit einer geschlossenen Kontur oder einen Text. Der Ventildeckel enthält einen Text ***4-Takt-Motor***. Dieser Text soll in die Oberfläche des Ventildeckels eingraviert werden. Starten Sie den Befehl, wählen Sie als ***Profil*** den Text der 2D-Skizze, die Option ***Von Fläche gravieren*** und eine Tiefe von ***1 mm***. Setzen Sie einen Haken bei der Option ***Auf Fläche aufbringen***, wählen Sie als Fläche die in Abb. 291 markierte Oberfläche und legen Sie als Farbe ***Rot*** fest.

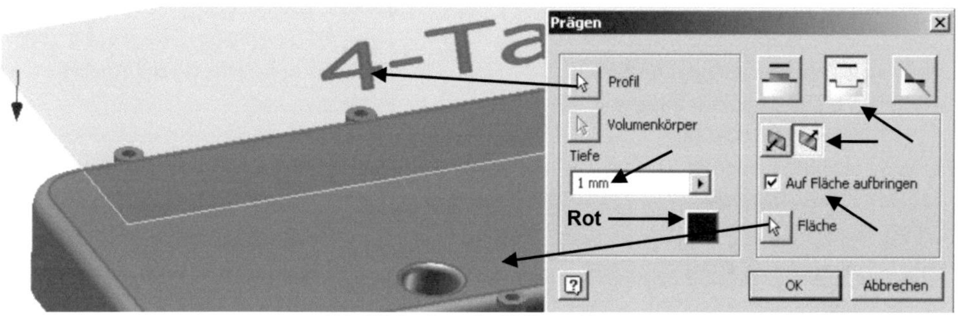

Abb. 291 Gravieren der 2D-Kontur (Text)

Abb. 292 Gravur wurde erzeugt

- ***Prägen***
- Profil: Text (4-Takt-Motor)
- Option: Von Fläche gravieren
- Tiefe: 1 mm
- Haken bei: Auf Fläche aufbringen
- Fläche: Markierte Fläche
- Farbe für Oberfläche: Rot
- OK

- Bauteil ***speichern*** und schließen

5.6.19 Schrauben aus dem Inhaltscenter einfügen

Ventildeckel und Zylinderkopf sollen durch Schrauben aus dem ***Inhaltscenter*** gesichert werden. Starten Sie den Befehl ***Aus Inhaltscenter einfügen*** und folgen Sie dem Pfad ***Verbindungselemente*** > ***Schrauben*** > ***Rundkopf***. Wählen Sie hier die ***Zylinderkopfschraube mit Schlitz - Metrisch*** (Abb. 293).

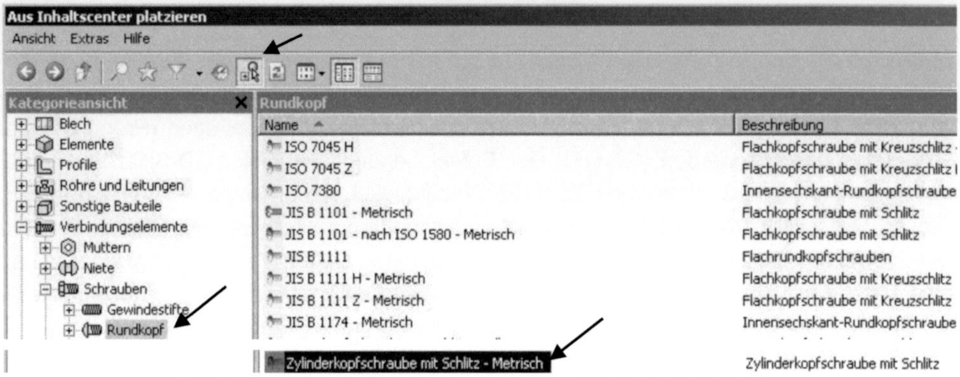

Abb. 293 Auswahl der Schlitzschraube aus dem Inhaltscenter (gekürzte Ansicht)

- ***Aus Inhaltscenter platzieren***
- Pfad: Verbindungselemente > Schrauben > Rundkopf
- Zylinderkopfschraube mit Schlitz - Metrisch
- OK

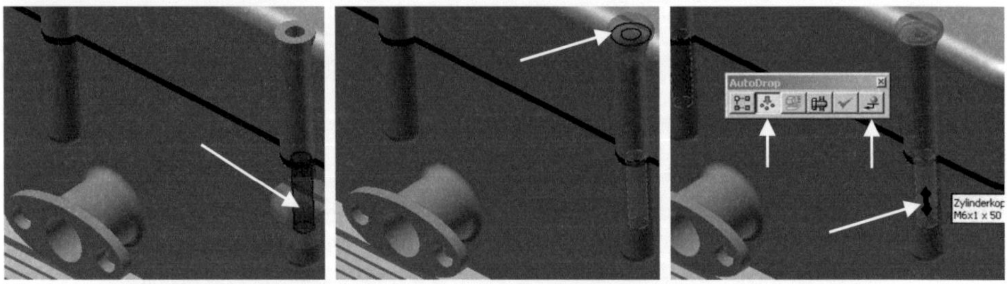

Abb. 294 (L) Gewindebohrung (Zylinderkopf); (M) Startfläche (Ventildeckel); (R) Schraubenlänge

- Bohrung: Gewindebohrung (Zylinderkopf, Abb. 294 L)
- Startfläche: Fläche (Ventildeckel, Abb. 294 M)
- Doppelpfeil am Schraubenende ziehen, bis die Länge ***M6 x 50*** erreicht wurde
- ***Mehrere einfügen*** aktivieren
- ***Bestätigen***

Speichern Sie die Baugruppe ohne sie zu schließen.

5.6.20 Bewegungsabhängigkeiten

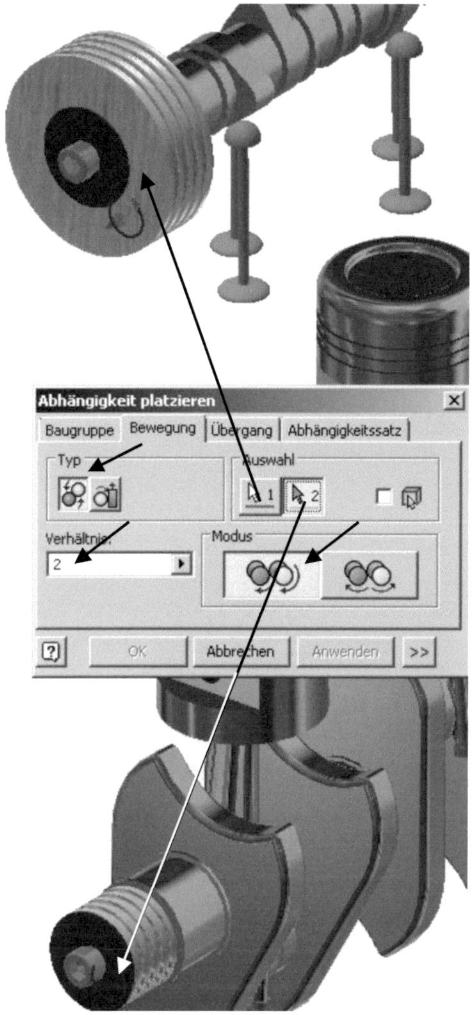

Abb. 295 Bewegungsabhängigkeit zwischen Kurbelwelle und Nockenwelle erzeugen

Vor dem Setzen der nächsten Abhängigkeiten sollen einige Komponenten isoliert werden. Markieren Sie im Modellbaum bei gedrückter STRG-Taste die Baugruppen ***BG_Kurbelwelle.iam*** und ***BG_Nockenwelle.iam*** sowie die beiden Ordner ***Baugruppe Kolben*** und ***Ventile***. Klicken Sie dann mit der rechten Maustaste auf eine der markierten Komponenten und wählen Sie die Option ***Isolieren***.

Starten Sie den Befehl ***Abhängig machen*** und wechseln Sie dort ins Register ***Bewegung***. Hier können zwei Drehbewegungen (Zahnrad/ Zahnrad) oder eine Drehbewegung und eine lineare Bewegung (Zahnrad/ Zahnstange) voneinander abhängig gemacht werden.

Um ***Kurbelwelle*** und ***Nockenwelle*** in ihrer Bewegung miteinander verbinden zu können, müssen die folgenden Einstellungen übernommen werden:

- ***Abhängig machen***
- Register: Bewegung
- Typ: Drehung
- Verhältnis: 2
- Auswahl 1: Fläche (Nockenwelle)
- Auswahl 2: Fläche (Kurbelwelle)
- Modus: Vorwärts
- OK

Drehen Sie die Kurbelwelle bei gedrückter linker Maustaste. Die Nockenwelle sollte sich ebenfalls drehen, und zwar halb so schnell.

5.6.21 Erstellen des Steuerriemens aus der Baugruppe heraus

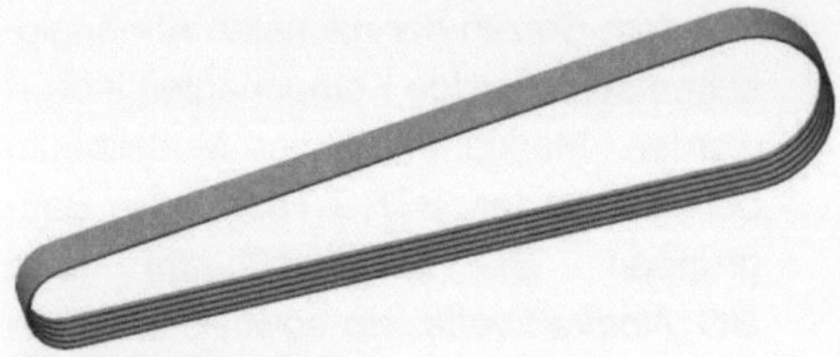

Abb. 296 Der Steuerriemen

Der ***Steuerriemen*** verbindet Kurbel- und Nockenwelle miteinander. In unserem Übungsbeispiel soll er als einfacher Keilrippenriemen ausgeführt werden, welcher als statisches (unflexibles) Bauteil konstruiert wird.

Erstellen Sie das neue Bauteil ***Steuerriemen.ipt*** (Norm.ipt) und positionieren Sie es auf der in Abb. 297 markierten Seitenfläche des Riemenrades der Nockenwelle.

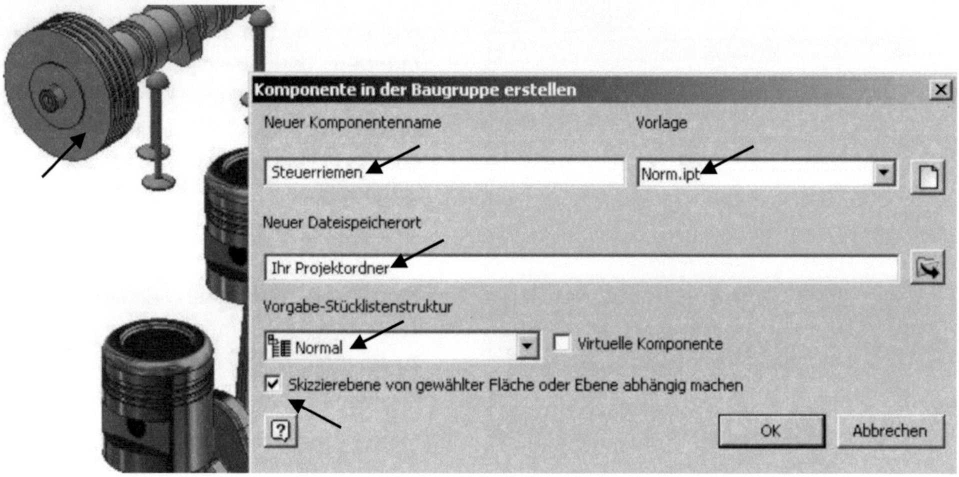

Abb. 297 Erstellen des Bauteils: Steuerriemen.ipt

- ***Komponente erstellen***
- Name: Steuerriemen
- Vorlage: Norm.ipt
- Dateispeicherort: Ihr Projektordner
- OK
- Fläche: Markierte Fläche (Abb. 297) wählen

Wechseln Sie am ***ViewCube*** zur Ansicht ***UNTEN***. ***Projizieren*** Sie in der neuen Skizze die in Abb. 298 L markierten Außenkanten der beiden Riemenräder (Nockenwelle, Kurbelwelle) und definieren Sie die beiden projizierten Kreise als ***Konstruktionselemente*** (Befehlsgruppe ***Format***). Sie sollen als Ausgangspunkt der anschließend zu zeichnenden Kontur dienen. Zeichnen Sie dann zwei ***Linien*** neben den projizierten Kreisen (in ausreichender Länge). Verwenden Sie die Abhängigkeit ***Tangential***, um die Linien an die projizierten Kreise zu legen. Die überstehenden Enden der Linien können danach ***gestutzt*** werden.

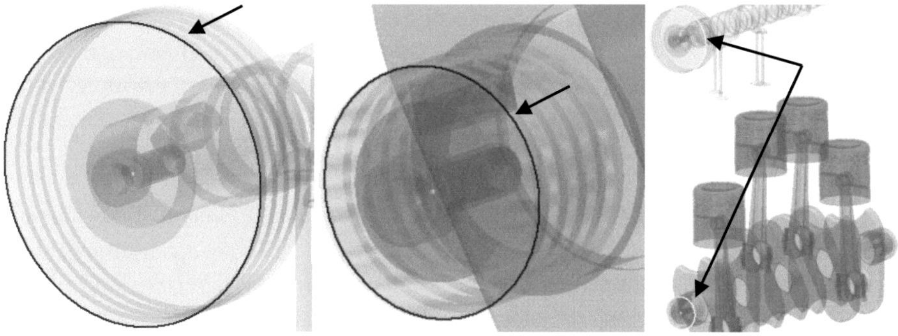

Abb. 298 (L) Riemenscheibe NW projizieren; (M) Riemenscheibe KW projizieren; (R) Gesamtdarstellung

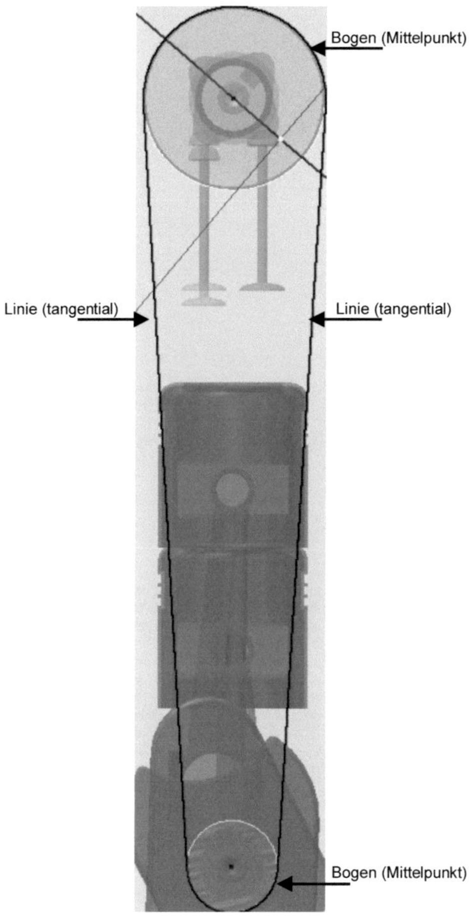

Abb. 299 Zeichnen der Linien und Bögen

- ***Geometrie projizieren*** (markierte Außenkonturen der Riemenscheiben Nockenwelle/ Kurbelwelle, Abb. 298)
- Projizierte Kreise markieren
- ***Konstruktion*** (Befehlsgruppe ***Format***) wählen
- Taste: ***ESC***

Achten Sie darauf, dass die Option ***Konstruktion*** jetzt wieder <u>deaktiviert</u> ist. Zwei ***Bögen*** (Mittelpunkt) sollen die Kontur oben und unten schließen. Sie sollen konzentrisch zu den projizierten Kreisen liegen und sauber mit den gestutzten Linienenden abschließen (Abb. 299).

- Zwei ***Linien*** zeichnen
- Linien ***tangential*** an die Bögen legen
- Linienenden ***stutzen***
- Zwei ***Bögen*** (Mittelpunkt) zeichnen (Start- und Endpunkte der beiden Bögen sollen genau an den jeweiligen Linienenden der tangentialen Linien starten bzw. enden)
- ***Skizze fertig stellen***

Achten Sie darauf, dass die Linien in ausreichender Länge gezeichnet werden, um diese anschließend stutzen zu können. Die Bögen müssen sauber mit den Anfangs- und Endpunkten der Linien abschließen und die Mittelpunkte der Bögen sollen jeweils auf den Mittelpunkten der projizierten Kreise liegen (konzentrisch) und dieselben Durchmesser der Kreise besitzen, auf denen Sie liegen.

Um zu prüfen, ob die Linienkontur erfolgreich geschlossen wurde, bietet das Programm eine komfortable Lösung: Klicken Sie mit der rechten Maustaste auf eine der beiden Linien und wählen Sie die Option ***Kontur schließen***. Das Programm erwartet dann, dass nacheinander alle angrenzenden (zur Kontur gehörenden) Zeichenelemente mit der linken Maustaste gewählt werden, bis die Kontur geschlossen ist (Linie, Bogen, Linie, Bogen). Hierbei muss (von der ersten gewählten Geometrie aus) entweder im UZS oder gegen diesen vorgegangen werden. Die Skizze kann anschließend ✔ ***beendet*** werden.

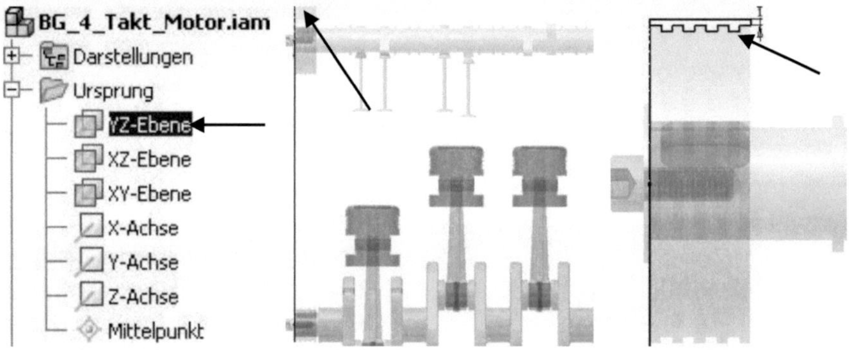

Abb. 300 (L) YZ-Ebene der Hauptbaugruppe; (M) ViewCube-Ansicht: LINKS; (R) Position der neuen Kontur

Zurück im Register ***3D-Modellierung***, öffnen Sie den Ordner ***Ursprung*** der Hauptbaugruppe (Abb. 300 L), markieren dort die ***YZ-Ebene*** und starten den Befehl ***2D-Skizze***.

Am ***ViewCube*** ist anschließend die Ansicht ***LINKS*** zu wählen, die um ***90°*** im ***UZS*** zu drehen ist. Die Ansicht im Zeichenbereich sollte jetzt so, wie in Abb. 300 M dargestellt, vor Ihnen liegen.

In diese neue Skizze soll die obere Kontur des Riemenrades der Nockenwelle ***projiziert*** werden. Die projizierten Kanten sind anschließend durch weitere ***Linien*** zu ergänzen (die Kontur muss geschlossen werden) und mit einem ***Maß*** zu versehen. Beide Skizzen werden die Grundlage für den 3D-Befehl ***Sweeping*** bilden, welcher daraus den Steuerriemen erzeugen soll.

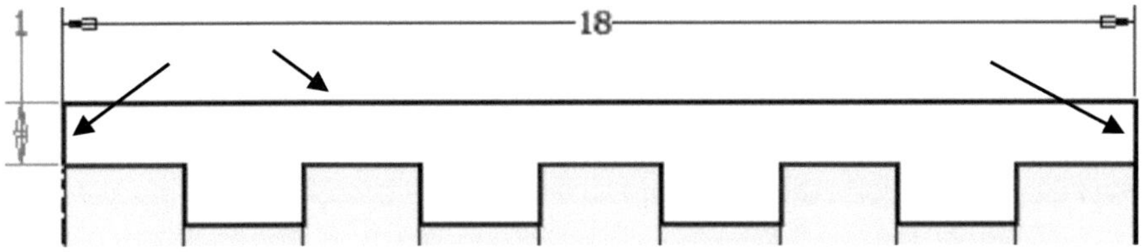

Abb. 301 Projizieren der Kanten am Riemenrad (Nockenwelle), Zeichnen einer geschlossenen Kontur

- ***2D-Skizze*** (YZ-Ebene der Hauptbaugruppe, Abb. 300 L)
- ***ViewCube***: Ansicht ***LINKS***, ***90°*** im ***UZS*** drehen (Abb. 300 M)
- ***Schnittkanten projizieren***
- Nockenwelle-Riemenrad wählen
- Zeichnen der markierten drei ***Linien*** (Abb. 301)
- ***Bemaßen***
- ***Skizze fertig stellen***

Zurück im Register ***3D-Modellierung***, starten Sie den Befehl ***Sweeping***. Als ***Profil*** ist die ***Kontur*** der zuletzt erzeugten Skizze zu verwenden (Abb. 301), als ***Pfad*** die Kontur der vorletzten Skizze (Abb. 299). Sollte das Profil vom Befehl nicht akzeptiert werden, wechseln Sie noch einmal in die letzte Skizze und schließen die Kontur (rechte Maustaste > Kontur schließen).

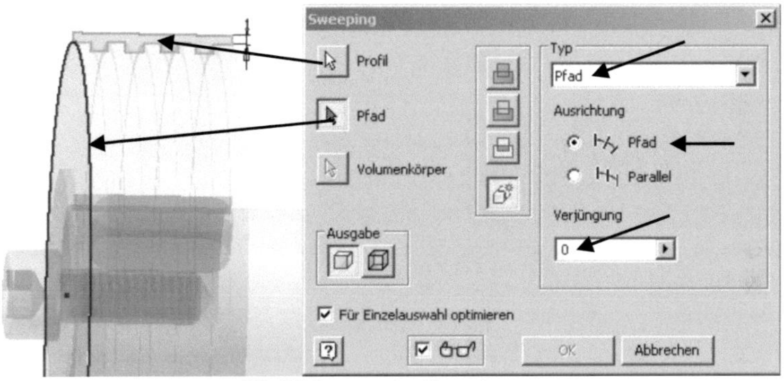

Abb. 302 Sweepen des Steuerriemens

- ***Sweeping***
- Profil: Kontur der letzten 2D-Skizze
- Pfad: Kontur der vorletzten 2D-Skizze
- Typ: Pfad
- Ausrichtung: Pfad
- Verjüngung: 0°
- OK

Blenden Sie alle noch sichtbaren Ebenen aus. Der Bearbeitungsbereich des Steuerriemens kann jetzt ***verlassen*** werden. ***Speichern*** Sie die gesamte Baugruppe mit allen neuen Komponenten.

5.6.22 Animation einer Bewegungsabhängigkeit

Vor der Ausrichtung der an der Animation beteiligten Komponenten muss das soeben erzeugte Bauteil ***Steuerriemen.ipt*** unterdrückt werden. Hierfür ist mit der rechten Maustaste daraufzuklicken und die Option ***Unterdrücken*** zu wählen. Das Bauteil würde sonst aufgrund seiner Adaptivität Probleme bereiten. Starten Sie jetzt den Befehl ***Abhängigkeit platzieren***, bleiben Sie im Register ***Baugruppe*** und aktivieren Sie den Typ ***Winkel*** (0°). Als Modus ist ***Gerichteter Winkel***, als Auswahl 1 die ***YZ-Ebene*** der Hauptbaugruppe ***BG_4_Takt_Motor.iam*** und als Auswahl 2 die ***YZ-Ebene*** der Unterbaugruppe ***BG_Nockenwelle.iam*** zu wählen. Die Ebenen finden Sie im Modellbaum, im Ordner ***Ursprung*** der jeweiligen Baugruppe (Abb. 303).

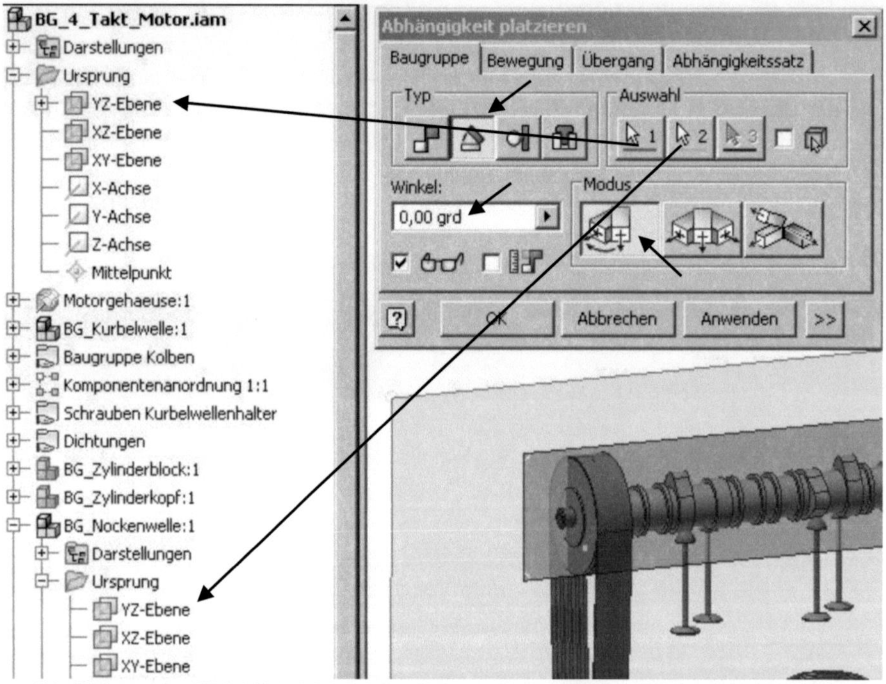

Abb. 303 Setzen einer Winkelabhängigkeit zwischen YZ-Ebene (Nockenwelle) und YZ-Ebene (Hauptbaugruppe)

- ***Abhängigkeit platzieren***
- Typ: Winkel (0°)
- Modus: Gerichteter Winkel
- Auswahl 1: YZ-Ebene (BG_4-Takt-Motor.iam)
- Auswahl 2: YZ-Ebene (BG_Nockenwelle.iam)
- Winkel: 0 Grad
- OK

HINWEIS: Die Meldung ***Die Baugruppe kann nicht gelöst werden*** kann mit der Option ***Beziehungen akzeptieren*** bestätigt werden. Eventuell muss eine der Übergangsabhängigkeiten zwischen Ventil und Nockenwelle anschließend neu gesetzt werden.

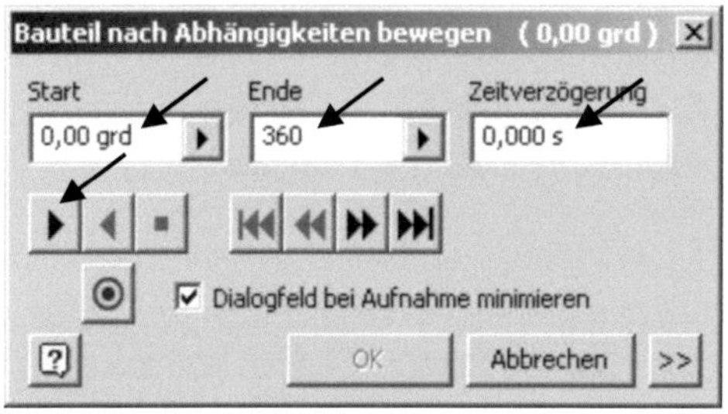

Abb. 304 Bauteil nach Abhängigkeit bewegen

Unterhalb der ***BG_Nockenwelle.iam*** (Modellbaum) wird jetzt die neue Abhängigkeit ***Winkel*** angezeigt. Klicken mit der rechten Maustaste darauf und wählen Sie die Option ***Bewegen***. Übernehmen Sie die Einstellungen aus Abb. 304 und ***starten*** Sie die Animation im Anschluss.

HINWEIS: Um die Animation auf Video aufnehmen zu können, aktivieren Sie vor dem Start der Animation die ***Aufnahme***. Am Ende der Animation muss der Befehl erneut gewählt werden um die Aufnahme zu stoppen.

Sollte es Probleme bei der Animation geben, wurden eventuell falsche Abhängigkeiten gesetzt. In diesem Fall sollten alle Abhängigkeiten überprüft werden. Klicken Sie mit der rechten Maustaste auf die Abhängigkeit ***Winkel*** (Modellbaum) und wählen Sie die Option ***Unterdrücken***. Beide Wellen können jetzt wieder manuell gedreht werden. Dann kann auch der Steuerriemen wieder aktiviert werden (rechte Maustaste > Unterdrücken deaktivieren).

Markieren Sie danach nacheinander alle ausgeblendeten Bauteile und blenden Sie diese wieder ein (rechte Maustaste > Sichtbarkeit).

Mit dieser Übung verlassen wir den Baugruppenbereich und wenden uns den Zeichnungen zu. ***Speichern*** und schließen Sie die Baugruppe zum Abschluss.

6 ZEICHNUNGEN

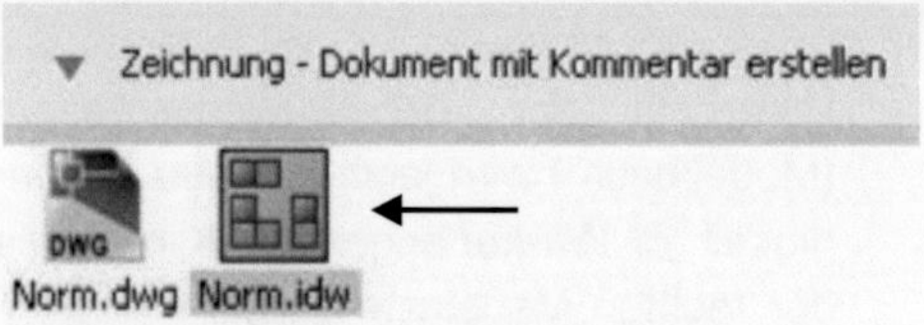

Abb. 305 Erzeugen einer neuen Zeichnung (Norm.idw)

Bauteile werden im Skizzenbereich gezeichnet, im Modellbereich in Volumen- oder Flächenelemente konvertiert und in Baugruppen eingefügt und können im Anschluss als Zeichnung abgeleitet werden.

Auf einem Zeichenblatt können mehrere Ansichten eines Bauteils/ einer Baugruppe dargestellt und mit Anmerkungen versehen werden. Starten Sie den Befehl ***Neu***. Wählen Sie im Bereich ***Zeichnung*** - ***Dokument mit Kommentar erstellen*** die ***Norm.idw*** und speichern Sie diese als ***Nockenwelle-Riemenrad.idw***.

6.1 Das Register ANSICHTEN PLATZIEREN im Überblick

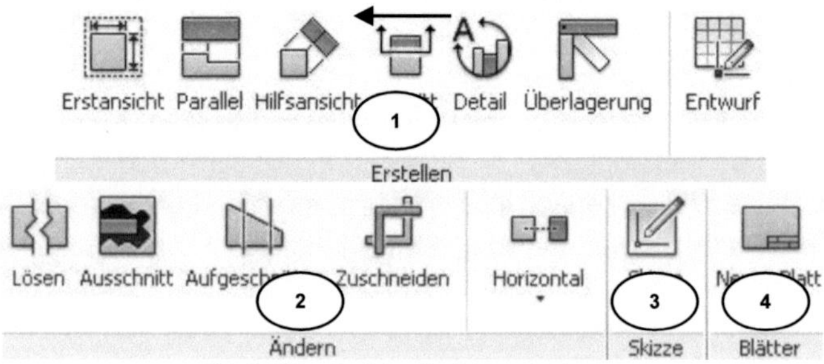

Abb. 306 Das Register: Ansichten platzieren

OPTIONEN

1) Erstellen neuer Ansichten (Haupt-, Neben- und Hilfsansichten)
2) Bearbeiten vorhandener Ansichten
3) Erstellen einer 2D-Skizze
4) Erstellen eines neuen Zeichenblattes

6.2 Das Register MIT ANMERKUNG VERSEHEN im Überblick

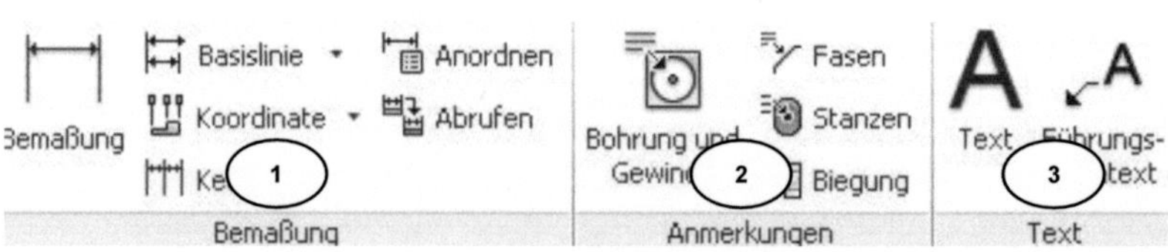

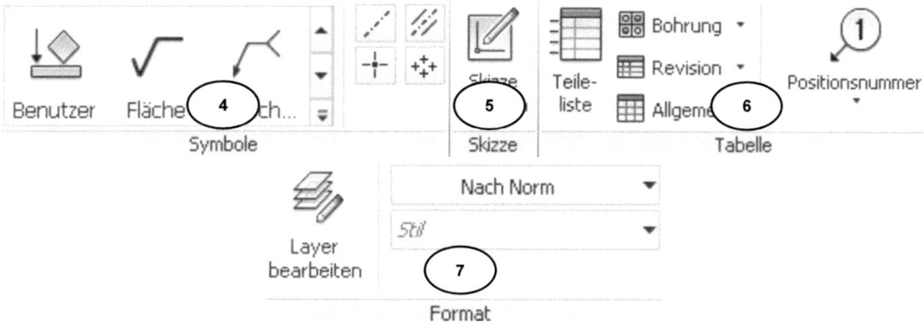

Abb. 307 Das Register: Mit Anmerkung versehen

OPTIONEN

1) Bemaßungen erzeugen/ abrufen
2) Anmerkungen von Bohrungen, Fasen, Stanzungen, Biegungen abrufen
3) Texthinweise erzeugen
4) Symbole, Symmetrielinien, Mittelpunktmarkierungen einfügen
5) Erstellen einer neuen 2D-Skizze
6) Tabellen und Positionsnummern
7) Linien und Texte formatieren

6.3 Bearbeiten der Grundeinstellungen

6.3.1 Ändern der Blattgröße

Abb. 308 Der Modellbaum (Zeichnungsbereich)

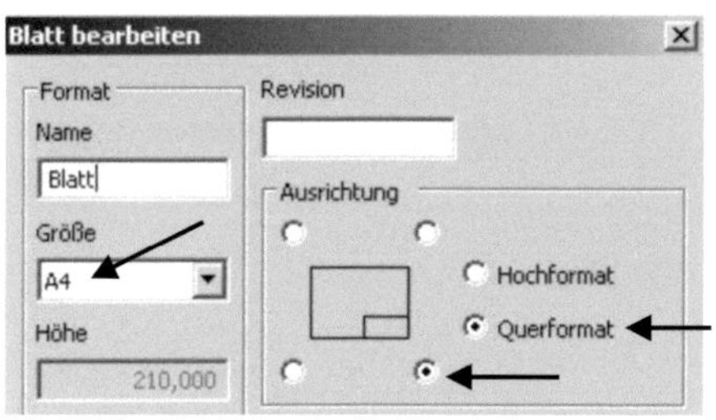

Abb. 309 Das Befehlsfenster: Blatt bearbeiten

Standardmäßig öffnet sich ein neues Zeichenblatt in der Größe ***DIN A2***. Für die Darstellung der ersten Komponente (Riemenrad der Nockenwelle) ist diese Größe ungeeignet.

Klicken Sie mit der rechten Maustaste im Modellbaum auf ***Blatt:1*** (Abb. 308) und wählen Sie die Option ***Blatt bearbeiten***. Übernehmen Sie die Einstellungen aus Abb. 309.

Das Fenster kann anschließend durch ***OK*** bestätigt und geschlossen werden. Um den Inhalt des Schriftfeldes zu ändern, müssen die ***iProperties*** bearbeitet werden.

6.3.2 Bearbeiten der iProperties

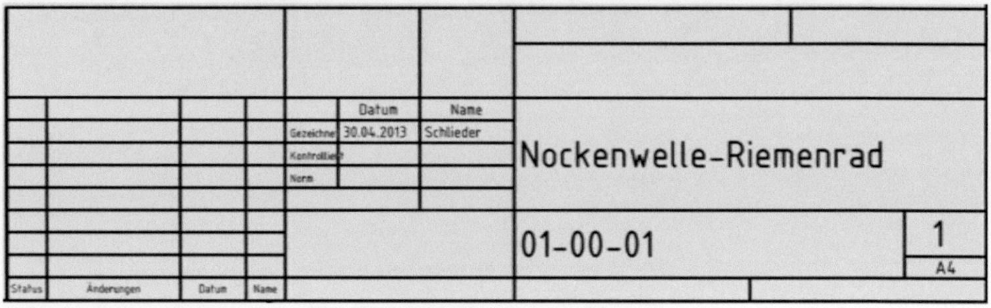

Abb. 310 Das Schriftfeld der neuen Zeichnung

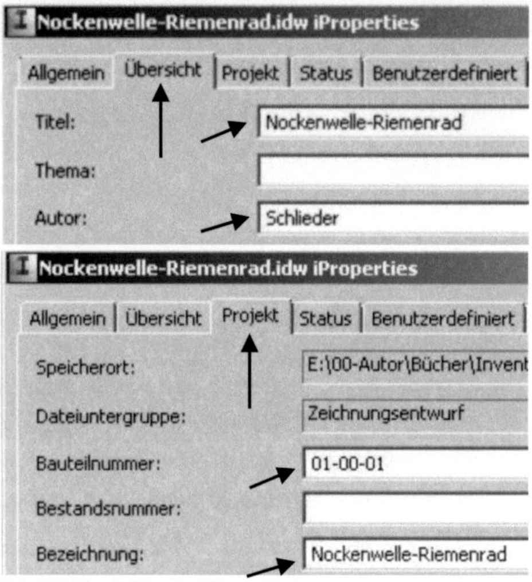

Abb. 311 Bearbeiten der iProperties

iProperties sind die Eigenschaften einer Datei, die teilweise im Schriftfeld eines Zeichenblattes dargestellt werden.

Klicken Sie im Modellbaum mit der rechten Maustaste auf ***Kurbelwelle-Riemenrad.idw*** und wählen Sie die ***iProperties***. Wechseln Sie ins Register ***Übersicht*** und übernehmen Sie dort die Einstellungen aus Abb. 311 (oben). Der Autor sind natürlich Sie. Wechseln Sie dann ins Register ***Projekt*** und übernehmen Sie dort die Einstellungen aus Abb. 311 (unten). Anschließend kann mit ***OK*** bestätigt werden.

6.4 Erzeugen und Bearbeiten von Ansichten

6.4.1 Erstellen von Erst- und Parallelansichten

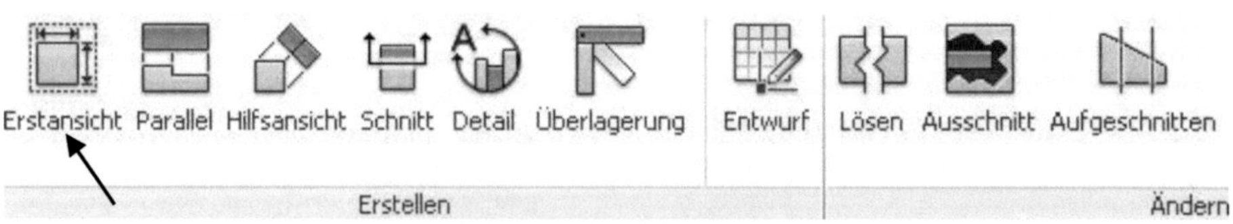

Abb. 312 Der Befehl: Erstansicht

Das Programm ermöglicht ein schnelles und unkompliziertes Ableiten verschiedener Ansichten eines 3D-Objektes. Im ersten Schritt erfolgt stets die Platzierung einer ***Erstansicht***.

Diese Ansicht zeigt das 3D-Objekt in einer beliebigen Darstellung, welche über das Fenster ***Zeichnungsansicht*** definiert werden kann. Starten Sie den Befehl ***Erstansicht*** und das Programm öffnet das Befehlsfenster ***Zeichnungsansicht***. Im Register ***Komponente*** werden hier die Grundeinstellungen der Erstansicht definiert. Wählen Sie in der Zeile ***Datei*** das Bauteil ***Nockenwelle-Riemenrad.ipt*** und im Auswahlfenster auf der rechten Seite die Ansicht ***Rechts***.

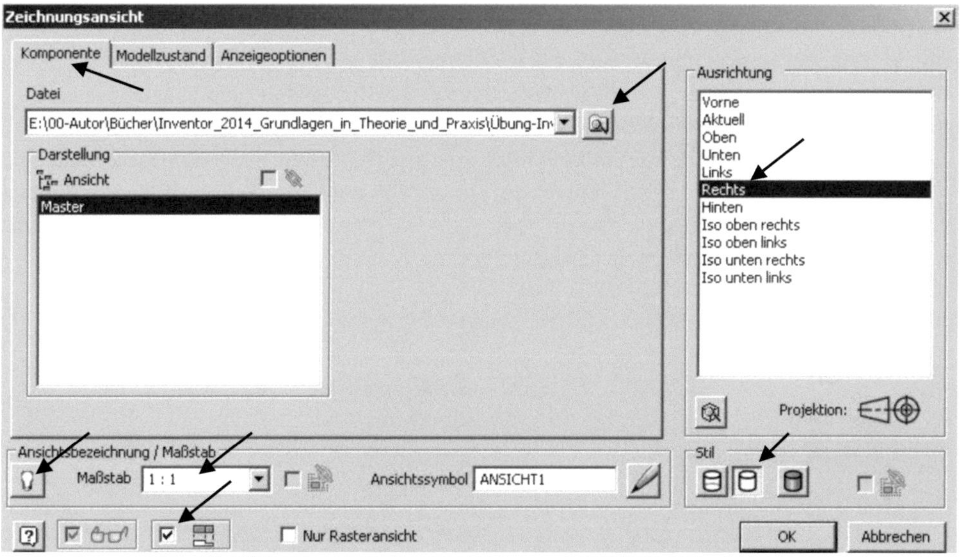

Abb. 313 Festlegen der Optionen der Zeichnungsansicht für die Erstansicht

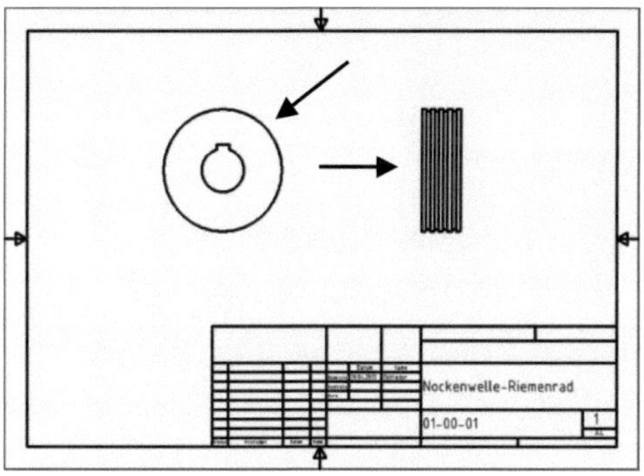

Abb. 314 Erzeugen von Erst- und Parallelansicht

Achten Sie auf die deaktivierte Option ***Bezeichnung anzeigen*** und wählen Sie den ***Maßstab 1:1***. Aktivieren Sie die Option ***Parallele Ansichten sofort nach Ersterstellung erstellen*** und wählen Sie den Stil ***Ohne verdeckte Linien***. Schieben Sie das Befehlsfenster dann etwas beiseite und legen Sie die erste Ansicht mit der linken Maustaste im linken Bereich der Zeichnung ab, um gleich danach eine zweite Ansicht rechts daneben abzulegen (Abb. 314). Die Option ***Erstellen*** der rechten Maustaste beendet den Befehl und erzeugt beide Ansichten.

6.4.2 Detailansichten

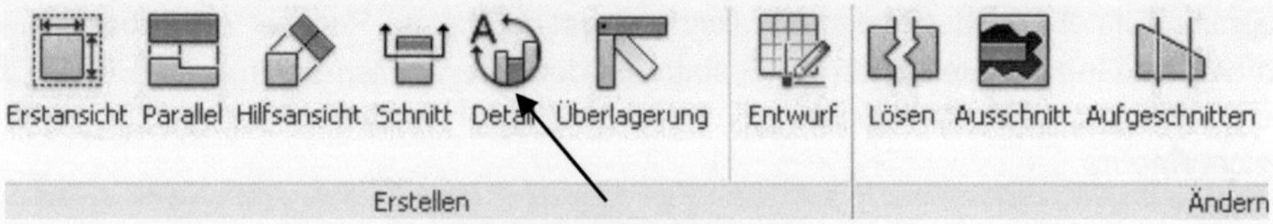

Abb. 315 Der Befehl: Detailansicht

Mit ***Detailansichten*** können vergrößerte Ausschnitte einer bereits vorhandenen Ansicht erzeugen und separat dargestellt werden. Starten Sie den Befehl und klicken Sie auf die zuletzt erzeugte ***Parallelansicht***. Übernehmen Sie jetzt alle in Abb. 316 dargestellten Einstellungen und klicken Sie im Anschluss auf den unteren linken Eckpunkt der in Abb. 316 markierten Parallelansicht des Riemenrads. Ziehen Sie dann den Kreis auf bis die dargestellte Größe in etwa erreicht wurde und bestätigen Sie den Vorgang mit der linken Maustaste. Legen Sie die Detailansicht anschließend rechts daneben ab.

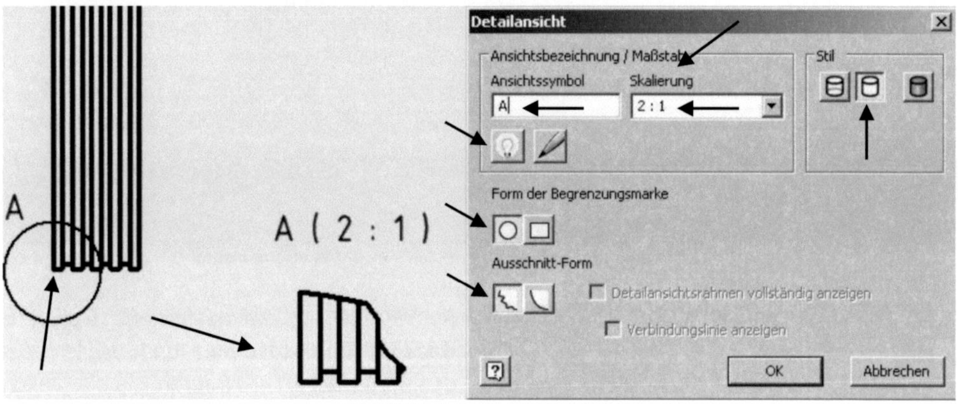

Abb. 316 Erzeugen der Detailansicht

- ***Detailansicht***
- Erstansicht markieren (Abb. 316)
- Ansichtssymbol: A
- Skalierung: 2:1
- Bezeichnung anzeigen: Aktivieren
- Stil: Ohne verdeckte Linien
- Form der Begrenzungsmarke: Kreisförmig
- Ausschnitt-Form: Gezackt
- OK

HINWEIS: Die Positionen der Ansichten können jederzeit geändert werden. Fahren Sie mit der Maus über eine Ansicht, bis eine gepunktete Umrandung erscheint. Die Ansicht dann bei gedrückter linker Maustaste auf den Rahmen verschieben.

6.4.3 Schattierte Ansichten

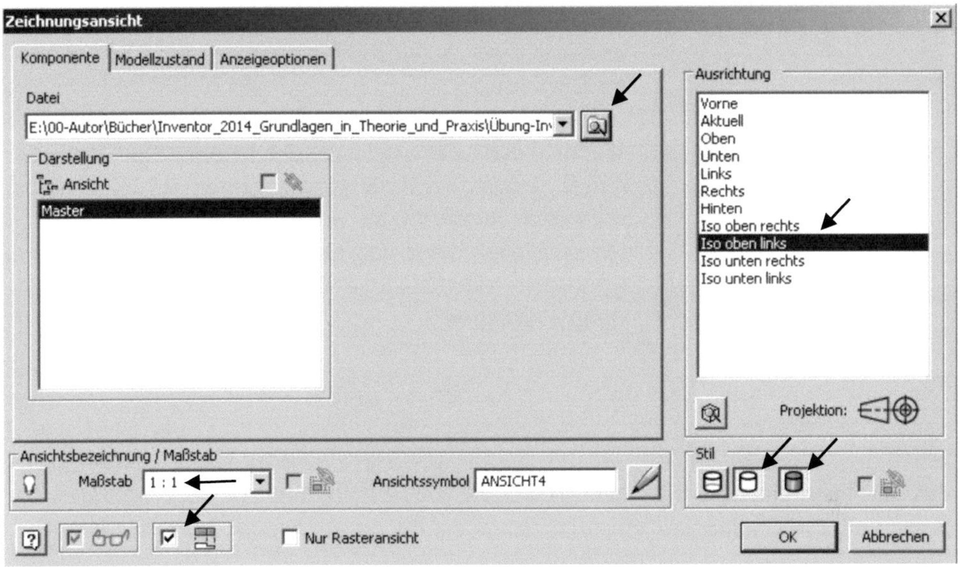

Abb. 317 Einfügen einer schattierten Ansicht

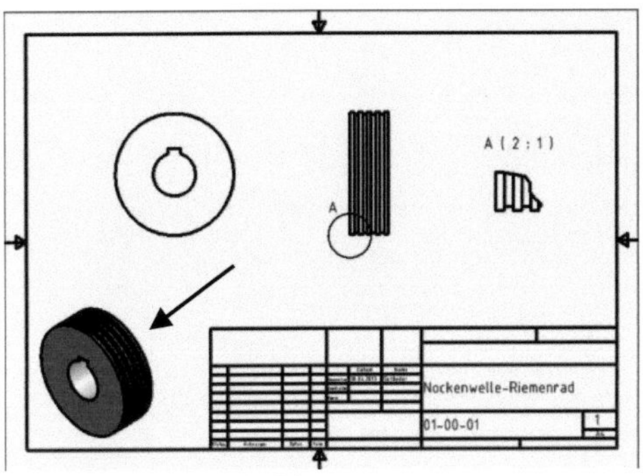

Abb. 318 Platzieren der Ansicht

Im rechten unteren Bereich des Zeichenblattes soll eine weitere Ansicht des Bauteils erzeugt werden. Starten Sie den Befehl Erstansicht, wählen Sie das Bauteil Nockenwelle-Riemenrad.ipt und übernehmen Sie die in Abb. 317 dargestellten Einstellungen. Achten Sie auf die aktivierte Option ***Schattierter Stil***. Die neue Ansicht kann anschließend wie dargestellt (Abb. 318) mit der linken Maustaste abgelegt und der Befehl mit ***ESC*** beendet werden.

6.4.4 Allgemeines Bemaßen

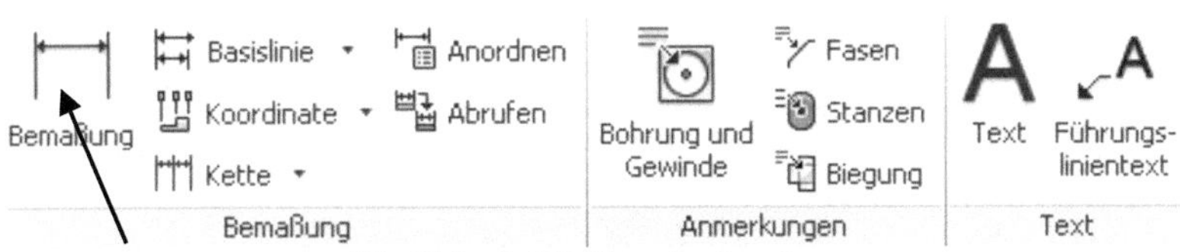

Abb. 319 Der Befehl: Allgemeine Bemaßung

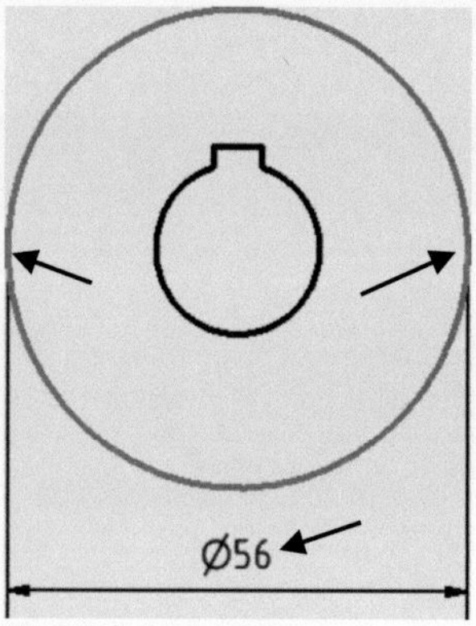

Abb. 320 Außendurchmesser

Wechseln Sie ins Register ***Mit Anmerkung versehen*** und starten Sie dort den Befehl ***Bemaßung***. Mit Hilfe dieses Befehls können einfache Bemaßungen erzeugt werden. Als erstes soll der Außendurchmesser des Riemenrades bemaßt werden.

Hierfür klicken Sie zuerst auf den in Abb. 320 markierten linken Scheitelpunkt des Kreises, dann auf den rechten markierten Scheitelpunkt, ziehen die Bemaßung nach unten und legen diese dort an markierter Position ab. Das Programm öffnet automatisch das Befehlsfenster ***Bemaßung bearbeiten***.

Hier muss im Register ***Text*** der Cursor vor die vier spitzen Klammern <<>> positioniert werden, um anschließend die Symbolleiste zu öffnen (Abb. 321). In dieser ist das Ø ***Durchmessersymbol*** zu aktivieren. Im Anschluss daran ist ins Register ***Genauigkeit und Toleranz*** zu wechseln, um dort die Genauigkeit der ***Haupteinheit*** auf den Wert ***0*** zu setzen (Abb. 322). Die Genauigkeit ***0*** kann natürlich nur bei glatten Werten angewendet werden. Das Befehlsfenster kann jetzt mit ***OK*** bestätigt werden.

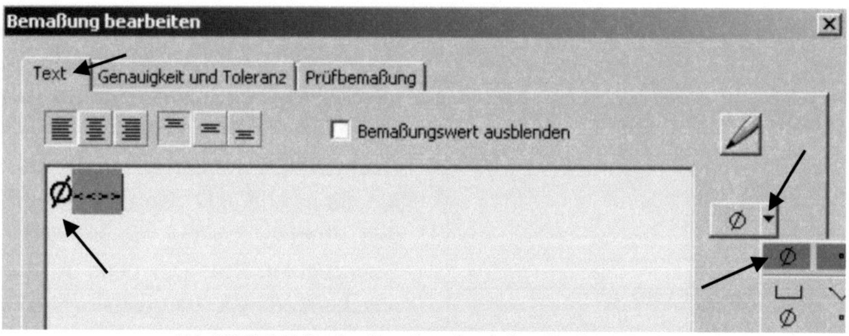

Abb. 321 Befehlsfenster: Bemaßung bearbeiten (Register: Text)

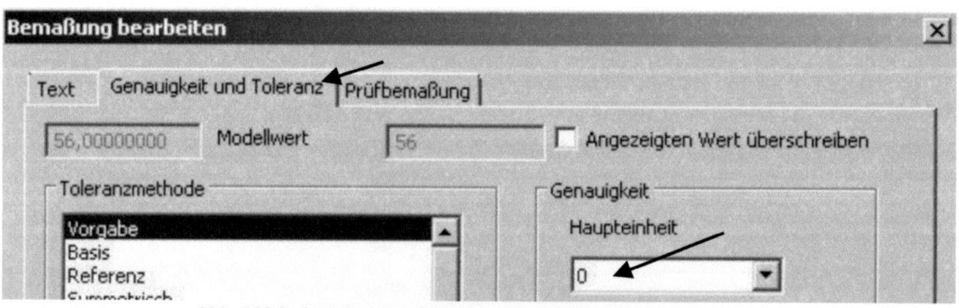

Abb. 322 Befehlsfenster: Bemaßung bearbeiten (Register: Text)

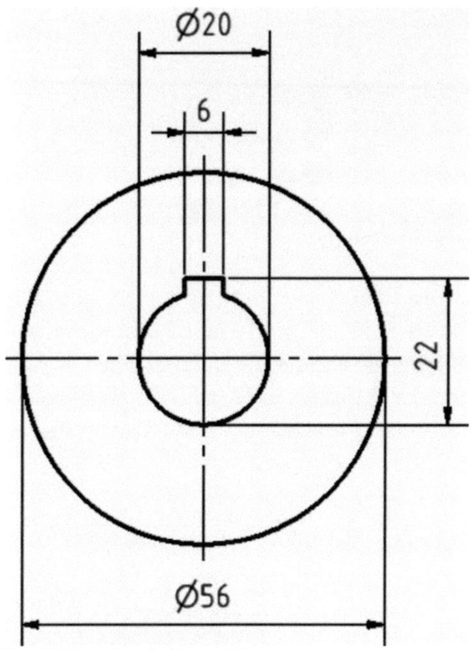

Abb. 323 Bemaßen der Erstansicht

Übernehmen Sie anschließend alle in Abb. 323 dargestellten Bemaßungen. Während des Ablegens eines Maßes werden Sie feststellen, dass das Programm bestimmte Abstände zwischen Maßlinie und Körperkante des Bauteils vorschlägt. Das Programm verfügt über voreingestellte ***Raster***, die automatisch gegriffen werden.

Grundlegend sollten zwischen einer Maßlinie und der nächsten Körperkante des Bauteils ***10 mm*** Abstand eingehalten werden. Zwischen zwei Maßlinien ***7 mm***. Die Grundeinstellungen Ihres Programmes können Sie überprüfen, indem Sie mit der rechten Maustaste auf ein Maß klicken und dort die Option ***Stil Bemaßung bearbeiten*** wählen. Im Register ***Anzeige*** des Bemaßungsstils finden Sie die voreingestellten Abstände.

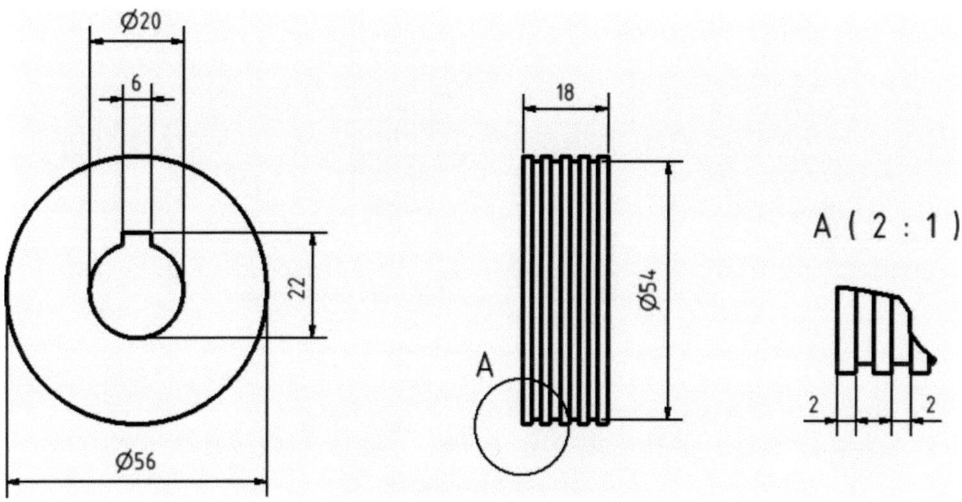

Abb. 324 Bemaßen der restlichen Ansichten

Übernehmen Sie jetzt auch die restlichen dargestellten Bemaßungen (Abb. 324) und beenden Sie den Bemaßungsbefehl danach mit der Taste ***ESC***.

6.4.5 Mittelpunkt-, und Mittellinienmarkierungen

Abb. 325 Der Befehl: Mittelpunktmarkierung

Starten Sie den Befehl ***Mittelpunktmarkierung*** und klicken Sie auf den in Abb. 326 markierten äußeren Kreis der Erstansicht. Der Befehl kann mit der Taste ***ESC*** beendet werden. Starten Sie anschließend den Befehl ***Mittellinie***, klicken Sie dann auf den in Abb. 326 markierten Mittelpunkt der linken Senkrechten der Parallelansicht und anschließend auf den markierten Mittelpunkt der rechten Senkrechten der Parallelansicht. Die Option ***Erstellen*** der rechten Maustaste bestätigt die Auswahl.

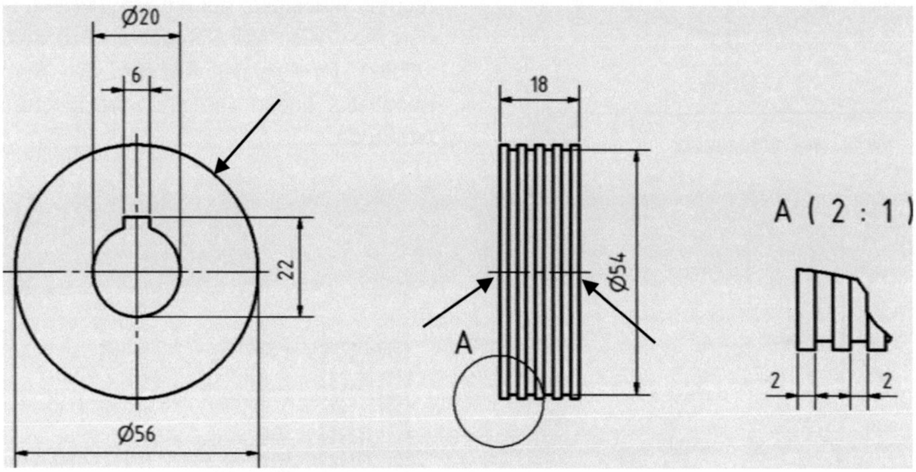

Abb. 326 Mittelpunkt- und Symmetrielinienmarkierungen einfügen

6.4.6 Exportieren der Zeichnung ins PDF-Format

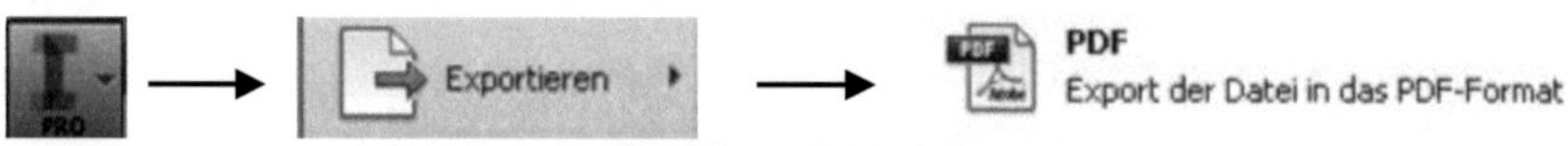

Abb. 327 Der Befehl: PDF

Das Bauteil wurde ausreichend bemaßt und soll jetzt ins PDF-Format konvertiert werden. Hierfür ist im ***Hauptmenü*** die Befehlsgruppe ***Exportieren*** zu erweitern, um dort den Befehl ***PDF*** starten zu können (Abb. 327). Speichern Sie das PDF-Dokument als ***Nockenwelle-Riemenrad.pdf*** im Projektordner ab. ***Speichern*** und schließen Sie die Zeichnung dann.

6.4.7 Schnittansichten

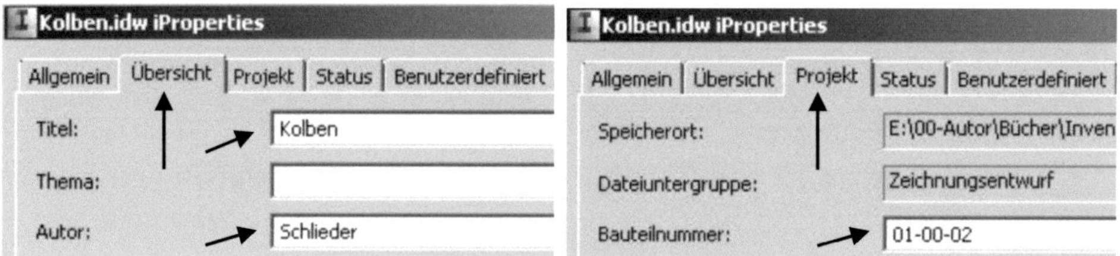

Abb. 328 iProperties der Zeichnung ändern

Für die folgenden Übungen benötigen Sie eine neue ***Zeichnung*** (Norm.idw). Speichern Sie diese als ***Kolben.idw*** im Projektordner ab und ändern Sie das Blattformat auf die Größe ***A3*** (Querformat). Klicken Sie im Modellbaum mit der rechten Maustaste auf ***Kolben.idw*** und wählen Sie die ***iProperties***. Wechseln Sie ins Register ***Übersicht*** und übernehmen Sie dort die Einstellungen aus Abb. 328 (der Autor sind Sie). Wechseln Sie dann ins Register ***Projekt*** und übernehmen Sie dort ebenfalls die dargestellten Einstellungen, und bestätigen Sie die Auswahl anschließend mit ***OK***.

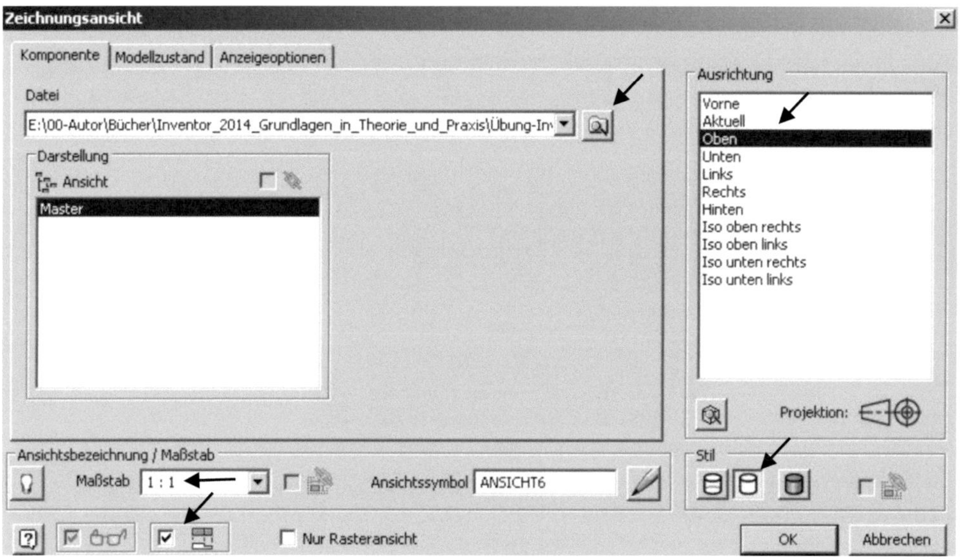

Abb. 329 Einfügen der Erstansicht

Fügen Sie eine ***Erstansicht*** des Bauteils ***Kolben.ipt*** mit den Einstellungen aus Abb. 329 ein und platzieren Sie diese wie in Abb. 330 dargestellt im oberen mittigen Bereich der Zeichnung. Im selben Arbeitsschritt soll links daneben eine von der Erstansicht abgeleitete ***Parallelansicht*** erzeugt werden.

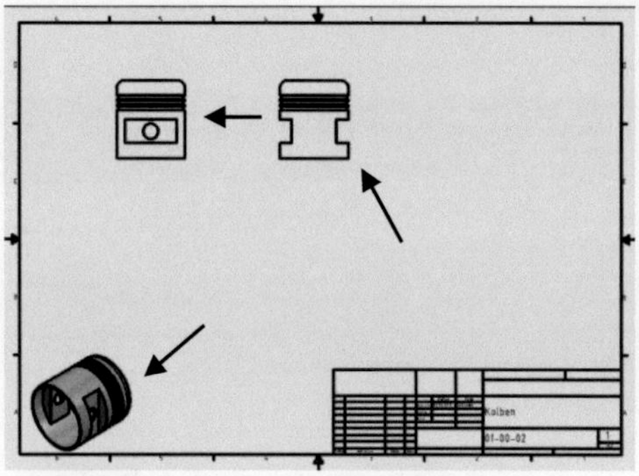

Abb. 330 Erst-, Parallel- und Isometrieansicht

Nachdem Erst- und Parallelansicht erzeugt wurden, ist der Befehl ***Erstansicht*** erneut zu starten, um im unteren linken Bereich der Zeichnung eine isometrische Darstellung des Kolbens zu erzeugen. Verwenden Sie hierfür die Ausrichtung ***ISO oben rechts***, den Maßstab ***1:1*** und aktivieren Sie zusätzlich den Stil ***Schattierte Ansicht***.

Abb. 331 Der Befehl: Schnittansicht

Mit einer ***Schnittansicht*** kann eine vorhandene Ansicht entlang einer Linie (welche auch in verschiedenen Stufen erstellt werden kann) aufgeschnitten und lotrecht dazu als geschnittene Ansicht erzeugt werden. Starten Sie den Befehl ***Schnittansicht*** und klicken Sie anschließend auf die in Abb. 332 markierte Erstansicht des Kolbens.

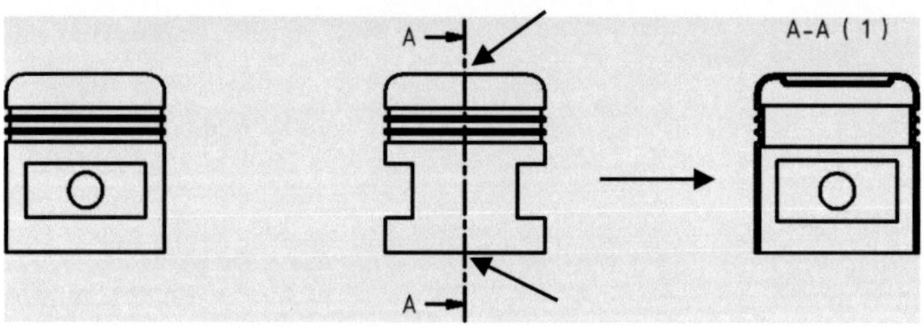

Abb. 332 Schnittansicht des Kolbens erzeugen

Zur Definition des Startpunkts der Schnittlinie fahren Sie mit dem Mauspfeil über die in Abb. 332 markierte obere Linie im mittleren Bereich, bis der grüne Mittelpunkt erscheint. Diesen wählen Sie allerdings noch <u>nicht</u> aus, sondern ziehen die Maus senkrecht nach oben bis zur dargestellten Position wo der Startpunkt der Schnittlinie mit der linken Maustaste abgelegt werden kann. Ziehen Sie den Mauspfeil anschließend senkrecht nach unten, bis die dargestellte Position des Endpunkts der Schnittlinie erreicht ist. Legen Sie diesen mit der linken Maustaste ab und wählen Sie dann mit der rechten Maustaste die Option ***Weiter***.

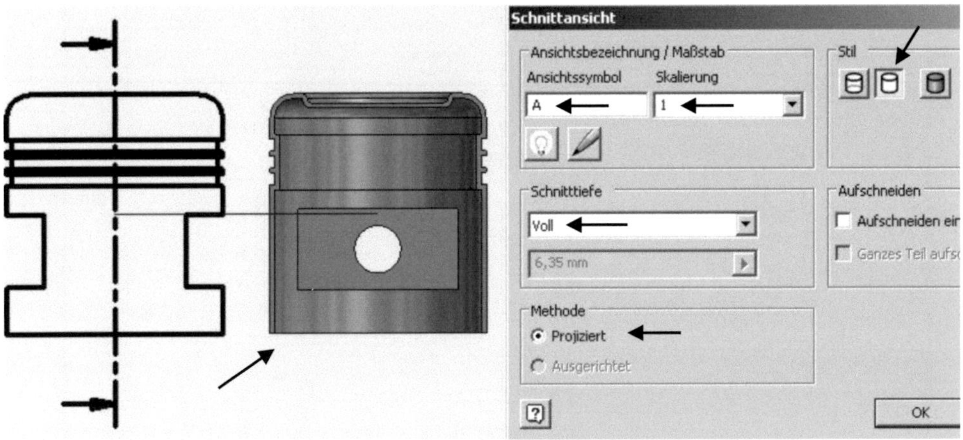

Abb. 333 Das Befehlsfenster: Schnittansicht

Im Befehlsfenster ***Schnittansicht*** ist als Ansichtssymbol der Buchstabe ***A***, für die Skalierung der Faktor ***1***, als Schnitttiefe die Option ***Voll*** und als Stil die Option ***Ohne verdeckte Linien*** zu übernehmen. Schieben Sie das Ansichtsfenster etwas beiseite und platzieren Sie die neue Ansicht rechts neben die Erstansicht (Abb. 332, 333).

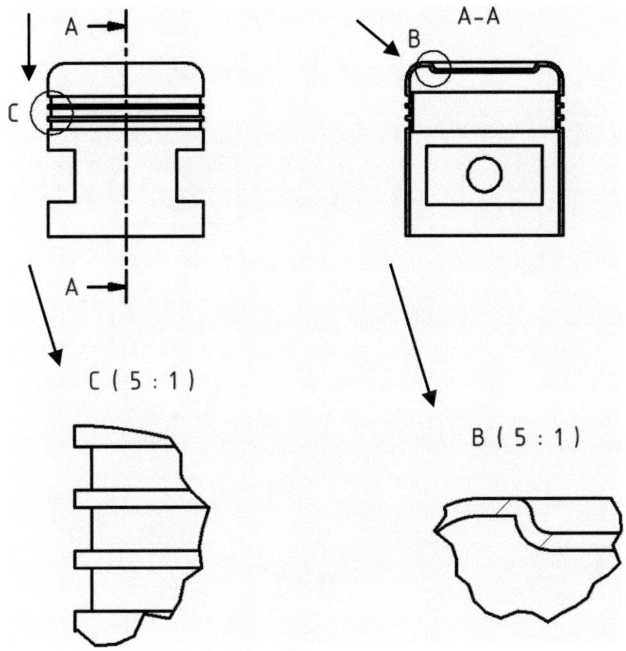

Abb. 334 Erzeugen zweier Detaildarstellungen

Sobald der Befehl erfolgreich ausgeführt wurde, sind die beiden in Abb. 334 dargestellten ***Detailansichten*** (B, C) zu erzeugen. Verwenden Sie den vergrößerten Massstab ***5:1*** und platzieren Sie die beiden Detaildarstellungen unterhalb der jeweiligen Ansicht.

Bemaßen und komplettieren Sie alle Ansichten wie in den folgenden Abbildungen dargestellt.

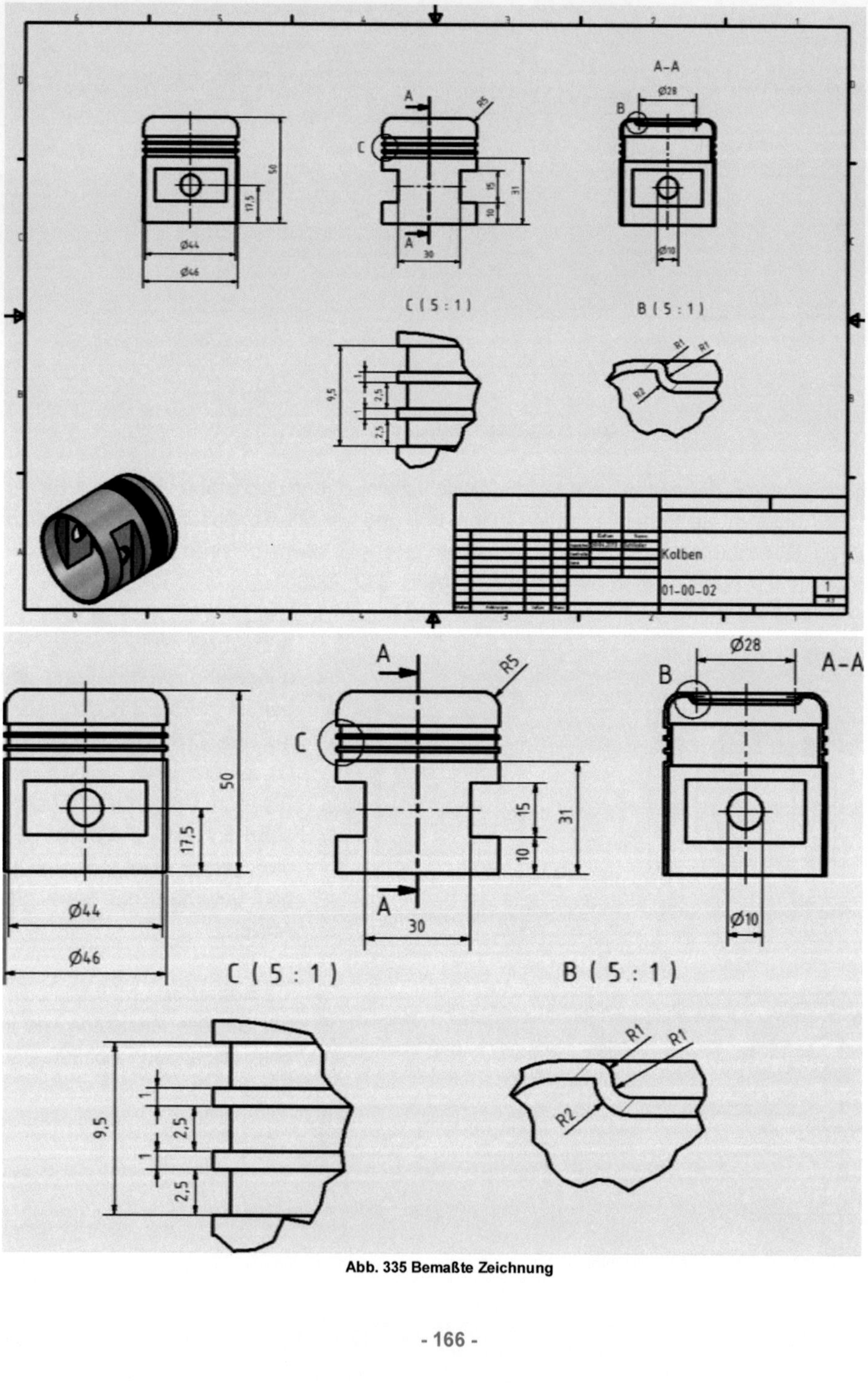

Abb. 335 Bemaßte Zeichnung

6.5 Texte

Abb. 336 Der Befehl: Text

Im letzten Übungsabschnitt im Bereich Zeichnungserstellung soll ein Text in die Zeichnung eingefügt werden, in dem Wandstärke und Material des Kolbens angegeben werden. Starten Sie den Befehl A ***Text***, platzieren Sie den Startpunkt des Textfeldes auf der in Abb. 337 markierten Position und übernehmen Sie die Einstellungen aus Abb. 338.

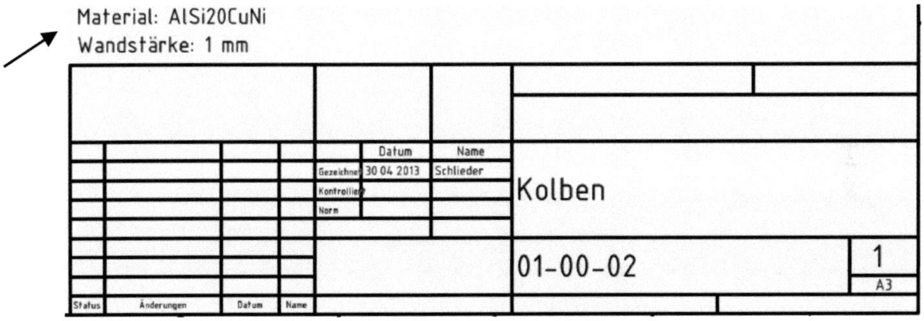

Abb. 337 Befehlsfenster: Textfeld formatieren

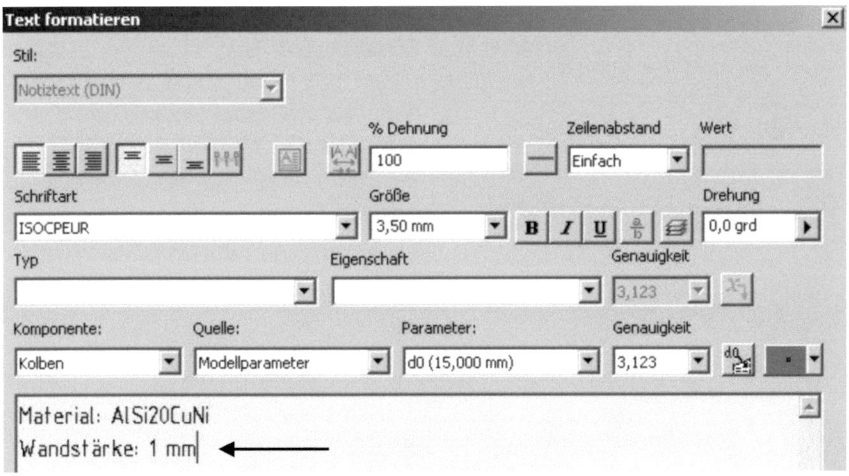

Abb. 338 Befehlsfenster: Textfeld formatieren

Die Zeichnung dann anschließend ***speichern*** und schließen.

7 PRÄSENTATION von BAUGRUPPEN

7.1 Das Register PRÄSENTATION im Überblick

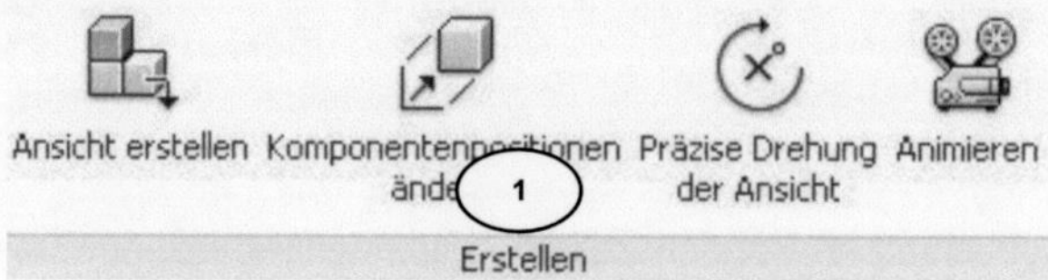

Abb. 339 Die Befehlsgruppe: Erstellen (Register: Präsentation)

OPTIONEN

1) Platzieren einer Baugruppe; Komponentenpositionen organisieren; Ansicht drehen; Explosionsdarstellung animieren

7.2 Explosionsdarstellung

7.2.1 Ansicht erstellen

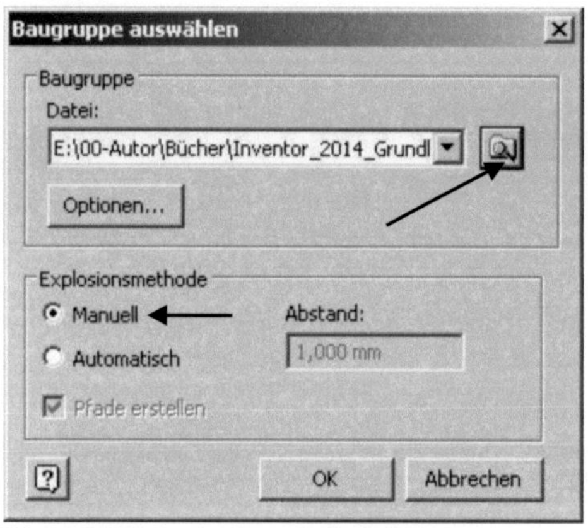

Abb. 340 Befehlsfenster: Baugruppe auswählen

Abb. 341 Der Befehl: Ansicht erstellen

Erstellen Sie eine neue ***Präsentation*** (Norm.ipn) und speichern Sie diese ßend als ***BG_Nockenwelle.ipn***. Starten Sie den Befehl ***Ansicht erstellen*** und wählen Sie die Datei ***BG_Nockenwelle.iam***. Im Fenster ***Baugruppe auswählen*** ist die Explosionsmethode ***Manuell*** zu aktivieren.

7.2.2 Komponentenposition ändern

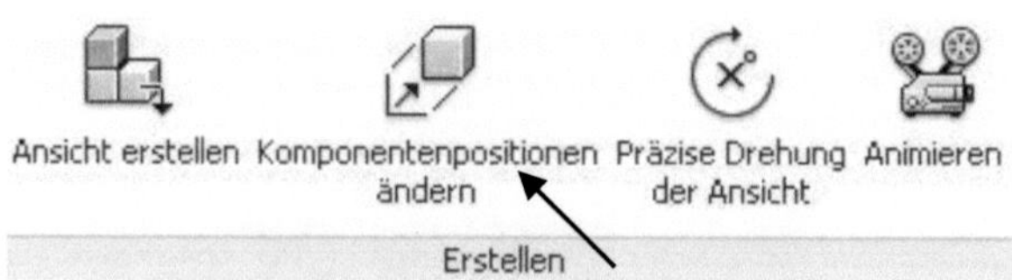

Abb. 342 Der Befehl: Komponentenpositionen ändern

Starten Sie den Befehl ***Komponentenposition ändern*** (Abb. 342). Damit können Komponenten einer Baugruppe in Lage und Position verschoben werden, um im Ergebnis eine Explosionsdarstellung mit einer möglichst realistischen Visualisierung der Montagereihenfolge zu erreichen.

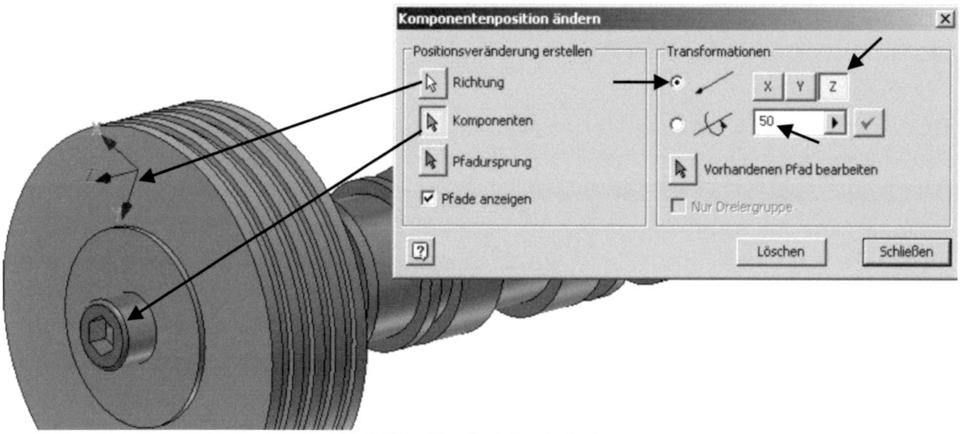

Abb. 343 Position der Schraube ändern

Im ersten Schritt erwartet das Programm die Platzierung eines für den Befehl notwendigen Koordinatensystems. Aktivieren Sie die Option ***Richtung*** und klicken Sie anschließend auf die in Abb. 343 markierte Seitenfläche des Riemenrades. Als ***Komponente*** ist die markierte Schraube zu wählen. Die Bewegung der Schraube soll ***50 mm linear*** in Richtung der ***Z-Achse*** des soeben platzierten Koordinatensystems erfolgen. Nachdem alle Einstellungen übernommen wurden, kann der Befehl durch ***Anwenden*** bestätigt werden. Das Befehlsfenster muss noch geöffnet bleiben.

Jetzt sollen ***Schraube*** und ***Sicherungsscheibe*** zusammen verschoben werden. Da die Schraube noch immer markiert ist, muss jetzt lediglich einmal auf die ***Sicherungsscheibe*** geklickt werden. Als ***Versatzwert*** sind auch jetzt wieder die ***50 mm*** einzutragen und anschließend durch ***Anwenden*** zu bestätigen. Nachdem Schraube und Sicherungsscheibe verschoben wurden, soll das ***Riemenrad*** zusammen mit den beiden noch aktivierten Bauteilen Sicherungsscheibe und Schraube, ebenfalls um ***50 mm*** in Richtung der ***Z-Achse*** verschoben werden. Der Befehl kann anschließend durch Schließen ***Schließen*** beendet werden.

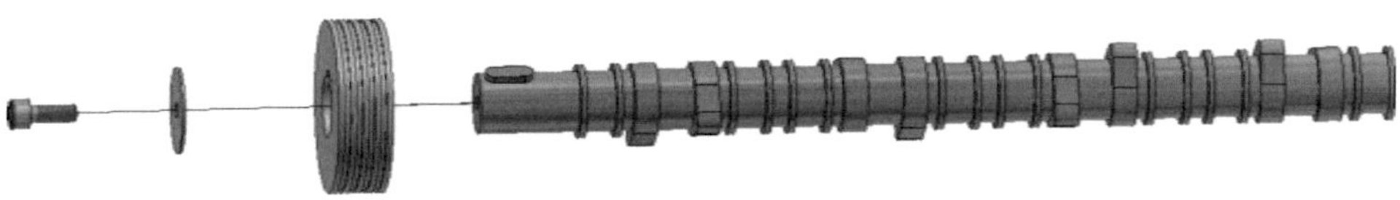

Abb. 344 Baugruppe nach geänderter Komponentenposition

7.2.3 Animieren der Explosionsdarstellung

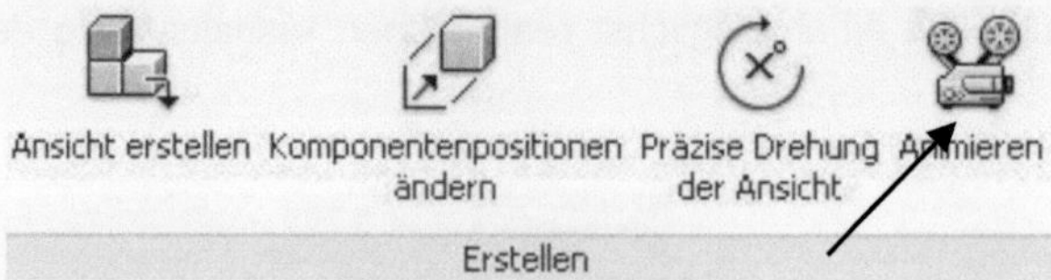

Abb. 345 Der Befehl: Animieren

Mit dem Befehl ***Animieren*** können Explosionsdarstellungen anhand der vorgegebenen Bewegungspfade bewegt und somit eine realistische Darstellung der Montage/ Demontage einer Baugruppe erzeugt werden. Diese Animation kann als Video gespeichert werden.

Starten Sie den Befehl, übernehmen Sie die Einstellungen aus Abb. 346 und ***starten*** Sie die Animation.

Abb. 346 Das Befehlsfenster: Animation

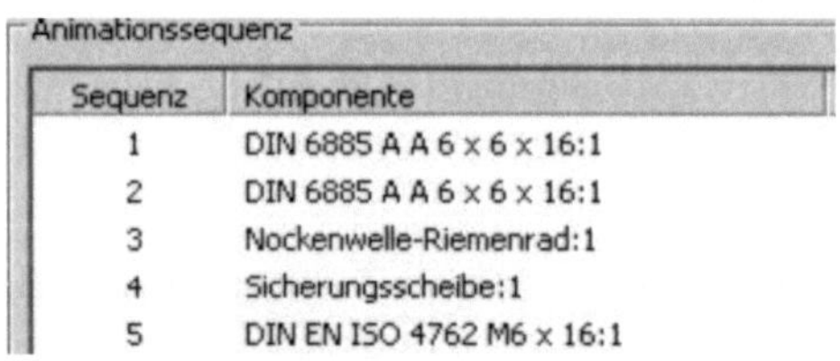
Animationssequenz

Sequenz	Komponente
1	DIN 6885 A A 6 x 6 x 16:1
2	DIN 6885 A A 6 x 6 x 16:1
3	Nockenwelle-Riemenrad:1
4	Sicherungsscheibe:1
5	DIN EN ISO 4762 M6 x 16:1

Abb. 347 Die erweiterten Optionen

In den >> ***erweiterten Optionen*** kann die Animationssequenz geändert werden. Durch ein Verschieben der Komponenten (***Nach oben***/ ***Nach unten***) wird die Reihenfolge der bewegten Komponenten geändert.

Sollten Sie also einmal in einer etwas größeren Baugruppe eine Komponente zu einem falschen Zeitpunkt bewegt haben, kann der Fehler hier korrigiert werden.

HINWEIS: Die Option ***Aufnahme*** ermöglicht eine Aufzeichnung der Animation. Das erzeugte Video kann als WMV- oder AVI-Datei gespeichert werden.

Mit dem letzten Befehl verlassen wir den Bereich Präsentation. ***Speichern*** und schließen Sie die Datei.

8 RENDERN eines BILDES

8.1 Inventor Studio

Abb. 348 Der Befehl: Inventor Studio

Öffnen Sie die Baugruppe ***BG_4_Takt_Motor.iam*** und wechseln Sie ins Register ***Umgebungen***. Starten Sie in der Befehlsgruppe ***Beginnen*** den Befehl ***Inventor Studio***.

8.1.1 Das Register RENDERN im Überblick

Abb. 349 Das Register: Rendern

OPTIONEN

1) Rendern eines Bildes/ einer Animation
2) Bearbeiten der Umgebungsvariablen (Beleuchtung, Kamera, Szene)
3) Bearbeiten der Animationseinstellungen
4) Listet verfügbare Parameter auf
5) Beendet Inventor Studio

8.1.2 Rendern

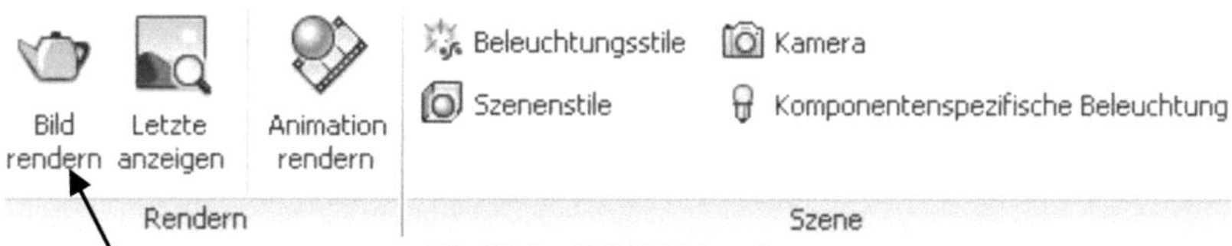

Abb. 350 Der Befehl: Bild rendern

Mit dem Befehl ***Bild rendern*** können Bauteile und Baugruppen als hochqualitative Bilder gerendert werden. In der folgenden Übung soll die Hauptbaugruppe gerendert werden. Markieren Sie im Modellbaum das Bauteil ***Ventildeckel.ipt*** und entfernen Sie dessen Sichtbarkeit (rechte Maustaste > Sichtbarkeit).

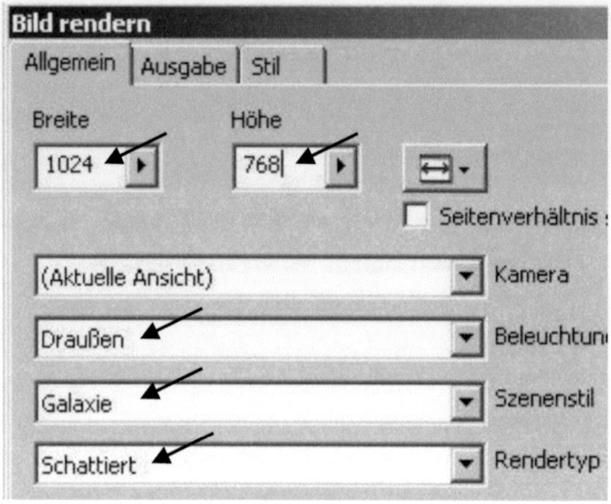

Abb. 351 Das Befehlsfenster: Bild rendern

Drehen Sie die Ansicht so, dass der Motor in etwa die in Abb. 352 dargestellte Position erreicht und das Ansichtsfenster möglichst großflächig ausfüllt.

Starten Sie den Befehl ***Bild rendern***. Im Reiter ***Allgemein*** ist die ***Breite*** auf ***1024*** und die ***Höhe*** auf ***768*** Pixel zu ändern. Übernehmen Sie auch die restlichen Einstellungen der Abb. 351.

Wechseln Sie ins Register ***Ausgabe***, ändern Sie dort den Antialias auf ***Höchstes Anti-Aliasing*** und bestätigen Sie den Befehl anschließend durch ***Rendern***.

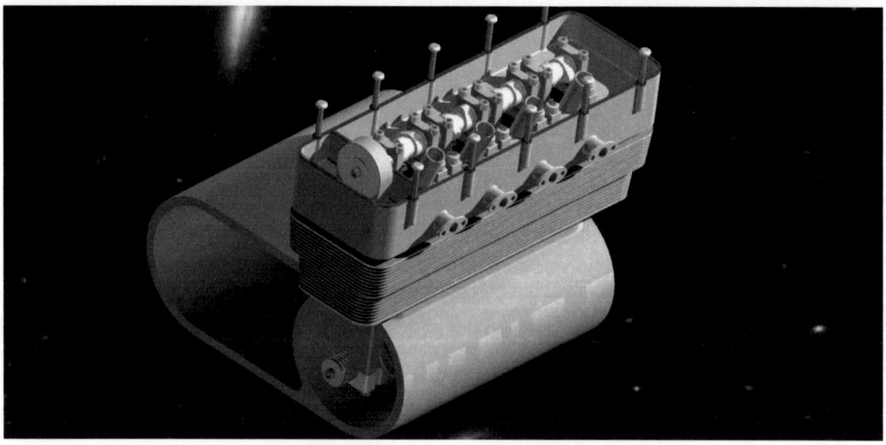

Abb. 352 Die gerenderte Baugruppe

Speichern Sie die Grafik, testen Sie weitere Einstellungen und schließen Sie die Baugruppe anschließend.

9 Der Bereich BLECHBEARBEITUNG

9.1 Das Register BLECH im Überblick

Abb. 353 Erstellen einer neuen Blechdatei

OPTIONEN

1) Neue Skizzen erstellen
2) Skizze in Blechkörper konvertieren
3) Vorhandene Bleche bearbeiten
4) Ebenen, Achsen, Punkte erzeugen
5) Muster (rechteckig, polar, gespiegelt) erstellen
6) Blechstandards bearbeiten
7) Blechabwicklungen erstellen
8) Parameter
9) Abstände, Winkel, Konturen messen

9.2 Die Blechwanne

Die folgende Übung soll eine kleine Einführung in den Blechbereich darstellen. Für den Motor wird eine Blechwanne erstellt, die während Montagearbeiten (bspw. zum Auffangen von Flüssigkeiten) unter den Motor geschoben werden kann. Starten Sie den Befehl ***Neu*** und wählen Sie die Vorlage ***Blech.ipt*** (Abb. 354).

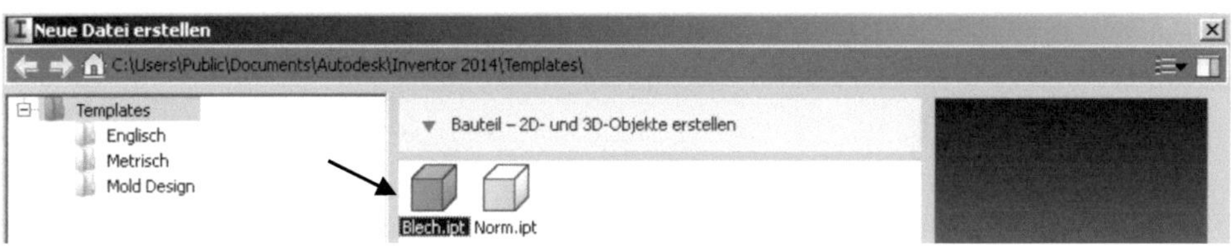

Abb. 354 Erstellen einer neuen Blechdatei

9.2.1 2D-Skizze

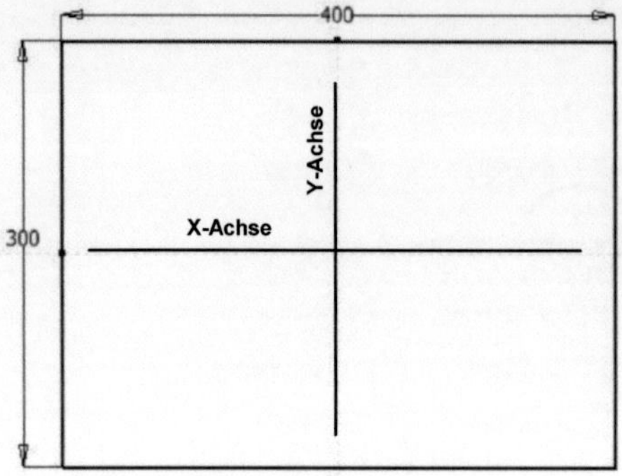

Abb. 355 Achsen projizieren, Rechteck zeichnen

Projizieren Sie die drei Achsen und zeichnen Sie das in Abb. 355 dargestellte ***Rechteck*** (300 x 400 mm).

Verwenden Sie alle notwendigen ***Abhängigkeiten***, um das Rechteck symmetrisch zu X- und Y-Achse zu positionieren, und beenden Sie den Skizzenbereich danach.

9.2.2 Fläche extrudieren

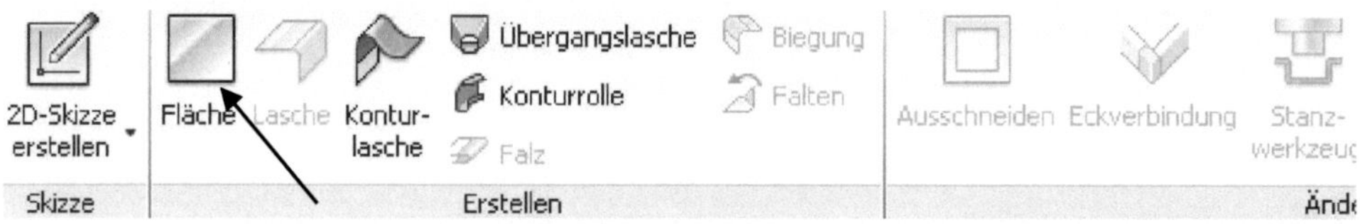

Abb. 356 Der Befehl: Fläche

Der Befehl ***Fläche*** kann grundsätzlich mit dem Befehl ***Extrusion*** verglichen werden. Einer geschlossenen Kontur aus einer 2D-Skizze wird linear Material hinzugefügt, um daraus einen Volumenkörper (Blechkörper) zu erzeugen. Starten Sie den Befehl und wählen Sie als Profil das ***Rechteck***. Bestätigen Sie daraufhin den Befehl.

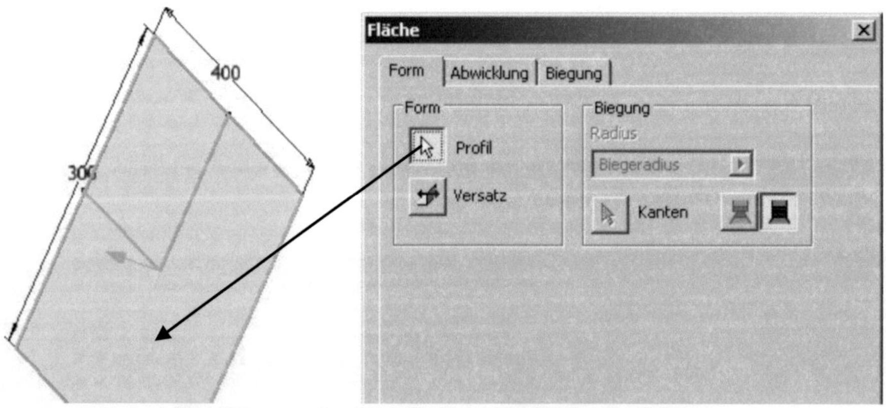

Abb. 357 Erzeugen einer (Blech-)Fläche aus dem Rechteck der 2D-Skizze

9.2.3 Blechstandards

Abb. 358 Der Befehl: Blechstandards

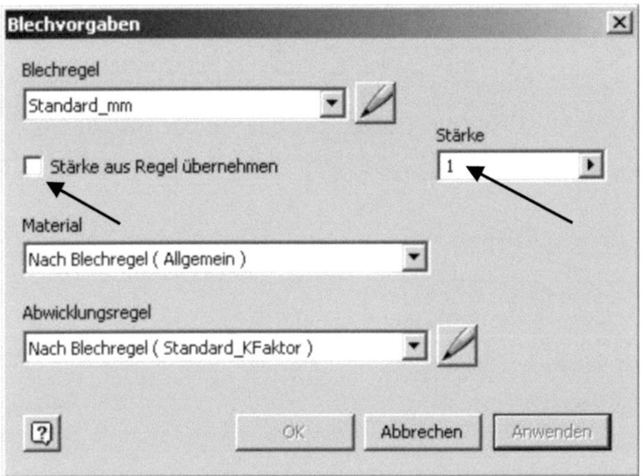

Abb. 359 Das Befehlsfenster: Blechvorgaben

Im Blechbereich arbeitet man mit allgemeinen Blechstärken, welche in Standards definiert sind. Starten Sie den Befehl ***Blechstandards***, entfernen Sie den Haken bei ***Stärke aus Regel übernehmen*** und ändern Sie den Wert im Feld ***Stärke*** auf ***1 mm*** (Abb. 359). Das Fenster danach bestätigen.

9.2.4 Laschen

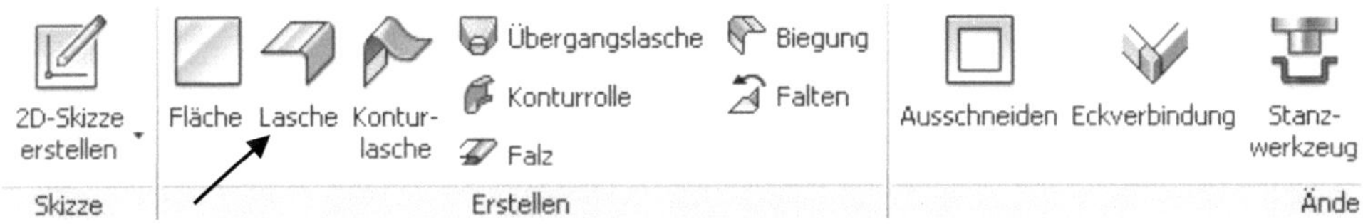

Abb. 360 Der Befehl: Lasche

Laschen fügen einem bereits vorhandenen Blechkörper Material hinzu, ohne dass hierfür neue 2D-Skizzen erzeugt werden müssen. In der folgenden Übung soll den vier Seiten der vorhandenen Blechfläche jeweils eine Lasche hinzugefügt werden.

Starten Sie den Befehl ***Laschen***, wählen Sie im Reiter ***Form*** die vier markierten Kanten der Blechfläche (Abb. 361) und aktivieren Sie die Option ***Kantenauswahlmodus***. Wählen Sie dann im Bereich ***Höhengrenzen*** die Option ***Abstand*** (Wert: ***50 mm***) und tragen Sie einen ***Laschenwinkel*** von ***90°*** ein. Übernehmen Sie die restlichen Einstellungen der Abbildung und bestätigen Sie den Befehl anschließend mit ***OK***.

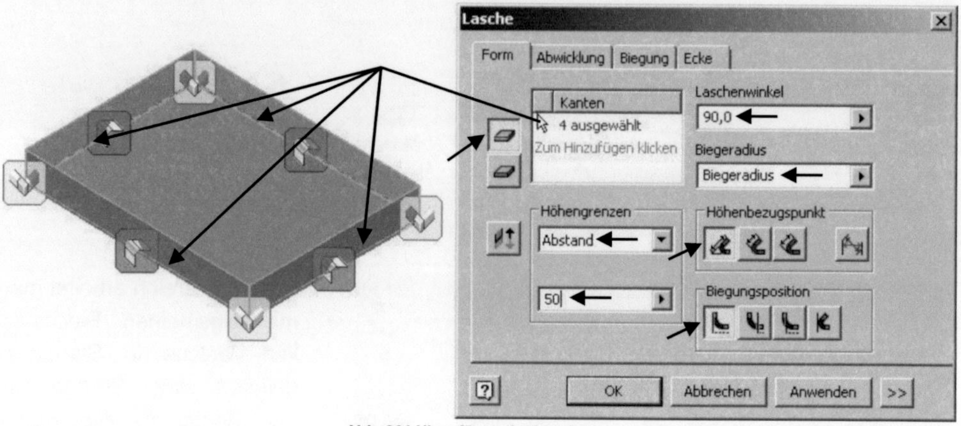

Abb. 361 Hinzufügen der Laschen

9.2.5 Falzen

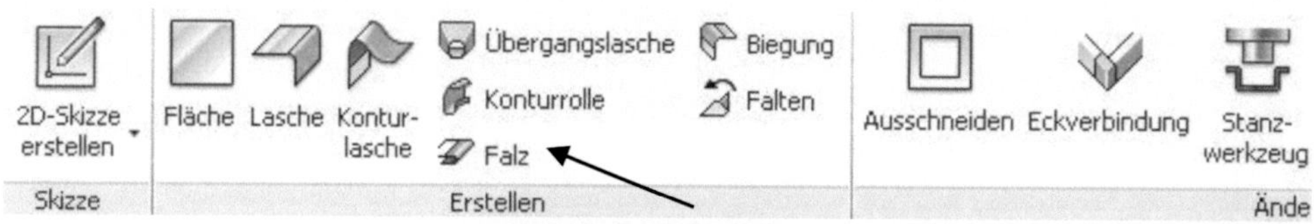

Abb. 362 Der Befehl: Falz

Die Enden der neuen Laschen sollen gefalzt werden. In der Praxis werden solche Maßnahmen getroffen, um z. B. einer Verletzungsgefahr an den Blechkanten vorzubeugen. Starten Sie den Befehl ***Falz***, wählen Sie die in Abb. 364 dargestellten Optionen und markieren Sie als ***Kante*** eine der Außenkanten der neuen Laschen. Anwenden ***Anwenden*** bestätigt die Vorgaben. Falzen Sie auch die restlichen drei Laschen.

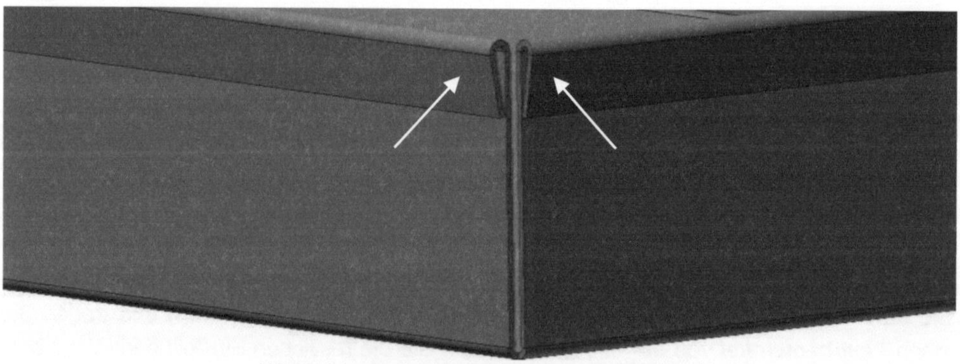

Abb. 363 Darstellung zweier gefalzter Kanten (Eckbereich)

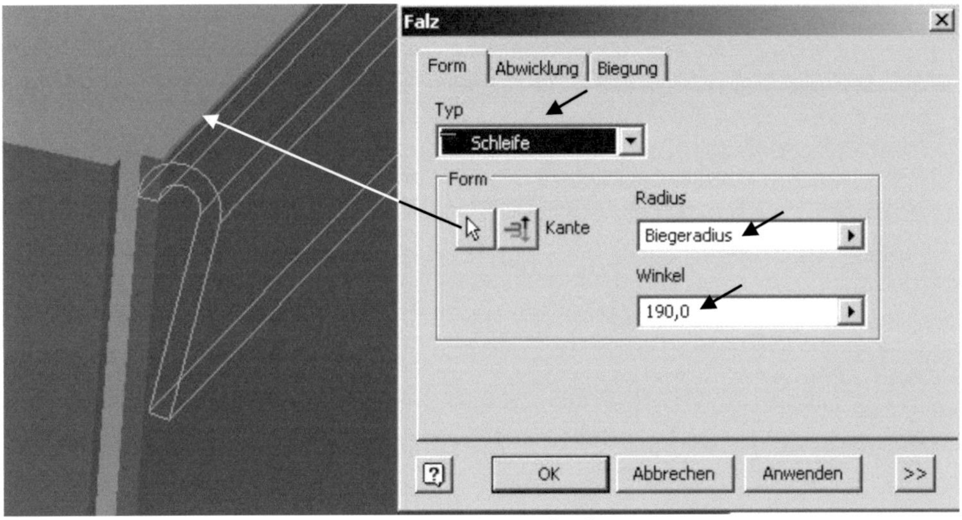

Abb. 364 Falzen der ersten Lasche

Nach dem Falzen der vier oberen Kanten der Laschen soll der Bereich Blech wieder verlassen werden. Das soeben konstruierte Blechteil soll abschließend in einer Schweißbaugruppe fertiggestellt werden.

Speichern Sie das Blechteil unter der Bezeichnung ***Blechwanne.ipt*** und schließen Sie es danach.

Abb. 365 Laschen nach dem Falzen

10 SCHWEISSKONSTRUKTION

10.1 Das Register SCHWEISSEN im Überblick

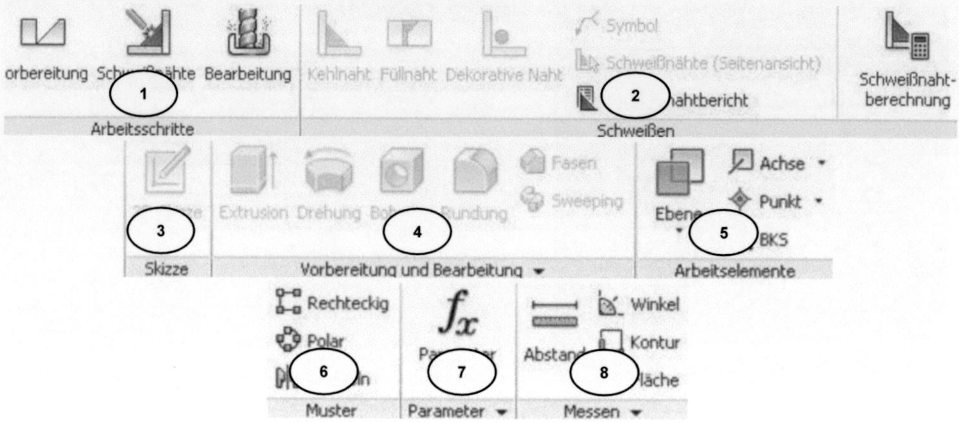

Abb. 366 Das Register: Schweißen

OPTIONEN

1) Schweißnähte erzeugen und bearbeiten
2) Auswahl und Berechnung der Schweißnaht
3) Skizzen erstellen
4) Erzeugen und Bearbeiten von Volumenkörpern
5) Ebenen, Achsen, Punkte erstellen
6) Muster (rechteckig, polar, gespiegelt) erzeugen
7) Parameter
8) Abstände, Winkel, Konturen, Flächen messen

10.2 Schweißbaugruppe erzeugen

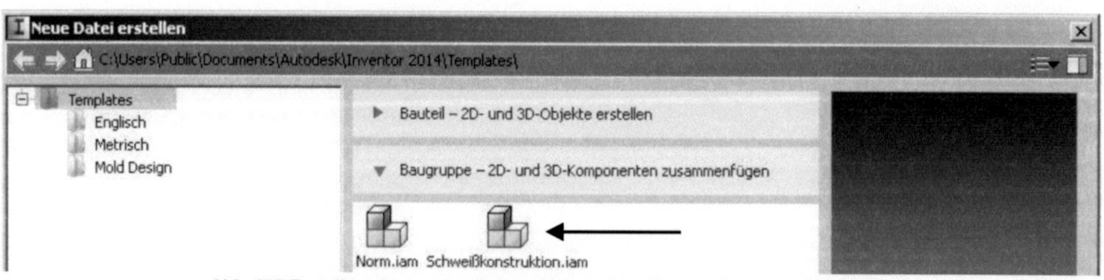

Abb. 367 Erstellen einer neuen Schweißbaugruppe (Schweißkonstruktion.iam)

Erstellen Sie eine neue ***Datei*** und verwenden Sie die Vorlage ***Schweißkonstruktion.iam***. ***Speichern*** Sie diese Datei als ***Blechwanne-geschweißt.iam***. Das Programm öffnet die neue Baugruppe im Register ***Schweißen***. Neben einigen bereits bekannten Befehlen finden Sie hier die neuen Befehlsgruppen ***Arbeitsschritte*** und ***Schweißen***.

Abb. 368 Der Befehl: Schweißnähte

Wechseln Sie ins Register ***Zusammenfügen*** und ***platzieren*** Sie das Blechteil ***Blechwanne.ipt*** in der Baugruppe. Verwenden Sie vor dem Ablegen der Datei im Zeichenbereich die Option ***Am Ursprung fixiert platzieren*** der rechten Maustaste. Zurück im Register ***Schweißen*** kann der Befehl ***Schweißnähte*** gestartet werden (Abb. 368).

10.2.1 Kehlnaht

Abb. 369 Der Befehl: Kehlnaht

Starten Sie den Befehl ***Kehlnaht*** und wählen Sie an einer der vier Ecken Ihres Blechteils als ***Auswahl 1*** und ***Auswahl 2*** die beiden in Abb. 370 markierten Flächen. Übernehmen Sie alle sonstigen Einstellungen und bestätigen Sie den Befehl abschließend mit ***Anwenden***. Wiederholen Sie dieses Vorgehen an den restlichen Ecken des Blechteils.

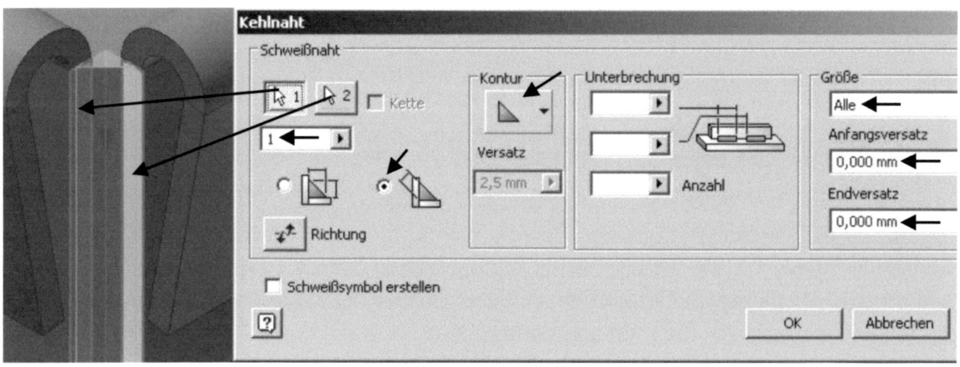

Abb. 370 Erzeugen einer Kehlnaht

10.3 Schweißnahtbericht

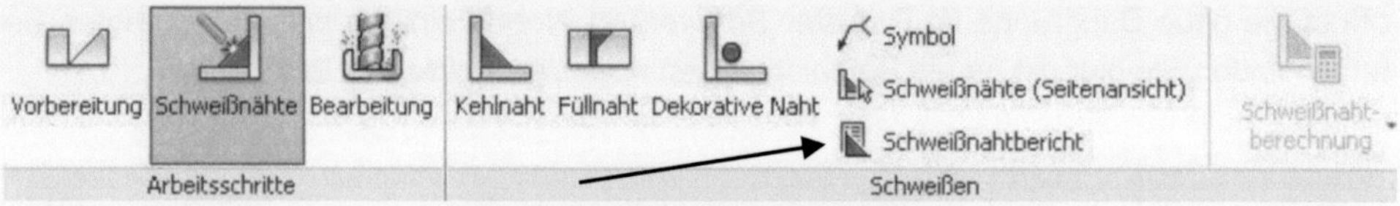

Abb. 371 Der Befehl: Schweißnahtbericht

Schweißen ist eine sehr kostenintensive Bearbeitungsmethode, da sie in der Praxis oft von Hand durchgeführt werden muss und viel Zeit für Vor- und Nacharbeit erfordert. Um die Kostenkalkulation einer Schweißbaugruppe möglichst präzise gestalten zu können, werden genaue Angaben über Längen, Flächen, Volumen und Massen der einzelnen Schweißnähte benötigt. Hier bietet das Programm eine gute Lösung.

Starten Sie den Befehl ***Schweißnahtbericht***, aktivieren Sie im Fenster ***Schweißnahtbericht*** die Option ***Alle Unterbaugruppen einbeziehen*** und gehen Sie dann auf ***Weiter***.

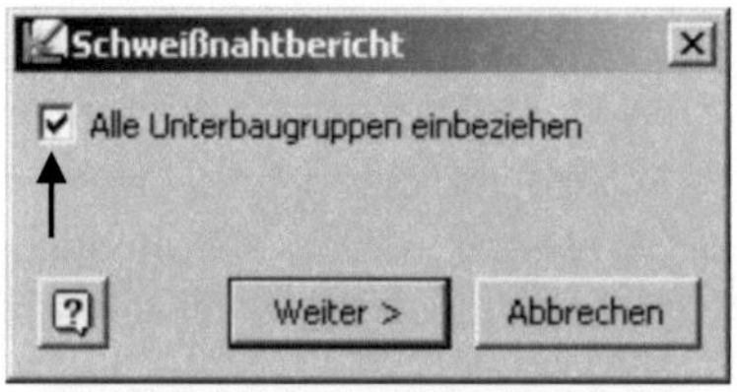

Abb. 372 Befehlsfenster: Schweißnahtbericht

Speichern Sie die Berechnungstabelle als ***Schweißnahtbericht.xls*** in Ihrem Projektordner. Dort kann diese anschließend mit einem geeigneten Programm (MS Excel, OpenOffice) geöffnet werden. Die Tabelle enthält die in der Baugruppe vorhandenen Schweißnähte, mit allen für die Kostenkalkulation notwendigen Berechnungsgrundlagen (Länge, Masse, Fläche, Volumen).

ID	Typ	Länge	Maßeinheit	Masse	Maßeinheit	Fläche	Maßeinheit	Volumen	Maßeinheit
Kehlnaht 1	Kehlnaht	47,468	mm	1,84E-04	kg	277,645	mm^2	67,992	mm^3
Kehlnaht 3	Kehlnaht	47,468	mm	1,84E-04	kg	277,645	mm^2	67,992	mm^3
Kehlnaht 4	Kehlnaht	47,468	mm	1,84E-04	kg	277,645	mm^2	67,992	mm^3

Abb. 373 Auszug aus dem tabellarischen Schweißnahtbericht

Schließen Sie die Tabelle. Die Schweißbaugruppe kann danach ***gespeichert*** und geschlossen werden. Mit dieser Übung verlassen wir den Bereich ***Schweißbaugruppe*** und wechseln zur Arbeit mit parametrischen Abhängigkeiten.

11 PARAMETRISCHE ABHÄNGIGKEITEN

11.1 Parameter - Grundlagen

Alle bisher erzeugten Skizzen, Bauteile und Baugruppen wurden mit festen Werten (Konstanten) bemaßt. Eine andere Möglichkeit der Konstruktion ist das Arbeiten mit ***Parametern***. Wenn konstante Maße durch Gleichungen (Variablen) ersetzt werden, entstehen kleine Prozessketten. Diese können verwendet werden, um z.B. wiederkehrende logische Schritte vom Programm automatisch berechnen zu lassen.

In der folgenden Übung soll eine Basisskizze mit einigen Konturen und konstanten Bemaßungen parametrisiert werden. Diese Konturen sollen aus der Skizze heraus exportiert und in eigenständige Bauteile konvertiert werden. Hier soll die Möglichkeit aufgezeigt werden, verschiedene Bauteile aus einer Skizze heraus zu steuern.

11.2 Parametrisieren und Ableiten von Konturen einer Skizze

11.2.1 Basisskizze

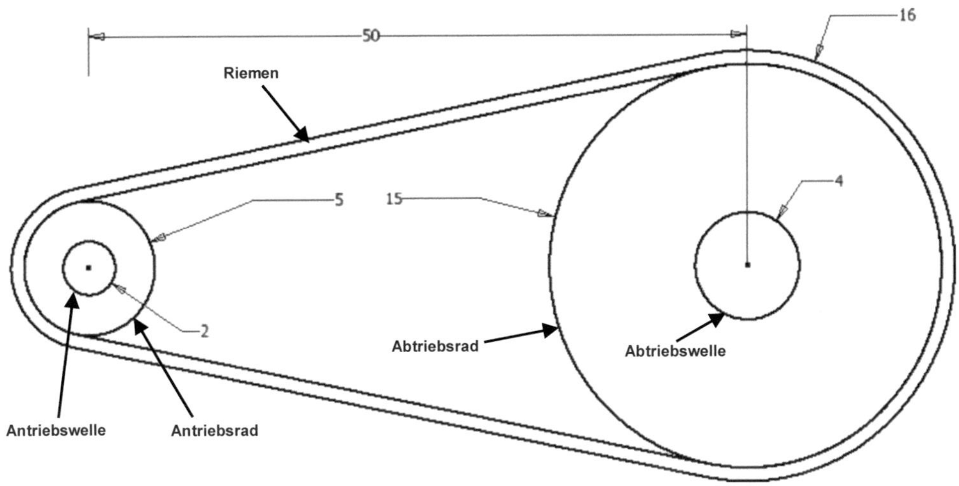

Abb. 374 Konturen der Basisskizze

Öffnen Sie die bereits vorhandene Datei ***Parameter.ipt***. Sie enthält eine Skizze mit einem vereinfacht dargestellten Riementrieb (Antriebswelle, Antriebsrad, Riemen, Abtriebsrad, Abtriebswelle). Die bereits vorhandenen Maße sollen jetzt durch Gleichungen ersetzt werden.

11.2.2 Parameter bearbeiten

Abb. 375 Der Befehl: Parameter

Starten Sie den Befehl *fx* ***Parameter***. In der ersten Spalte (***Parametername***) finden Sie die ***Modellparameter***. Hier wurde jedem Skizzenmaß eine Kurzbezeichnung zugewiesen (d2...d11). In der dritten Spalte (***Gleichung***) finden Sie die Maßwerte. Beide Spalten müssen jetzt bearbeitet werden.

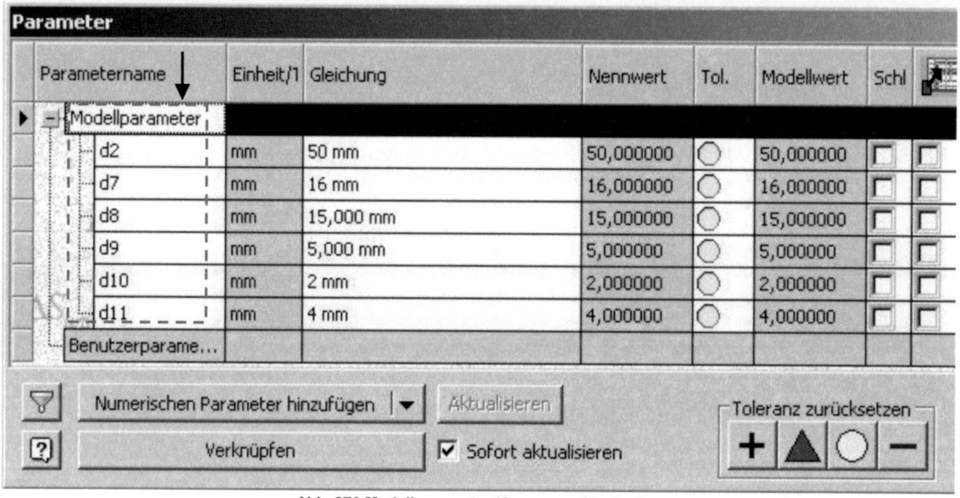

Abb. 376 Modellparameter (Ausgangssituation)

Ändern Sie zuerst die ***Modellparameter***, wie in der folgenden Tabelle dargestellt.

***Parametername* - Ausgangszustand**	***Parametername - Neue Bezeichnung***
d2	Abstand
d7	Radius_Riemen
d8	Radius_Abtriebsrad
d9	Radius_Antriebsrad
d10	Radius_Abtriebswelle
d11	Radius_Antriebswelle

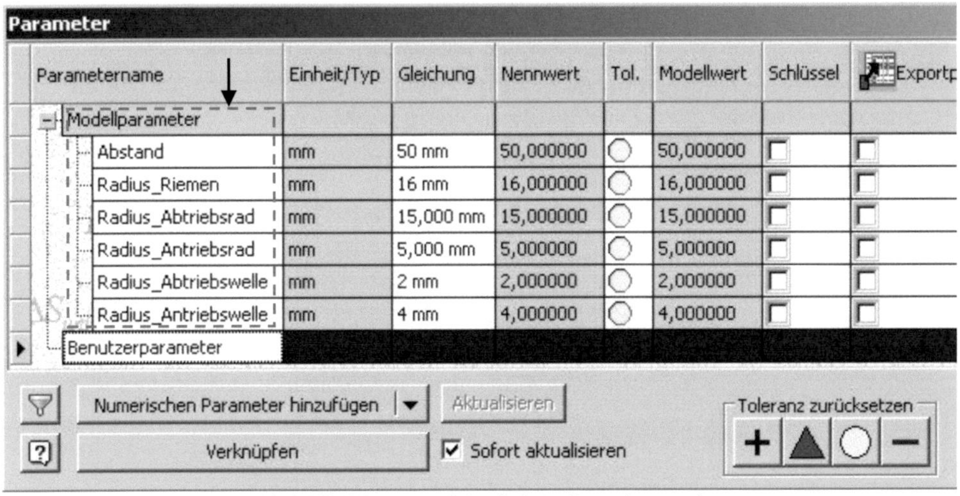

Abb. 377 Modellparameter (mit geänderten Parameternamen)

Die Konturen der 2D-Skizze sollen später in eigenständige Bauteile konvertiert und dort in Volumenkörper extrudiert werden. Auch die Extrusionshöhe dieser Volumenkörper soll parametrisch von der Basisskizze abhängig sein. Hierfür werden weitere Parameter benötigt.

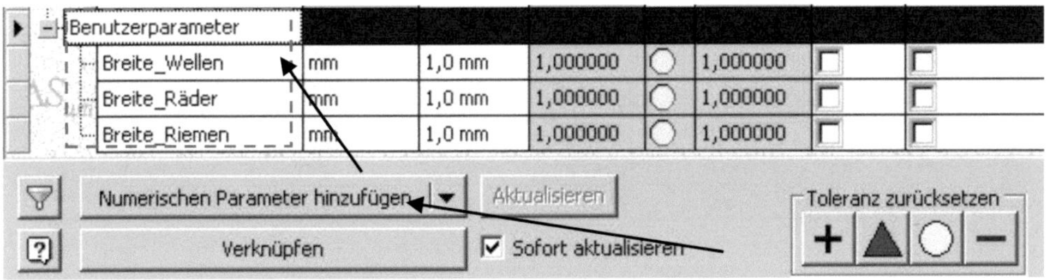

Abb. 378 Numerische Benutzerparameter hinzufügen

Klicken Sie auf die Option [Numerischen Parameter hinzufügen] ***Numerischen Benutzerparameter hinzufügen*** und tragen Sie in der neuen Zeile (Spalte ***Parametername***) die Bezeichnung ***Breite_Wellen*** ein (Abb. 378).

Verwenden Sie diese Option zwei weitere Male und tragen Sie die Bezeichnungen ***Breite_Räder*** und ***Breite_Riemen*** ein. Nachdem die Parameternamen geändert wurden, können die Gleichungssysteme bearbeitet werden. Beginnen Sie mit den zuletzt erzeugten Benutzerparametern. Übernehmen Sie die in der folgenden Tabelle dargestellten Änderungen schrittweise und setzen Sie die ***Haken*** in der Spalte ***Exportparameter*** (Abb. 379).

Parametername	Gleichung
Abstand	10 oE * Radius_Antriebsrad
Radius_Riemen	(0,5 oE * Radius_Abtriebswelle) + Radius_Abtriebsrad
Radius_Abtriebsrad	2,5 oE * Radius_Abtriebswelle
Radius_Antriebsrad	2,5 oE * Radius_Antriebswelle
Radius_Antriebswelle	2 mm
Radius_Abtriebswelle	2 oE * Radius_Antriebswelle
Breite_Wellen	Radius_Abtriebsrad * 2 oE
Breite_Räder	Radius_Abtriebsrad
Breite_Riemen	Radius_Abtriebsrad - 1 mm

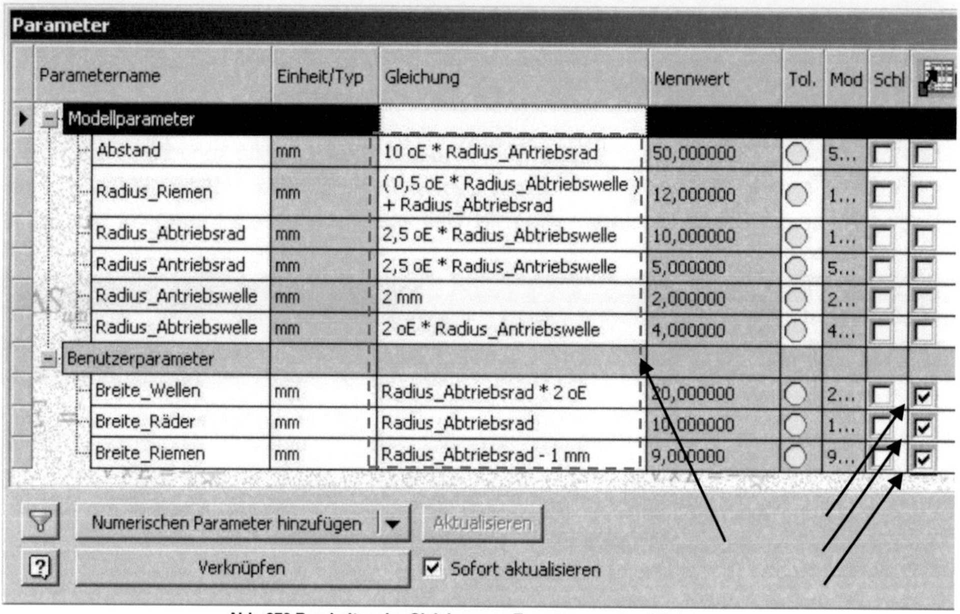

Abb. 379 Bearbeiten der Gleichungen; Exportparameter aktivieren

Der Wert des Modellparameters ***Radius_Antriebswelle*** (2 mm) bleibt unverändert. Er soll später die restlichen Werte steuern. Kontrollieren Sie noch einmal alle Eingaben aus Abb. 379. Achten Sie auf die aktivierten Exportparameter auf der rechten, unteren Seite.

Beenden Sie das Eingabefenster ***Parameter*** mit Fertig ***Fertig*** und öffnen Sie die ***Skizze1*** (Modellbaum) im Anschluss per Doppelklick.

11.2.3 Bauteil erstellen

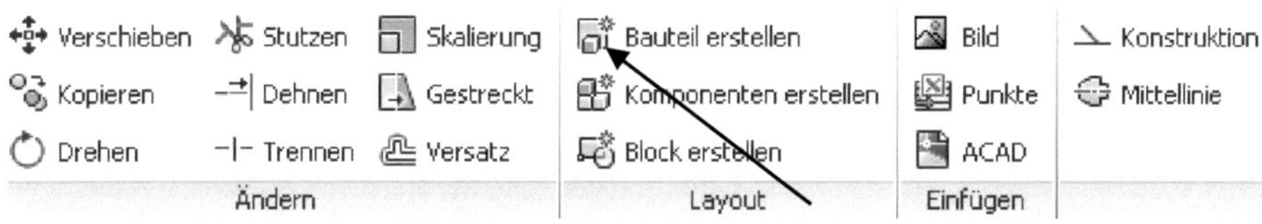

Abb. 380 Der Befehl: Bauteil erstellen

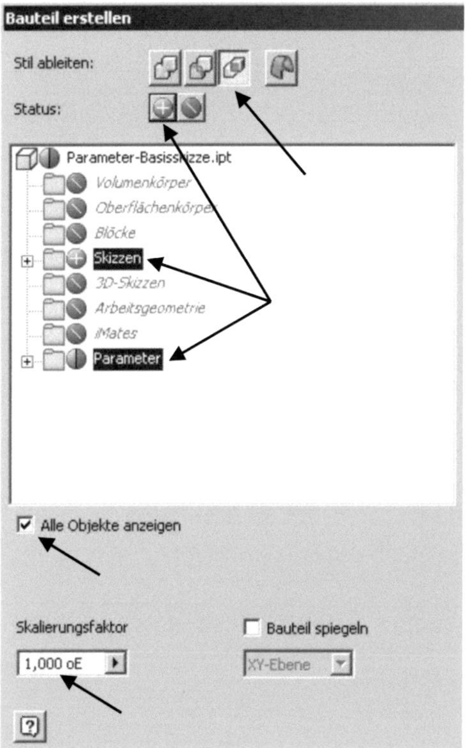

Abb. 381 Bauteil erstellen (Auszug)

Der Befehl ***Bauteil erstellen*** ermöglicht das Exportieren von Skizzenkonturen als eigenständige Bauteile.

In der folgenden Übung soll die ***Skizze1*** (samt parametrischer Abhängigkeiten) exportiert und als vollwertiges Bauteil gespeichert werden. Dieser Vorgang soll insgesamt drei Mal durchgeführt und die drei resultierenden Bauteile zeitgleich in einer gemeinsamen Baugruppe platziert werden.

Starten Sie den Befehl ***Bauteil erstellen*** und aktivieren Sie im ersten Schritt den Stil ***Jeden Volumenkörper als Volumenkörper erhalten*** (Abb. 381). Markieren Sie im Auswahlfenster ***Skizzen*** und klicken Sie dann auf ***Status*** ***Ableiten***. Wiederholen Sie das für die ***Parameter***. Die Zwischenabfrage kann mit ***OK*** bestätigt werden.

Aktivieren Sie ***Alle Objekte anzeigen*** und übernehmen Sie den ***Skalierungsfaktor*** von ***1***.

Im rechten Bereich des Befehlsfensters können danach die in Abb. 382 dargestellten Werte und Optionen übernommen werden.

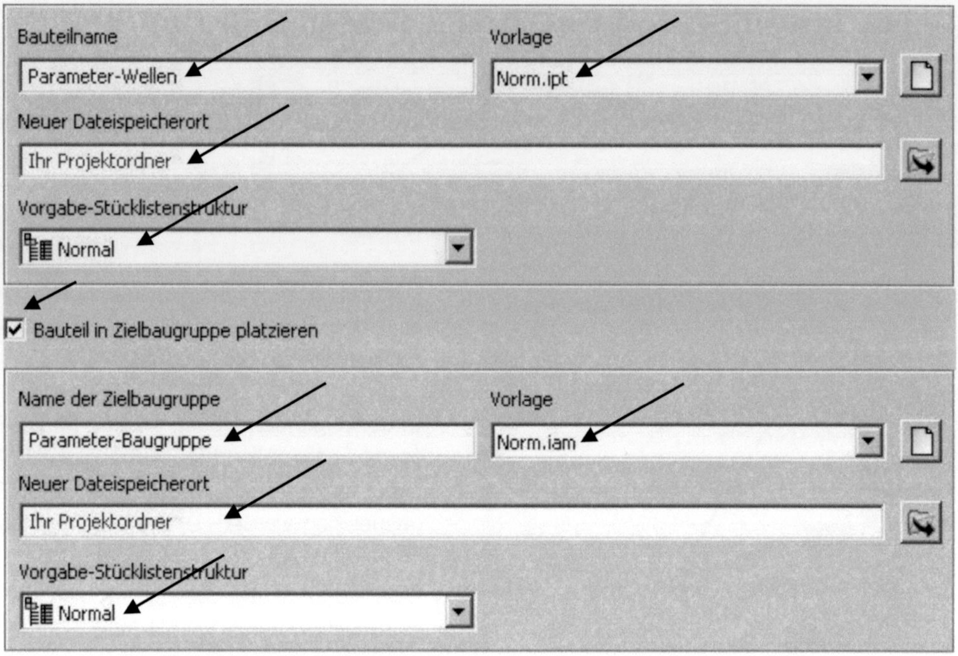

Abb. 382 Bauteil erstellen (Bauteil- und Baugruppendaten eintragen, Bauteil: Parameter-Wellen)

Das erste Bauteil, das erzeugt werden soll, trägt die Bezeichnung ***Parameter-Wellen***. Tragen Sie diese im Feld ***Bauteilname*** ein und übernehmen Sie auch die restlichen Werte und Einstellungen aus Abb. 382. Bestätigen Sie den Befehl mit Anwenden ***Anwenden*** (<u>nicht</u> durch ***OK***!)

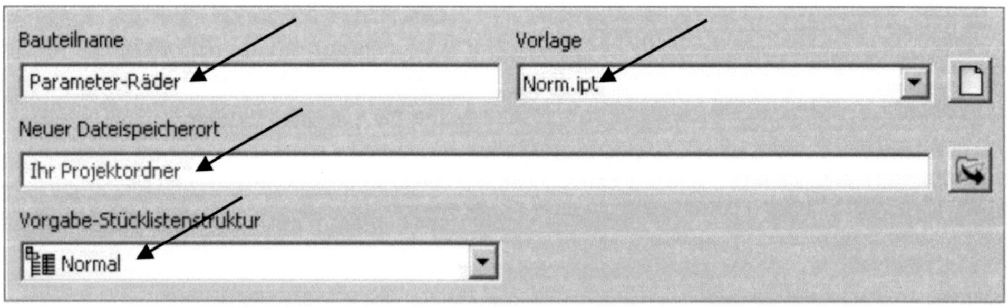

Abb. 383 Bauteil erstellen (Bauteil- und Baugruppendaten eintragen, Bauteil: Parameter-Räder)

Wiederholen Sie diese Prozedur zwei weitere Male. Achten Sie darauf, den Befehl beim zweiten Mal ebenfalls durch Anwenden ***Anwenden*** zu bestätigen. Verwenden Sie die Bauteilnamen ***Parameter-Räder*** (Abb. 383) und ***Parameter-Riemen*** (Abb. 384).

Für jedes Bauteil ist es erforderlich, ***Skizzen*** und ***Parameter*** erneut ***abzuleiten***. Außer dem ***Bauteilnamen*** sollten alle Einstellungen mit denen des ersten Bauteils (***Parameter-Wellen***) übereinstimmen.

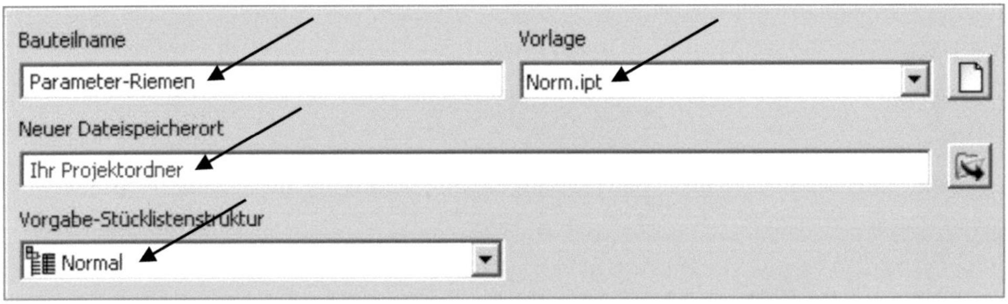

Abb. 384 Bauteil erstellen (Bauteil- und Baugruppendaten eintragen, Bauteil: Parameter-Riemen)

Bei der Erstellung des letzten Bauteils kann der Befehl mit ***OK*** beendet werden. Das Programm eröffnet im Hintergrund die neue Baugruppe ***Parameter-Baugruppe.iam***, die im unteren Bereich des Zeichnungsfensters angezeigt wird (Abb. 385). Sollte dies nicht automatisch geschehen, dann klicken Sie mit der linken Maustaste darauf, um sie zu öffnen.

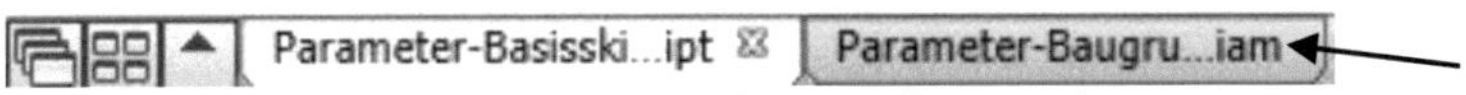

Abb. 385 Aktivieren der Baugruppe: Parameter-Baugruppe.iam

Speichern Sie diese Baugruppe, um sie samt der drei neuen Bauteile (***Parameter-Wellen.ipt***, ***Parameter-Räder.ipt***, ***Parameter-Riemen.ipt***) zu sichern.

Abb. 386 Modellbaum der neuen Baugruppe

In der neuen Baugruppe finden Sie im Modellbaum die drei neuen Bauteile:

- ***Parameter-Welle.ipt***
- ***Parameter-Räder.ipt***
- ***Parameter-Riemen.ipt***

In der folgenden Übung sollen die drei Bauteile anhand der ebenfalls abgeleiteten Exportparameter extrudiert und somit in Volumenkörper konvertiert werden.

11.3 Parametrische Extrusion

Doppelklicken Sie im Modellbaum das Bauteil ***Parameter-Wellen.ipt***, wechseln Sie am ***ViewCube*** zur Ansicht ***OBEN*** und starten Sie den Befehl ***Extrusion***.

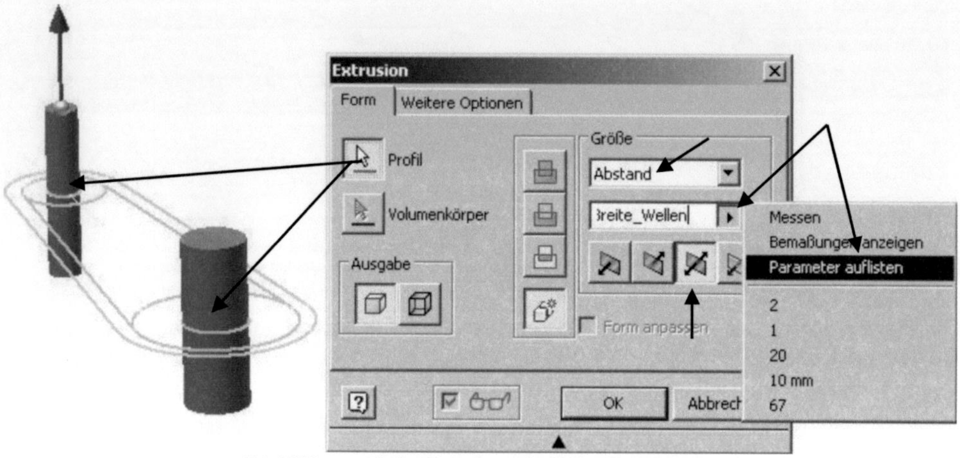

Abb. 387 Parametrisches Extrudieren der Wellen (Vereinigung)

Abb. 388 Auswahl des Parameters: Breite-Wellen

Als ***Profil*** sind die in Abb. 387 markierten ***Kreise*** zu wählen, im Feld ***Größe*** die Option ***Abstand*** und die ***Richtung Symmetrisch*** zu aktivieren.

Da hier mit einem Exportparameter aus der Basisskizze gearbeitet werden soll, klicken Sie im Eingabereich des Wertes für den ***Abstand*** auf das kleine ***Dreieck*** und wählen die Option ***Parameter auflisten***. Im Fenster ***Parameter*** aktivieren Sie den Wert ***Breite_Wellen*** und bestätigen den Extrusionsbefehl anschließend mit ***OK***.

Die Bearbeitung des Bauteils ***Parameter-Wellen.ipt*** kann jetzt ***beendet*** werden. Zurück in der Baugruppe, kann im Modellbaum das Bauteil ***Parameter-Räder.ipt*** per Doppelklick im Modellbaum auf die Datei geöffnet werden.

Starten Sie auch hier den Befehl ***Extrusion***, wählen Sie als ***Profil*** die beiden in Abb. 389 markierten ***Kreisringe***, aktivieren Sie die ***Größe Abstand*** und die ***Richtung Symmetrisch***. Als Wert für den ***Abstand*** wird ***Breite_Räder*** verwendet. Sobald alle Eingaben übernommen und der Befehl bestätigt wurde, kann der Modellbereich wieder ***verlassen*** werden.

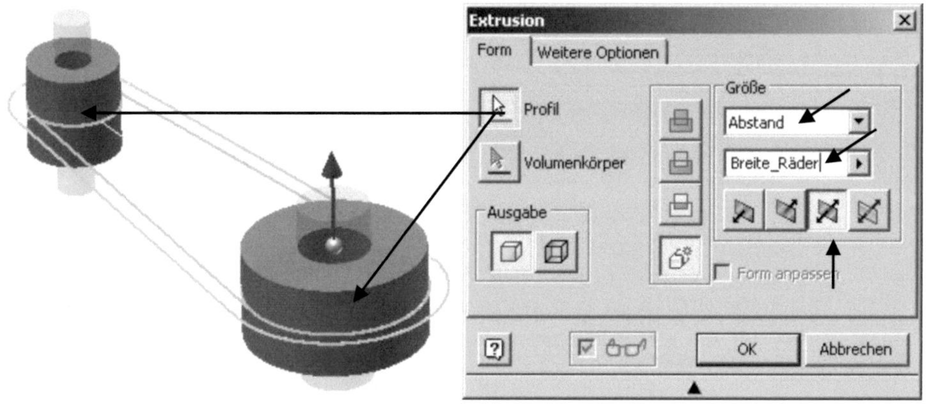

Abb. 389 Parametrisches Extrudieren der Räder (Vereinigung)

Im letzten Schritt soll das Bauteil ***Parameter-Riemen.ipt*** bearbeitet werden. Doppelklicken Sie auf das Bauteil im Modellbaum, erzeugen Sie eine ***symmetrische*** ***Extrusion*** der ***markierten Kontur*** (Abb. 390) und verwenden Sie den Parameter ***Breite_Riemen***. Bestätigen Sie den Befehl und ***verlassen*** Sie den Modellbereich anschließend.

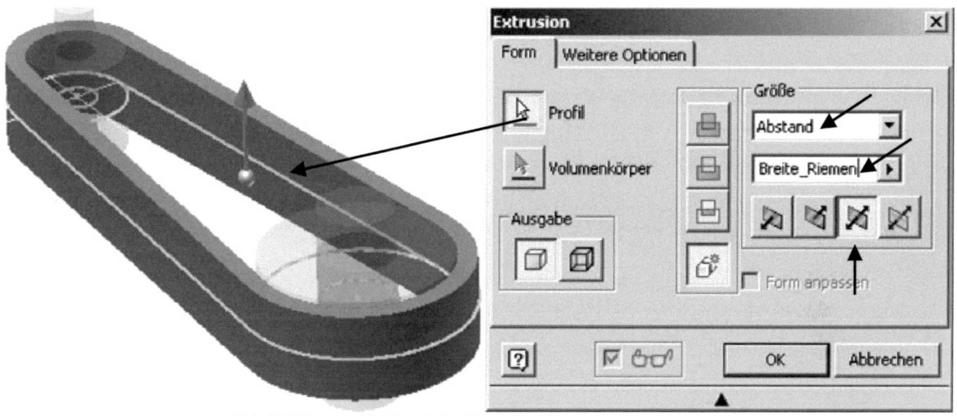

Abb. 390 Parametrisches Extrudieren des Riemens (Vereinigung)

Sowohl die geometrische Grundform der drei Bauteile als auch die Extrusionshöhen sind von der ***Parameter-Basisskizze.ipt*** abhängig. Alle Änderungen daran übertragen sich auch auf die abgeleiteten Bauteile.

Die Skizze des Bauteils ***Parameter-Basisskizze.ipt*** (somit auch die drei abgeleiteten Bauteile) soll in der folgenden Übung von einer externen Tabelle abhängig gemacht und darüber gesteuert werden.

11.4 Parametrische Steuerung der Baugruppe

11.4.1 Farben ändern

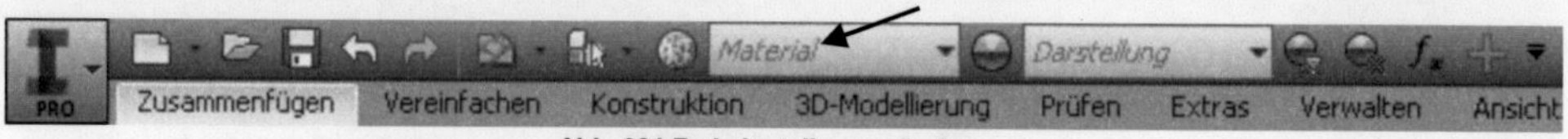

Abb. 391 Farbeinstellungen ändern

Um die Auswirkungen der parametrischen Änderungen besser sichtbar zu machen, sollten die einzelnen Bauteile farblich gekennzeichnet werden. Markieren Sie im Modellbaum das Bauteil ***Parameter-Wellen.ipt*** und wählen Sie das Material ***Edelstahl***. Wiederholen Sie diesen Befehl für die Bauteile ***Parameter-Räder.ipt*** (***Gold***) und ***Parameter-Riemen.ipt*** (***Kautschuk***).

11.4.2 Fenster nebeneinander anordnen

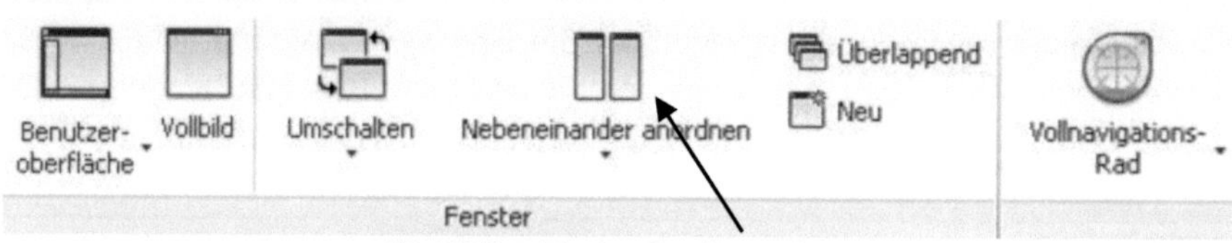

Abb. 392 Fenster nebeneinander anordnen

Beide Dateien (***Parameter-Basisskizze.ipt***, ***Parameter-Baugruppe.iam***) sollen nebeneinander dargestellt werden. Wechseln Sie ins Register ***Ansicht*** und wählen Sie dort in der Befehlsgruppe ***Fenster*** den Befehl ***Nebeneinander anordnen***.

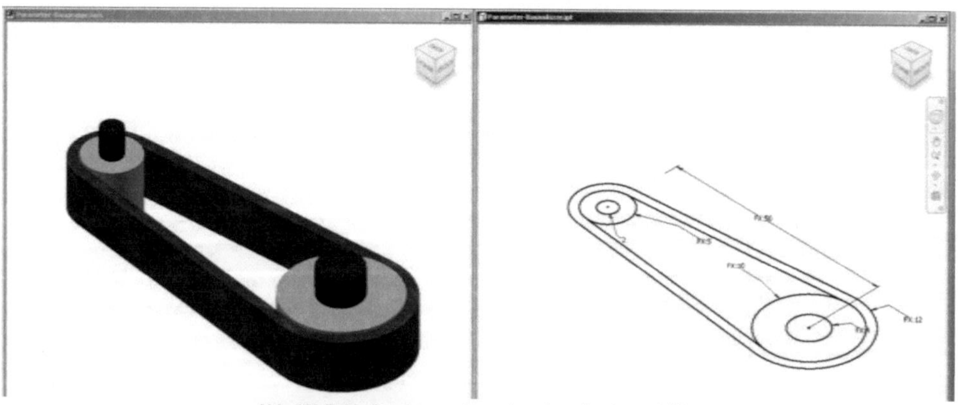

Abb. 393 Beide Dateien werden nebeneinander dargestellt

11.4.3 Ändern des Ausgangswertes

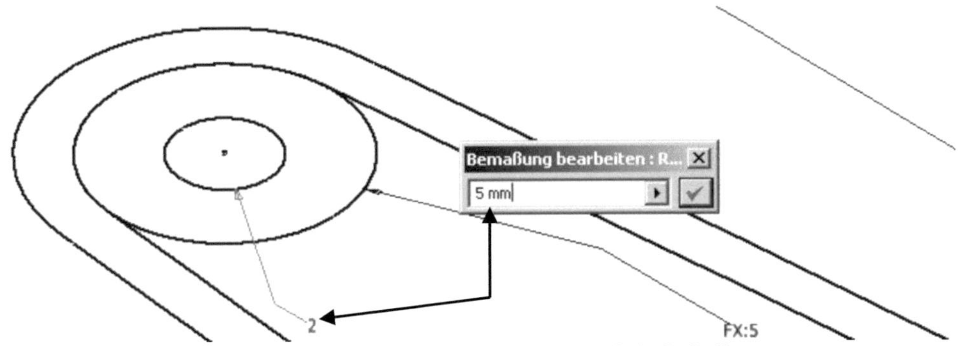

Abb. 394 Bearbeiten des Ausgangswertes (Bezugswert) in der Basisskizze

Doppelklicken Sie im Zeichenbereich der Datei ***Parameter-Basisskizze.ipt*** auf das Maß ***2 mm*** (Radius Antriebswelle) und ändern Sie es auf ***5 mm*** (Abb. 394). Nachdem die Änderung ***bestätigt*** wurde, regeneriert sich die Skizze automatisch.

Abb. 395 Erforderliche lokale Aktualisierung der Baugruppe

Klicken Sie anschließend mit der linken Maustaste in den Zeichenbereich der Datei ***Parameter-Baugruppe.iam***. Die Änderung der Basisskizze wird nicht automatisch übernommen und muss manuell aktualisiert werden. Dies wird durch ein kleines Blitzsymbol (***Lokale Aktualisierung***) angezeigt (Abb. 395). Klicken Sie darauf, und die Baugruppe passt sich den Änderungen der referenzierten Basisskizze an. Wiederholen Sie diese Übung mit den folgenden Werten: ***10 mm***, ***20 mm*** und ***30 mm***.

Antriebswelle R = 10mm **Antriebswelle R = 20mm** **Antriebswelle R = 30mm**

Abb. 396 Testen der parametrischen Änderung

11.5 Parametrische Steuerung mit externen Datenquellen

Die gesamte Baugruppe ist jetzt von einem gesteuerten Wert abhängig (***Radius_Antriebswelle***). Und selbst dieser (noch konstante) Wert soll gesteuert werden.

Das Programm bietet die Möglichkeit, parametrische Werte mit einer externen Datei (Inventor-Datei oder Excel-Tabelle) zu verknüpfen. In der folgenden Übung soll der Wert des Modellparameters ***Radius_Antriebswelle*** aus einer externen Tabelle entnommen werden.

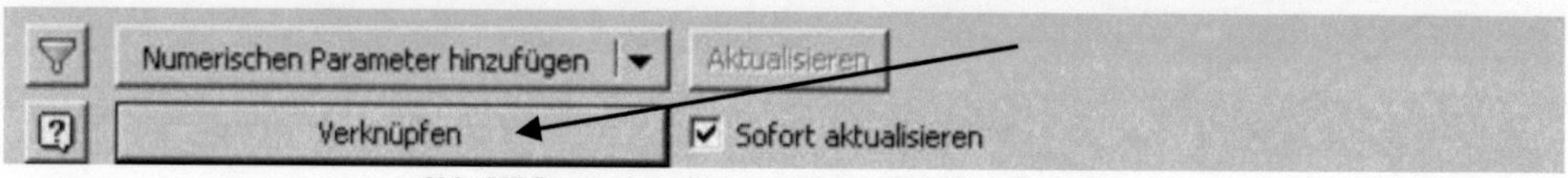

Abb. 397 Parameter mit einer externen Tabelle verknüpfen

Klicken Sie mit der linken Maustaste in den Zeichenbereich der Datei ***Parameter-Basisskizze.ipt*** und starten Sie hier den Befehl f_x ***Parameter***. Aktivieren Sie die Option ***Verknüpfen*** (unterer Bereich des Befehlsfensters). Im neuen Auswahlfenster (***Öffnen***) wählen Sie die Tabelle ***Parameter.xls*** aus, welche sich im Projektordner befindet. Tragen Sie in die ***Startzelle*** den Wert ***A1*** ein und aktivieren Sie dann die Option ***Verknüpfen*** (Abb. 398). Bestätigen Sie die Eingaben mit ***Öffnen***.

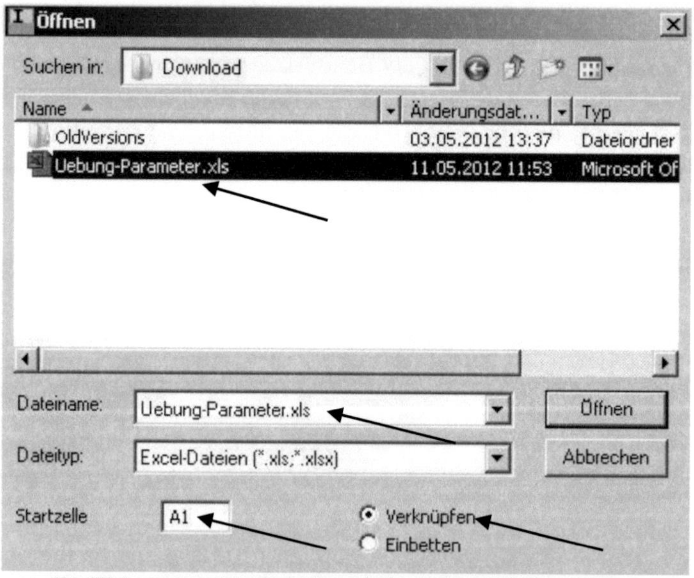

Abb. 398 Ausgangswert der Basisskizze mit einer externen Tabelle verknüpfen

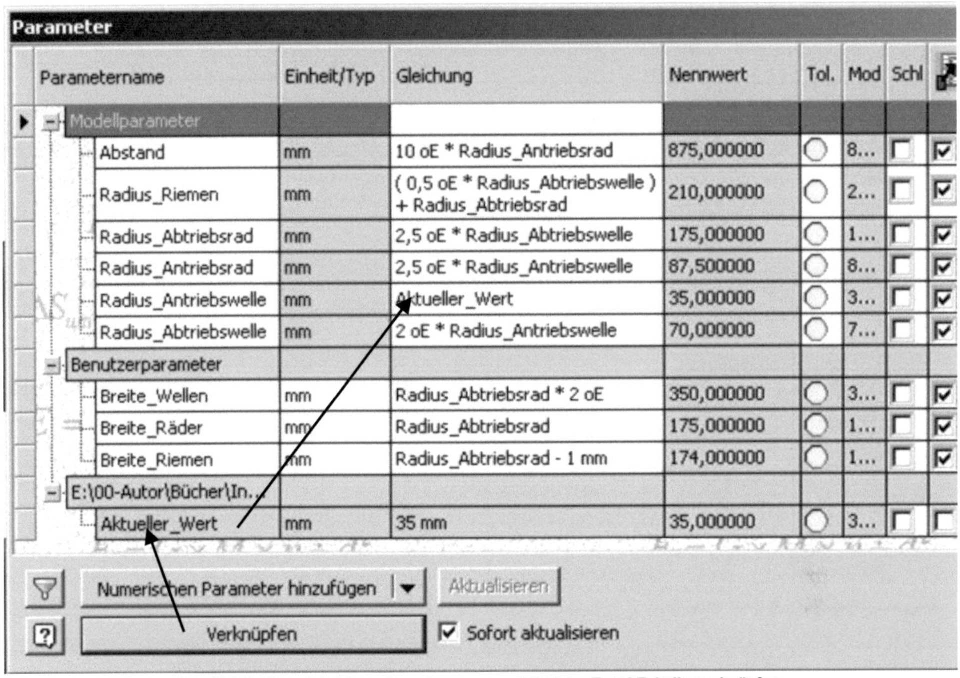

Abb. 399 Radius_Antriebswelle mit dem neuen Wert der Excel-Tabelle verknüpfen

Zurück im Eingabefenster ***Parameter*** finden Sie im unteren Bereich der Tabelle eine neue Zeile ***Aktueller_Wert***. Diese Bezeichnung bezieht das Programm aus der verknüpften Tabelle (Zelle A1), ebenso den Wert ***35 mm*** (Zelle A2). Ändern Sie die Gleichung des Parameters ***2 mm*** auf ***Aktueller_Wert*** (Abb. 399).

Öffnen Sie die Tabelle ***Parameter.xls*** mit einem Tabellenbearbeitungsprogramm und ändern Sie den Wert der Zelle ***A2*** auf ***50 mm***. ***Speichern*** Sie die Tabelle anschließend und wechseln Sie zu Inventor®, um dort zu ***aktualisieren***. Die Änderungen sollten jetzt übernommen werden.

11.5.1 Speichern mehrerer Dateien

Um alle derzeit geöffneten Dateien im Programm gleichzeitig zu schließen, öffnen Sie das ***Hauptmenü*** und wählen dort in der erweiterten Auswahl von ***Speichern*** die Option ***Alle speichern***. Das Programm sichert alle geöffneten Dateien. Verwenden Sie die Option ***Alle schließen*** im Bereich ***Schließen*** des ***Hauptmenüs***, um auch alle offenen Dateien in einem Schritt zu schließen.

12 PACK AND GO

Das gesamte Projekt ***4-Takt-Motor*** soll in der letzten Übung als komplettes Paket gespeichert werden. Hier bietet das Programm die Möglichkeit, alle Baugruppen, Bauteile, Normteile, Texturen und Abhängigkeiten eines Projekts in einem einzigen Schritt zu sammeln und in einen Ordner zu kopieren.

Abb. 400 Starten des Befehls: Pack and Go

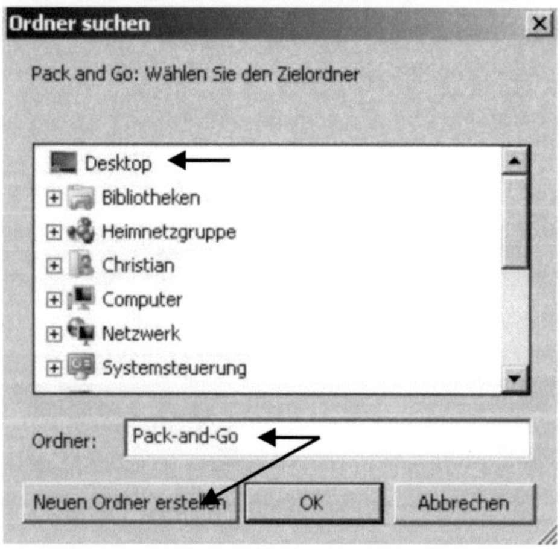

Abb. 401 Neuen Zielordner erstellen

Öffnen Sie die Hauptbaugruppe ***4-Takt-Motor.iam***.

Starten Sie im Hauptmenü in der Auswahloption ***Speichern unter*** den Befehl ***Pack and Go*** (Abb. 400).

Im neu geöffneten Befehlsfenster legen Sie zuerst einen ***Zielordner*** fest, welcher nicht innerhalb des Projektordners liegen darf. Erstellen Sie einen neuen Ordner (eventuell auf Ihrem Desktop) und nennen Sie diesen ***Pack-and-Go***.

Das Programm erwartet die Vorgabe der ***Projektdatei***. Suchen Sie im Projektordner die Datei ***Inventor-2014-4-Takt-Motor.ipj***.

Klicken Sie anschließend auf ***Jetzt suchen***, und das Programm berechnet alle benötigten Bauteile und Baugruppen sowie den erforderlichen Speicherplatz.

Im nächsten Schritt sollen die fehlenden Zeichnungen und die Präsentation hinzugefügt werden.

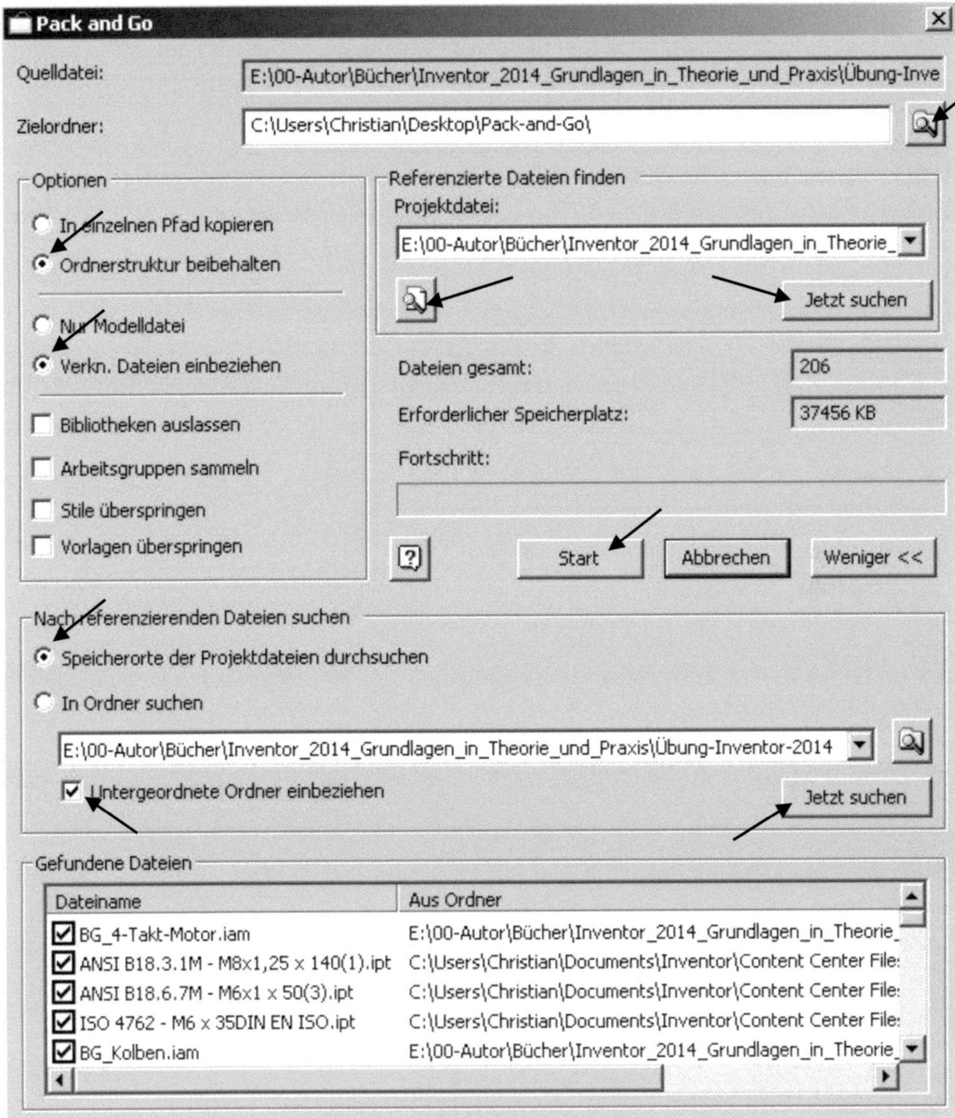

Abb. 402 Befehlseinstellungen: Pack and Go

Aktivieren Sie im Eingabefeld ***Nach referenzierten Dateien suchen*** die Optionen ***Speicherorte der Projektdateien durchsuchen*** sowie ***Untergeordnete Ordner einbeziehen*** und klicken Sie im Anschluss auf 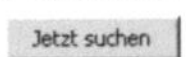 ***Jetzt suchen***.

Im neuen Fenster ***Pack and Go: Gefundene Referenzdateien*** sollten jetzt drei weitere Dateien aufgelistet werden. Aktivieren Sie diese Dateien und klicken Sie auf Hinzufügen ***Hinzufügen***.

Zurück im Befehlsfenster finden Sie im unteren Bereich eine Liste aller gefundenen Dateien. Prüfen Sie hier noch einmal deren Vollständigkeit, aktivieren Sie anschließend die Optionen ***Ordnerstruktur beibehalten*** sowie ***Verknüpfte Dateien einbeziehen*** und Start ***starten*** Sie den Befehl.

Das Befehlsfenster kann danach durch Fertig ***Fertig*** beendet werden. Öffnen Sie den neu erzeugten Ordner auf dem Desktop. Ihre Bauteile und Baugruppen finden Sie im Ordner ***Workspaces***. Die Textdatei ***packngo.log*** enthält eine Auflistung aller zusammengefassten Daten.

Der komplette Ordner kann jetzt auf einen anderen PC kopiert und dort durch Öffnen der Projektdatei weiterbearbeitet werden.

13 SCHLUSSWORT

Der Autor des Buches hofft, dass Sie bei der Arbeit mit dem Programm und dem Übungsprojekt viel Spaß hatten.

Der Inhalt des Buches wurde sorgfältig geprüft. Leider können Fehler nicht ausgeschlossen werden.

Wenn Ihnen während der Arbeit mit dem Buch Fehler auffallen sollten, oder wenn Sie Ideen zur Verbesserung des Inhaltes haben, ist Ihnen der Autor für jeden Hinweis per E-Mail dankbar.

Konstruktive Anmerkungen können jederzeit an ***schlieder@cad-trainings.de*** gesendet werden.

Vielen Dank.

Auszug aus dem Aufbaukurs KONSTRUKTION

Die folgenden Seiten zeigen Auszüge aus dem Buch:

- ***Autodesk® Inventor® 2013 - Aufbaukurs KONSTRUKTION***

Inventor® verfügt im Baugruppenbereich über einen Reiter ***Konstruktion*** welcher im Grundlagenbuch nicht behandelt wird.

Die Befehle in diesem Reiter wurden an die speziellen Bedürfnisse der Konstruktion im Maschinenbau angepasst. Sie sind teilweise sehr komplex und erfordern ein gewisses Grundwissen zum Programm.

Der ***Aufbaukurs KONSTRUKTION*** erweitert das Übungsbeispiel 4-Takt-Motor um viele neue Komponenten.

Die folgenden Befehle werden in diesem Buch behandelt:

- ***Druckfeder-Generator***
- ***Gehrungen erzeugen***
- ***Gestell-Generator***
- ***Kegelräder-Generator***
- ***Keilwellen-Generator***
- ***Lager-Generator***
- ***Rollenketten-Generator***
- ***Schraubenverbindungs-Generator***
- ***Stirnräder-Generator***
- ***Wellen-Generator***
- ***Zahnriemen-Generator***
- ***Zugfeder-Generator***

Weitere Informationen zum Buch erhalten Sie auf der Website:

- ***www.Ingenieurbuero-Schlieder.de***

LEICHT VERSTÄNDLICH - KOMPLEXES ÜBUNGSBEISPIEL

Christian Schlieder

Autodesk® Inventor® 2013

Aufbaukurs KONSTRUKTION

Viele praktische Übungen am Konstruktionsobjekt GETRIEBE

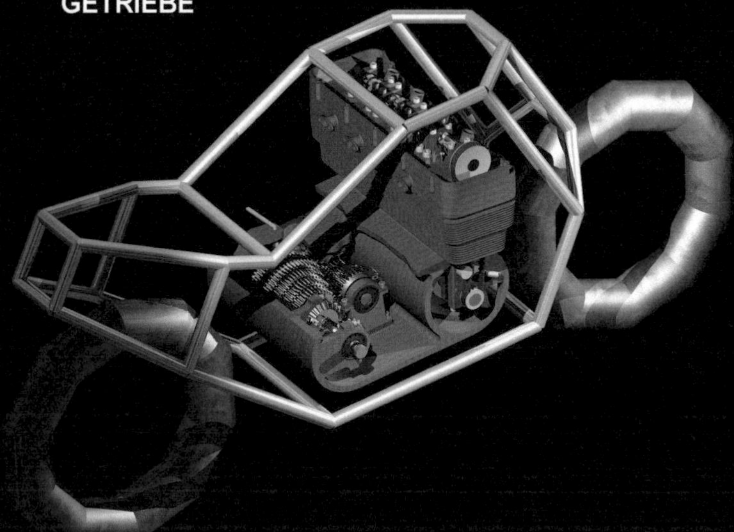

Konstruieren von Druckfedern, Gehrungen, Gestellen, Kegelrädern, Keilwellen, Lagern, Rollenketten, Stirnrädern, Schraubenverbindungen, Wellen, Zahnriemen und Zugfedern mit dem Inventor®-Konstruktionstool

INHALTSVERZEICHNIS

1 DER UMGANG MIT DEM BUCH **3**

1.1 Zielgruppe & Aufbau des Buches **3**

1.2 Digitales Zubehör zum Buch **3**

2 KOMPLETTIERUNG DES KURBELTRIEBES **4**

2.1 Theoretische Grundlagen zum Zahnriemenantrieb **4**

2.2 Konstruktion eines Zahnriemenantriebes **4**
2.2.1 Befehlsgrundlagen ZAHNRIEMEN-GENERATOR 4
2.2.2 Zahnriemenantrieb zwischen Nocken-und Kurbelwelle erzeugen 7
2.2.3 Befehlsgrundlagen ZUGFEDER-KOMPONENTEN-GENERATOR 12
2.2.4 Spannrolle des Zahnriemens mit einer Zugfeder beaufschlagen 14

2.3 Konstruktion einer Druckfeder **16**
2.3.1 Befehlsgrundlagen DRUCKFEDER-GENERATOR 16
2.3.2 Druckfeder zwischen Ventil und Zylinderkopf erzeugen 18

3 GETRIEBEKONSTRUKTION **20**

3.1 Theoretische Grundlagen zum Getriebeaufbau **20**

3.2 Lagerung der Wellen **21**
3.2.1 Lagerhalterungen importieren 21
3.2.2 Befehlsgrundlagen LAGER-GENERATOR 21
3.2.3 Erzeugen eines Zylinderollenlagers 23
3.2.4 Modellbaum strukturieren 24
3.2.5 Importieren der oberen Lagerhalterungen 25
3.2.6 Modellbaum strukturieren 25

3.3 Befestigung der Lagerhalterungen **25**
3.3.1 Befehlsgrundlagen SCHRAUBENVERBINDUNGS-GENERATOR 26
3.3.2 Lagerhalterungen der Antriebswelle miteinander verbinden 28
3.3.3 Lagerhalterungen der Wellen am Motorgehäuse befestigen 31

3.4 Konstruktion der Getriebewellen **33**
3.4.1 Platzieren der Lamellenkupplung 33

3.4.2 Befehlsgrundlagen WELLEN-GENERATOR 34
3.4.3 Konstruktion der Antriebswelle 37
3.4.4 Befestigungsflansch der Antriebswelle mit Bohrungen versehen 40
3.4.5 Schrauben aus dem Inhaltscenter importieren 41
3.4.6 Abschließende Arbeiten an der Antriebswelle 42
3.4.7 Importieren der Halterungen für die Rücklaufwelle 43
3.4.8 Konstruktion der Rücklaufwelle 44
3.4.9 Konstruktion der Abtriebswelle 45

3.5 Konstruktion der Zahnradpaare 46
3.5.1 Befehlsgrundlagen STIRNRÄDER-GENERATOR 47
3.5.2 Konstruktion des Zahnradpaares für den ersten Gang 48
3.5.3 Konstruktion der Zahnradpaare der restlichen Vorwärtsgänge 51
3.5.4 Importieren der Zahnräder für den Rückwärtsgang 54
3.5.5 Wellen und Zahnräder mit Bewegungsabhängigkeiten versehen 55

3.6 Konstruktion des Kegelradgetriebes 57
3.6.1 Welle und Lager zur Platzierung der Kegelräder erzeugen 58
3.6.2 Befehlsgrundlagen KEGELRÄDER-GENERATOR 59
3.6.3 Konstruktion des Kegelradgetriebes 61

3.7 Rollenketten erzeugen 63
3.7.1 Befehlsgrundlagen ROLLENKETTEN-GENERATOR 64
3.7.2 Konstruktion der Antriebskette 66
3.7.3 Kettenantrieb mit Bewegungsabhängigkeiten versehen 69
3.7.4 Animation des Bewegungsapparates 70
3.7.5 Konstruktion der Rollenkette für die Gangschaltung 70
3.7.6 Kettenschaltung mit Schalthebel und Kegelradpaar versehen 75

3.8 Konstruktion einer Keilwellenverbindung 77
3.8.1 Befehlsgrundlagen KEILWELLEN-GENERATOR 77
3.8.2 Erzeugen einer Keilwellenverbindung an der Getriebeausgangswelle 79

3.9 Konstruktion von Rahmen und Reifen 80
3.9.1 Befehlsgrundlagen GESTELL-GENERATOR 80
3.9.2 Erzeugen des Motorradrahmens und der beiden Reifen 81
3.9.3 Befehlsgrundlagen GEHRUNG 83
3.9.4 Rohrsegmente durch Gehrung aneinander anpassen 84

4 SCHLUSSWORT 85

5 VERZEICHNISSE 86

1 Der Umgang mit dem Buch

1.1 Zielgruppe & Aufbau des Buches

Dieses Buch ist ein Aufbaukurs für Fortgeschrittene, die mit den Grundlagen von *Autodesk® Inventor® 2013* bereits vertraut sind. Das Programm verfügt im Baugruppenbereich über ein Register *Konstruktion* welches zur Berechnung und Konstruktion, speziell im Maschinenbau verwendeter Komponenten dient. In einem komplexen Übungsbeispiel wird der Leser theoretische Grundlagen einiger Befehle aus diesem Register erlernen und anschließend praktisch umsetzen.

Das verwendete Übungsbeispiel baut auf das Grundlagenbuch *Autodesk® Inventor® 2013 – Grundlagen in Theorie und Praxis* auf, in welchem ein vereinfachter 4-Takt-Motor erstellt wurde. Dieser Motor wird im vorliegenden Buch um ein komplettes Getriebe erweitert.

In diesem Buch werden die folgenden Befehle des Reiters *Konstruktion* behandelt:

- *Druckfeder-Generator*
- *Gehrungen erzeugen*
- *Gestell-Generator*
- *Kegelräder-Generator*
- *Keilwellen-Generator*
- *Lager-Generator*
- *Rollenketten-Generator*
- *Schraubenverbindungs-Generator*
- *Stirnräder-Generator*
- *Wellen-Generator*
- *Zahnriemen-Generator*
- *Zugfeder-Generator*

Das Übungsbeispiel bietet genügend Möglichkeiten, die Befehlsketten sporadisch zu verlassen und eigene Versuche mit den Befehlen zu starten.

1.2 Digitales Zubehör zum Buch

Um die Übungen aus diesem Buch durchführen zu können, benötigen Sie vorgefertigte Übungsdateien, welche auf der folgenden Website kostenlos heruntergeladen werden können:

- *http://www.Ingenieurbuero-Schlieder.de*

Erstellen Sie auf Ihrem PC an einem geeigneten Speicherort einen neuen Ordner *Getriebekonstruktion*. Speichern Sie die heruntergeladene Datei in diesem Ordner und entpacken diese dort (ZIP-Datei). Starten Sie *Autodesk® Inventor® 2013*, öffnen Sie die Projektdatei *Konstruktion.ipj* (Projektordner) und anschließend die Baugruppe *4-Takt-Motor.iam*.

2 Komplettierung des Kurbeltriebes

2.1 Theoretische Grundlagen zum Zahnriemenantrieb

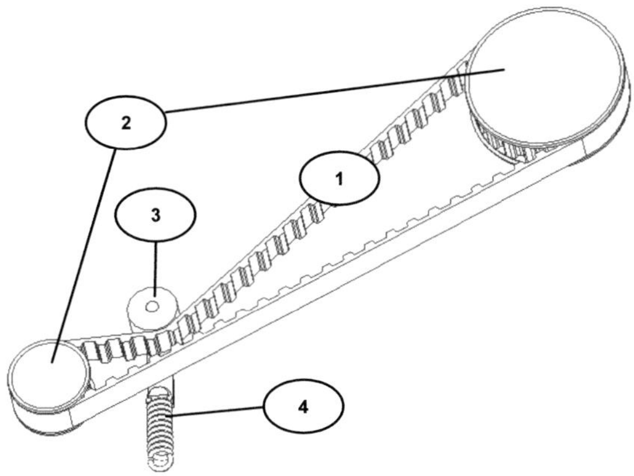

Abb. 1 Zahnriemen mit Spannrolle und Zugfeder (schematische Darstellung)

Die Nockenwelle des Motors soll durch die Drehbewegung der Kurbelwelle angetrieben werden. Diese Verbindung kann durch Zahnriemen-, Ketten- oder Zahnradantriebe realisiert werden. Häufig werden Zahnriemenantriebe verwendet. Diese sind, bedingt durch ihren Aufbau (Kunststoffgewebe mit innenliegenden Zugdrähten aus Metall), geräuscharm während des Betriebes und kostengünstig in ihrer Herstellung.

Der Zahnriemen (1) wird über Zahnräder geführt (2). Um ihn konstant auf Spannung zu halten, wird er mit einer zusätzlichen Spannrolle (3) bestückt, welche von einer Zugfeder (4) gespannt wird. Zahnriemen müssen nicht gewartet werden, unterliegen allerdings regelmäßigen Austausch-Intervallen.

2.2 Konstruktion eines Zahnriemenantriebes

2.2.1 Befehlsgrundlagen ZAHNRIEMEN-GENERATOR

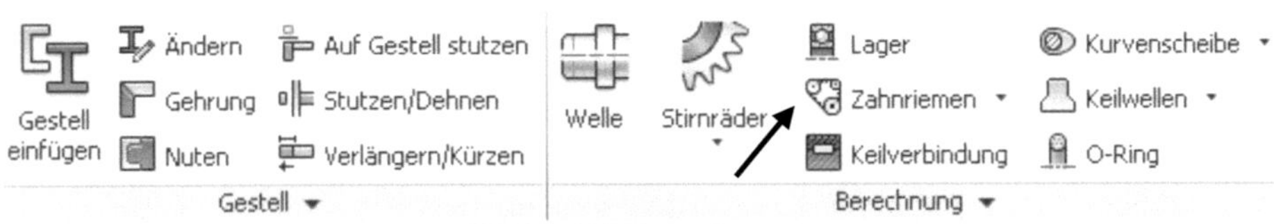

Abb. 2 Der Zahnriemen-Generator

Mit dem *Zahnriemen-Generator* können Zahnriemenantriebe (bestehend aus Zahnriemen, Riemenscheiben und Spannrollen) berechnet und konstruiert werden.

Das Inhaltscenter beinhaltet eine Auswahl an Riementypen, welche entsprechend der zugehörigen Norm bearbeitet werden können. Der Zahnriemenantrieb kann auf bereits vorhandene geometrische Elemente bezogen werden, die Darstellung kann als Skizze, Volumenkörper oder detailliert erfolgen.

2.2.1.1 Reiter KONSTRUKTION

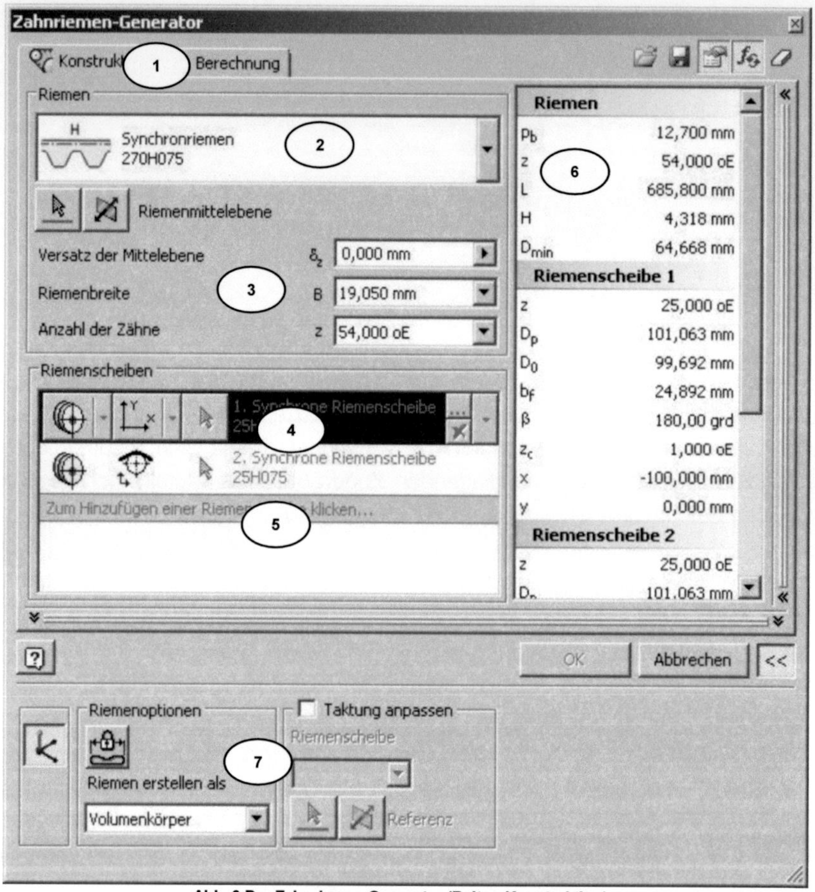

Abb. 3 Der Zahnriemen-Generator (Reiter: Konstruktion)

INHALT

Der Reiter *Konstruktion* ermöglicht die Auswahl eines vordefinierten Riemens aus dem Inhaltscenter, welcher anschließend bearbeitet werden kann. Riemenscheiben und Spannrollen können hinzugefügt oder bearbeitet werden, die Zusammenstellung kann anschließend als Vorlage exportiert, bzw. eine externe Vorlage importiert werden.

OPTIONEN

1) Reiter: Konstruktion/ Berechnung
2) Riementyp
3) Riemenmittelebene, Versatz der Mittelebene, Riemenbreite und Anzahl der Zähne
4) Riemenscheiben/ Spannrollen bearbeiten
5) Riemenscheiben/ Spannrollen hinzufügen
6) Berechnungsergebnisse
7) Riementrieb als Skizze, Volumenkörper oder detailliert darstellen

2.2.1.2 Reiter BERECHNUNG

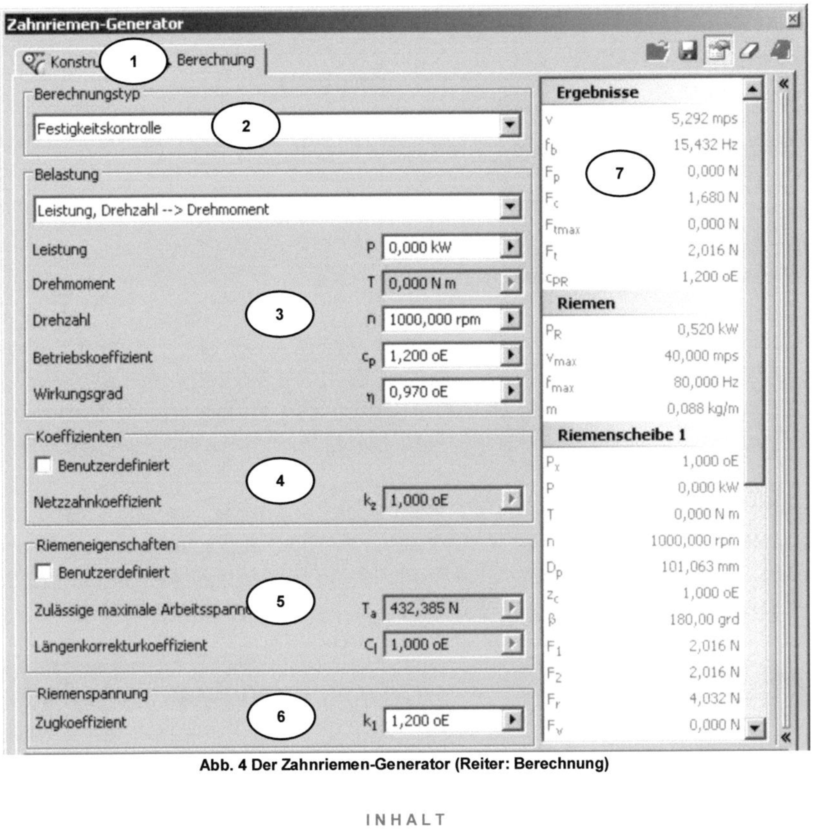

Abb. 4 Der Zahnriemen-Generator (Reiter: Berechnung)

INHALT

Der Reiter *Berechnung* ermöglicht die Auswahl von Berechnungstyp, Belastung, Koeffizienten, Riemeneigenschaften und Riemenspannung.

1) Reiter: Konstruktion/ Berechnung
2) Berechnungstyp
3) Belastung
4) Koeffizienten
5) Riemeneigenschaften
6) Riemenspannung
7) Berechnungsergebnisse

2.2.2 Zahnriemenantrieb zwischen Nocken-und Kurbelwelle erzeugen

Die Projektdatei *Konstruktion.ipj* (Projektordner) sollte bereits aktiviert und die Baugruppe *4-Takt-Motor.iam* geöffnet sein. Wechseln Sie ins Baugruppen-Register *Konstruktion* und starten Sie in der Befehlsgruppe *Berechnung* den Befehl *Zahnriemen*.

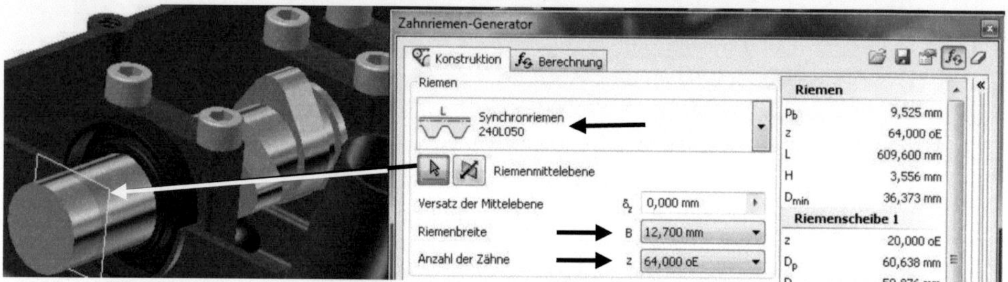

Abb. 5 Auswahl von Riemenmittelebene, Versatz der Mittelebene, Riemenbreite und Anzahl der Zähne

Ändern Sie im Register *Konstruktion* die Form des Riemens auf *Synchronriemen L* (hierfür bitte auf das *Riemensymbol* klicken), wählen Sie eine *Riemenbreite* von *12,7 mm* und *64 Zähne* (Abb. 5). Der Zahnriemen-Generator bietet die Möglichkeit, Riemen und Riemenscheiben auf bereits vorhandene geometrische Elemente der Baugruppe zu platzieren.

Nockenwelle und Kurbelwelle sollen als Referenzen verwendet werden. Vorab muss der Riemenkonstruktion allerdings eine Referenzebene (*Riemenmittelebene*) zugewiesen werden. Wählen Sie hierfür die in Abb. 5 markierte kleine Ebene, welche sich auf der Nockenwelle befindet.

Abb. 6 Riemenscheiben werden den markierten Zylinderflächen (Nockenwelle, Kurbelwelle) zugewiesen

Nach der Definition der Mittelebene können die Riemenscheiben ihren Referenzen zugewiesen werden. Im Auswahlfeld *Riemenscheiben* sollten bereits zwei Riemenscheiben voreingestellt sein. Achten Sie darauf, dass in beiden Zeilen die Optionen Komponente *Komponente* und Feste Position *Feste Position über ausgewählte Geometrie* eingestellt sind.

Abb. 7 Öffnen der Eigenschaften der ersten Riemenscheibe

Verwenden Sie die Pfeile, um den beiden Riemenscheiben als Referenzen die markierten Zylinderflächen (Nockenwelle, Kurbelwelle) aus Abb. 6 zuzuweisen. Die erste Riemenscheibe soll der markierten Zylinderfläche der Nockenwelle, die zweite Riemenscheibe der Zylinderfläche der Kurbelwelle zugewiesen werden.

HINWEIS: Sollte es Probleme dabei gegeben die Referenzen der Riemenscheiben auszuwählen (der Pfeil bleibt grau hinterlegt und lässt sich nicht aktivieren), aktivieren Sie zuerst die Option Vorhanden *Vorhanden*, wählen dann die Referenzen und aktivieren anschließend die Option Komponente *Komponente*.

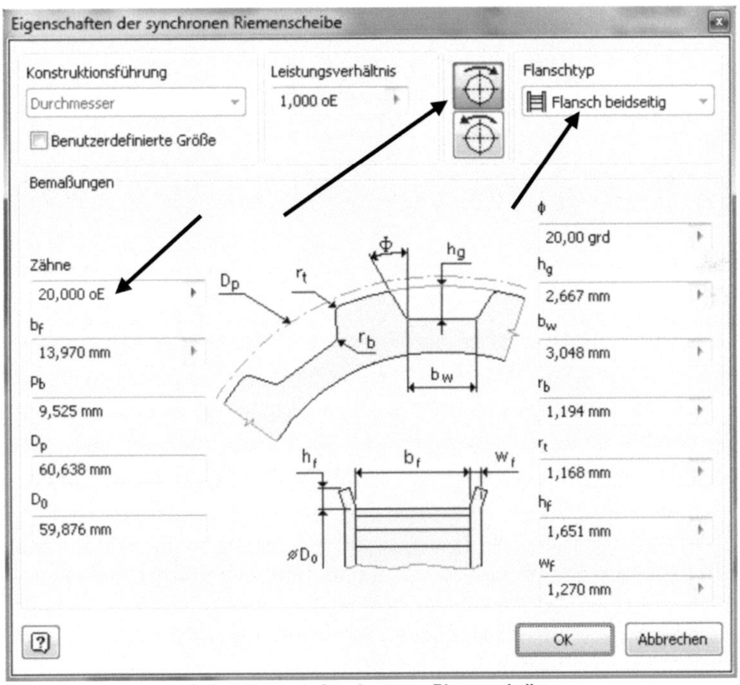

Abb. 8 Eigenschaften der ersten Riemenscheibe

Aktivieren Sie die Zeile des ersten Riemenrades und öffnen Sie die [...] *Eigenschaften* (Abb. 7). Ein neues Bearbeitungsfenster öffnet sich, in welchem die in Abb. 8 dargestellten Änderungen übernommen und mit [OK] *OK* bestätigt werden können.

HINWEIS: Änderungen in den grau hinterlegten Eingabefeldern sind erst nach Aktivierung der Option *Benutzerdefinierte Größe* möglich.

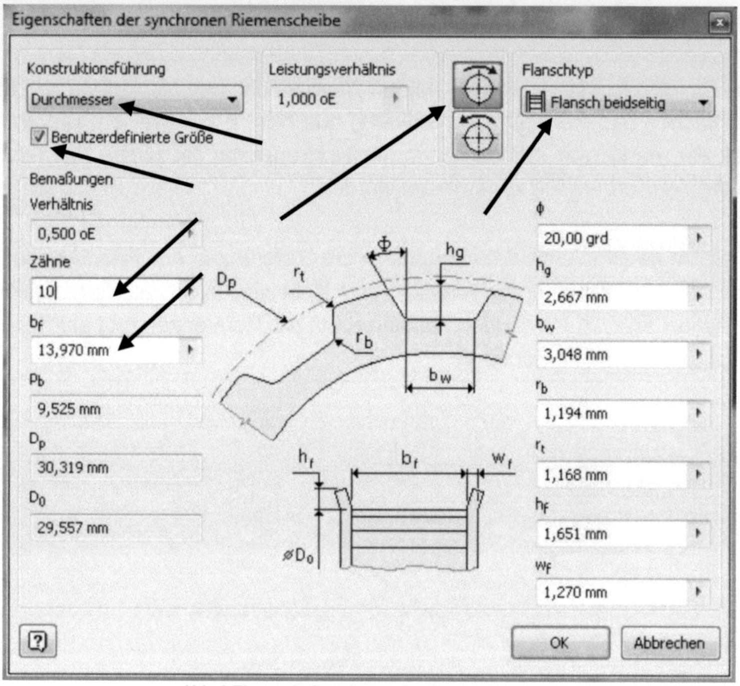

Abb. 9 Eigenschaften der zweiten Riemenscheibe

Im Anschluss sind die Eigenschaften der zweiten Riemenscheibe zu bearbeiten. Übernehmen Sie hierfür die Werte aus Abb. 9. Zahnriemen müssen ausreichend fest montiert werden, um ein Rutschen des Riemens über die Riemenscheiben zu verhindern. Aufgrund der Materialeigenschaften eines Zahnriemens kann sich dieser mit der Zeit längen, was ein Rutschen des Riemens über die Zähne des Zahnrades zur Folge haben könnte.

Um den Zahnriemen dauerhaft zu spannen, werden häufig automatische Riemenspanner verwendet. Im folgenden Schritt soll den beiden vorhandenen Riemenscheiben eine Spannrolle in Form einer flachen Riemenscheibe hinzugefügt werden. Klicken Sie hierfür auf die in Abb. 10 markierte Option *Zum Hinzufügen einer Riemenscheibe klicken…* und wählen Sie die *Flache Riemenscheibe (metrisch)*.

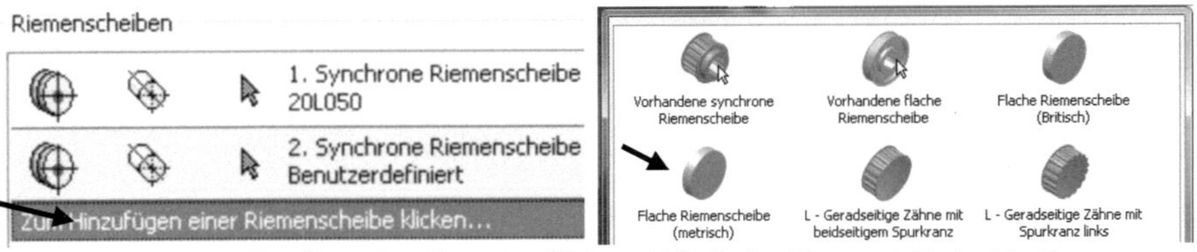

Abb. 10 (L) Hinzufügen eines Elementes; (R) Auswahl der flachen Riemenscheibe (metrisch)

Aktivieren Sie in der neuen Zeile die Optionen Komponente *Komponente* sowie *Richtungsorientierte verschiebbare Position* und als *Richtungsreferenz* die in Abb. 11 markierte Ebene am Bauteil *Führung-Spannrolle-Zahnriemen*.

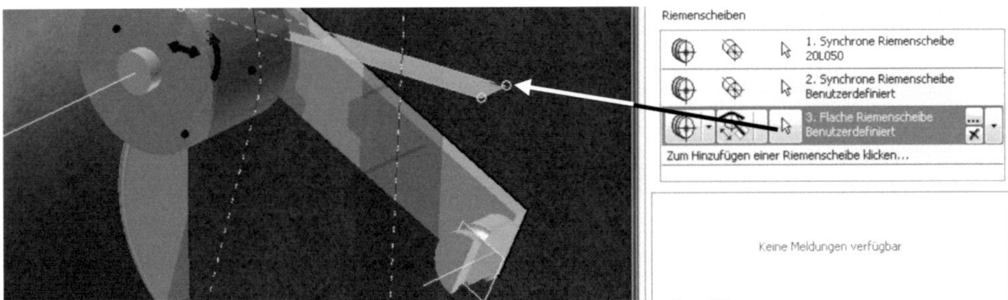

Abb. 11 Markierte Ebene als Referenz für die Spannrolle wählen

HINWEIS: Zahnriemenantriebe unterliegen strengen Berechnungsvorschriften. Um dem Programm zu ermöglichen, die Riemenlänge unter Beachtung dieser Vorschriften korrekt zu errechnen, ist es notwendig, eine der drei Riemenscheiben mit einem zusätzlichen Freiheitsgrad zu versehen.

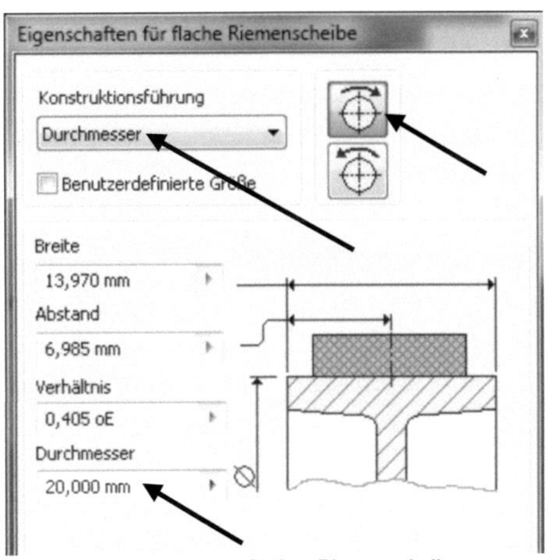

Abb. 12 Eigenschaften der flachen Riemenscheibe

Die Option *Richtungsorientierte verschiebbare Position* gibt der flachen Riemenscheibe die Möglichkeit, sich entlang der definierten Ebene zu bewegen. Hierdurch kann die Position der Riemenscheibe auf der Ebene frei verschoben, die Zahnriemenlänge korrekt berechnet und der Zahnriemenantrieb fehlerfrei erzeugt werden.

Öffnen Sie die *Eigenschaften* der flachen Riemenscheibe und übernehmen Sie alle Werte und Einstellungen aus Abb. 12.

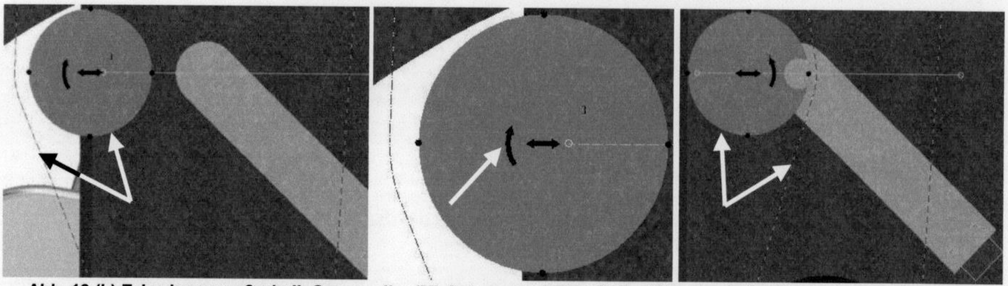

Abb. 13 (L) Zahnriemen außerhalb Spannrolle; (M) Gebogener Pfeil; (R) Position des Zahnriemens wurde korrigiert

Auf der Spannrolle befinden sich ein gebogener Pfeil und weitere Markierungen (Punkte, Doppelpfeile). Jede dieser Markierungen ermöglicht ein manuelles Ändern der geometrischen Eigenschaften (parallel zu den Auswahloptionen im Befehlsfenster).

Die Punkte zum Beispiel ändern den Durchmesser der Spannrolle, der Doppelpfeil die Position auf der Referenzebene und der gebogene Pfeil die Position des Riemens (bezogen auf die Spannrolle). Klicken Sie auf den *gebogenen Pfeil* (Abb. 13/ M), um die Spannrolle außerhalb des Zahnriemens zu platzieren.

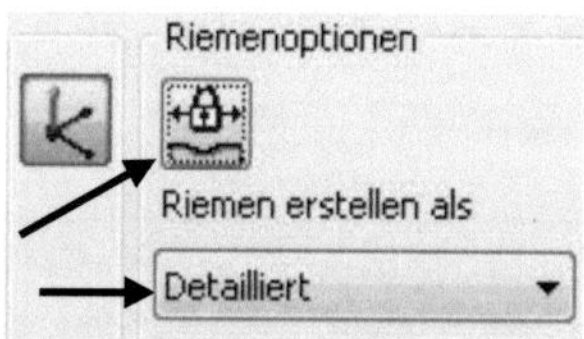

Abb. 14 Erweiterte Riemenoptionen

Das korrigierte Ergebnis sollte dann wie in Abb. 13/ R dargestellt angezeigt werden. Achten Sie darauf, im unteren Bereich des Reiters *Konstruktion* die *Riemenlängensperre* zu *deaktivieren* und die Option *Detailliert* zu *aktivieren* (Abb. 14).

Wechseln Sie in den Reiter Berechnung *Berechnung* und starten Sie dort den Befehl Berechnen *Berechnen.*

HINWEIS: Sollten nach der Berechnung Fehlermeldungen angezeigt werden, bestätigen Sie diese und berechnen den Riemen trotzdem. Leider reagiert das Programm auf kleine Abweichungen oft sehr sensibel. Die Berechnung erfolgt trotzdem.

Die Abfrage nach dem Speicherort der neuen Komponenten (Zahnriemen, Riemenräder, Spannrolle) kann durch *OK* Bestätigt werden. Ein neuer Ordner *Konstruktions-Assistent* wird automatisch in Ihrem Projektordner erzeugt (innerhalb des Ordners *4-Takt-Motor* im Projektordner), um darin die neuen Komponenten zu sichern. Speichern Sie die gesamte Baugruppe und achten Sie beim Abfragefenster *Speichern* darauf, die Option *Ja für alle* zu aktivieren.

Nachdem der gesamte Zahnriemenantrieb generiert wurde, soll die Spannrolle mit einem Spannrollenhalter verbunden werden.

2.2.3 Befehlsgrundlagen ZUGFEDER-KOMPONENTEN-GENERATOR

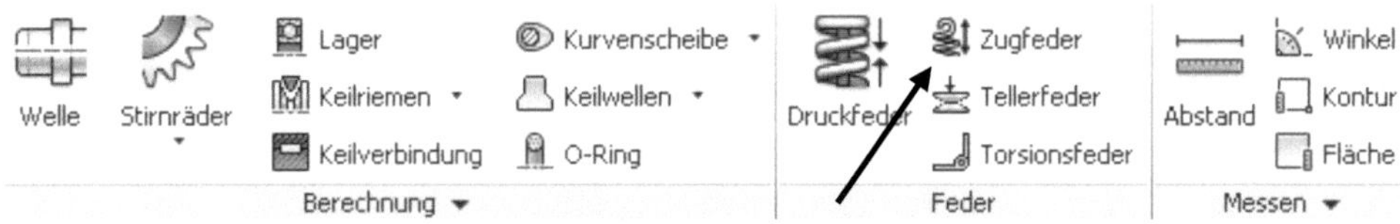

Abb. 15 Der Zugfeder-Komponenten-Generator

Der *Zugfeder-Komponenten-Generator* dient zur Berechnung und Konstruktion von Zugfedern. Im Gegensatz zum vorherigen Befehl kann die Feder nicht auf bereits vorhandene geometrische Elemente der Baugruppe bezogen werden. Die Feder muss konstruiert und anschließend manuell mit Abhängigkeiten versehen werden.

2.2.3.1 Reiter KONSTRUKTION

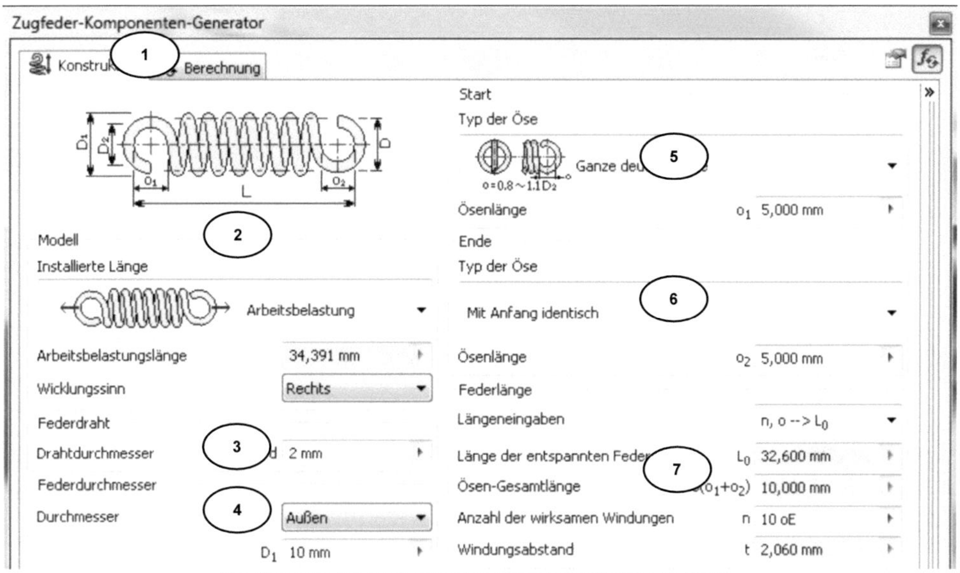

Abb. 16 Der Zugfeder-Komponenten-Generator (Reiter: Konstruktion)

INHALT

Im Reiter *Konstruktion* können Darstellung der Feder (Belastungszustand, Wirkungssinn), Drahtdurchmesser, Ösentyp und Federlänge definiert werden.

OPTIONEN

1) Reiter: Konstruktion/ Berechnung
2) Darzustellende Belastung
3) Durchmesser Federdraht
4) Durchmesser Feder
5) Typ der ersten Öse
6) Typ der zweiten Öse
7) Federlänge

2.2.3.2 Reiter BERECHNUNG

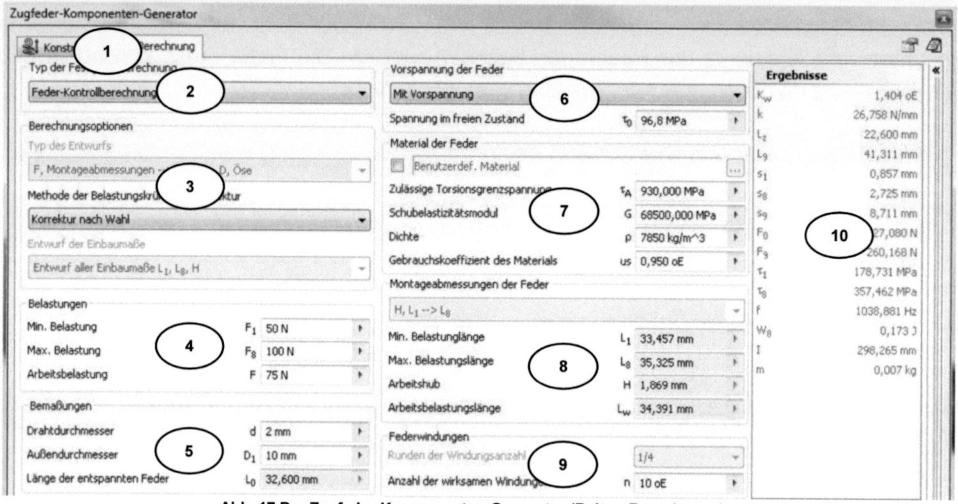

Abb. 17 Der Zugfeder-Komponenten-Generator (Reiter: Berechnung)

INHALT

Im Reiter *Berechnung* werden der Typ der Festigkeitsberechnung definiert (Zugfederentwurf, Feder-Kontrollberechnung, Berechnung der Arbeitskräfte), sowie Belastungen, Bemaßungen, Vorspannungen, Material, Windungen und Montageabmessungen der Feder festgelegt.

OPTIONEN

1) Reiter: Konstruktion/ Berechnung
2) Typ der Festigkeitsberechnung
3) Berechnungsoptionen
4) Belastungen
5) Bemaßungen
6) Vorspannung der Feder
7) Federmaterial
8) Montageabmessungen der Feder
9) Federwindungen
10) Berechnungsergebnisse

2.2.4 Spannrolle des Zahnriemens mit einer Zugfeder beaufschlagen

Ein Zahnriemen kann aufgrund der äußeren Einwirkungen seine geometrischen Abmessungen verändern. Das bedeutet eine Änderung des Riemenumfangs.

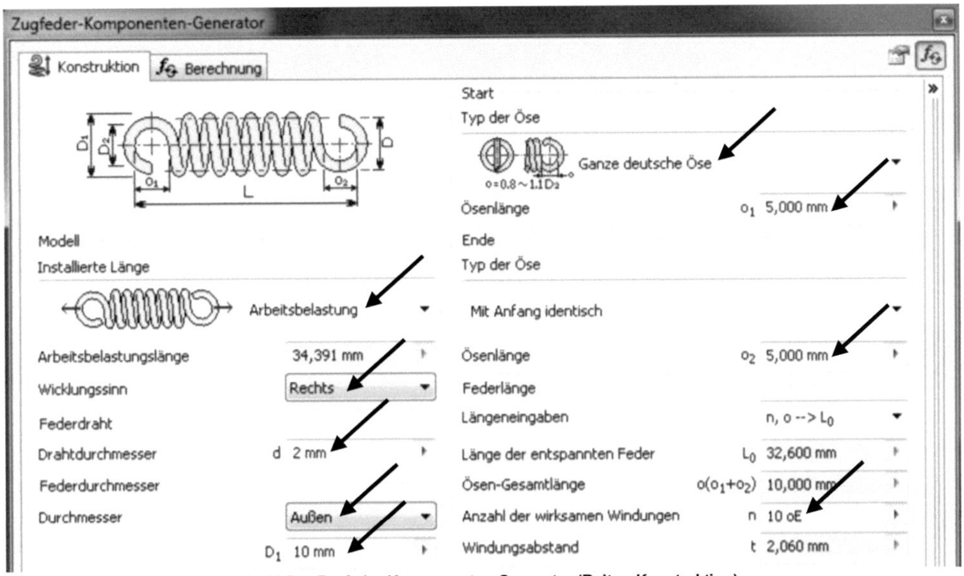

Abb. 18 Der Zugfeder-Komponenten-Generator (Reiter: Konstruktion)

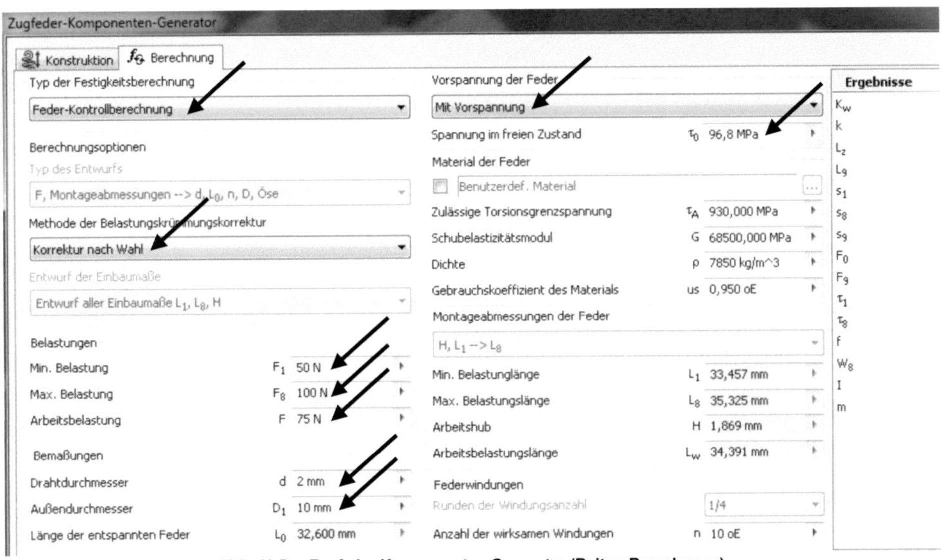

Abb. 19 Der Zugfeder-Komponenten-Generator (Reiter: Berechnung)

Der Zahnriemen in unserem Übungsbeispiel wird bereits durch eine flache Spannrolle konstant gespannt, welche in der folgenden Übung mit einer Zugfeder versehen werden soll. Starten Sie den Befehl *Zugfeder* und übernehmen Sie alle Werte und Einstellungen aus den Abb. 19 und 20. Bestätigen Sie den Befehl anschließend mit *Berechnen* und *OK*.

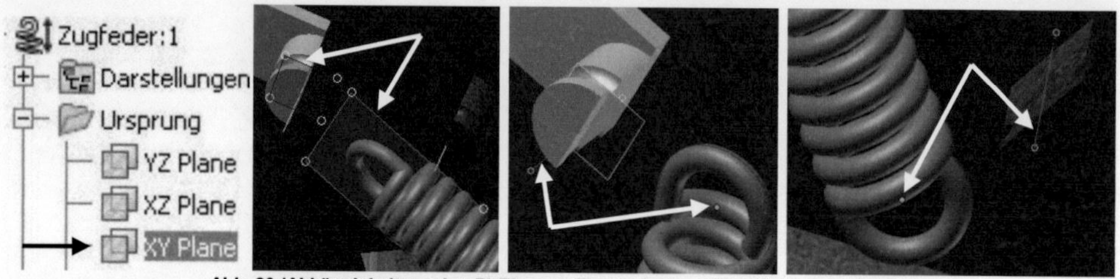

Abb. 20 (Abhängigkeiten v.L.n.R) Ebene + Ebene; Achse + Punkt; Achse + Punkt

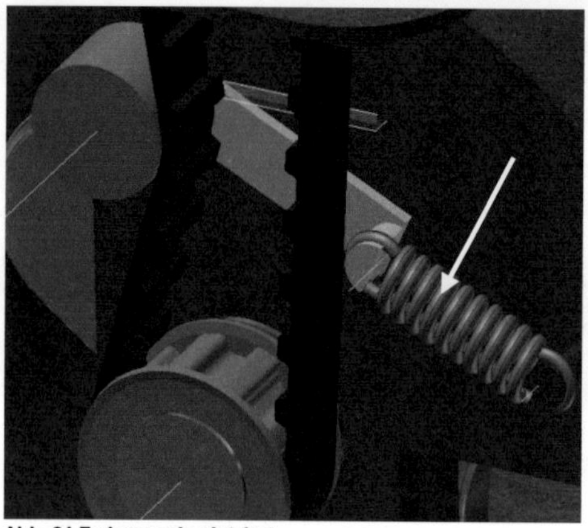

Abb. 21 Feder wurde platziert

Die Feder hängt jetzt am Mauszeiger und muss platziert werden. Verwenden Sie die in Abb. 20 dargestellten drei *Abhängigkeiten* (Register *Zusammenfügen*).

Die *Zugfeder* ist mit den Bauteilen *Motorgehäuse* und *Führung-Spannrolle-Zahnriemen* zu verbinden. Platzieren Sie hierfür die XY-Ebene der Zugfeder (Ordner Ursprung, Abb. 20/ 1), auf die markierte Ebene des Bauteils Führung-Spannrolle-Zahnriemen (Abb. 20/ 2).

Die Mittelpunkte der Federösen können anschließend auf die markierten Achsen gelegt werden (Abb. 20/ 3, 4). Nachdem die Zugfeder an ihrer korrekten Position platziert wurde, kann die Konstruktion des Zahnriemenantriebes abgeschlossen werden.

HINWEIS: Um ein Konstruktionselement aus dem Reiter *Konstruktion* zu bearbeiten, klicken Sie mit der rechten Maustaste auf das entsprechende Element und wählen die Option *Mit Konstruktions-Assistent bearbeiten*. Um es zu löschen, muss die Option *Konstruktions-Assistent-Komponente löschen* gewählt werden.

Speichern Sie die gesamte Baugruppe. Achten Sie unbedingt darauf, im Abfragefenster für alle Bauteile und Baugruppen die Option *Ja für alle* zu aktivieren.

2.3 Konstruktion einer Druckfeder

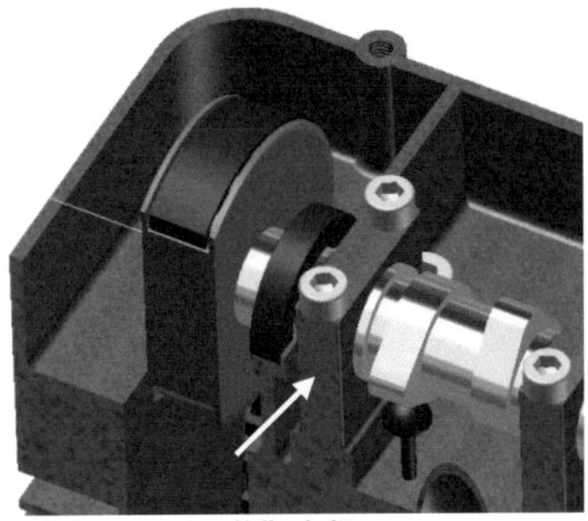

Abb. 22 Erzeugen eines Halbschnittes

In der folgenden Übung soll zwischen den Bauteilen *Ventil* und *Zylinderkopf* eine Druckfeder erzeugt werden. Diese wird das Ventil konstant gegen die Nockenwelle pressen.

Wie auch bei den Konstruktionselementen Zahnriemen und Zugfeder, wird diese Feder als starres (unflexibles) Konstruktionselement ausgeführt. Vor der nächsten Übung soll ein Schnitt erzeugt werden. Wechseln Sie hierfür ins Register *Ansicht*, starten Sie den Befehl *Halbschnitt* (Befehlsgruppe *Darstellung*) und wählen Sie die in Abb. 22 markierte Fläche des Zylinderkopfes. Bestätigen Sie die Auswahl mit der rechten Maustaste und der Option *Weiter* und anschließend der rechten Maustaste und der Option *OK*. Kehren Sie danach ins Register *Konstruktion* zurück.

2.3.1 Befehlsgrundlagen DRUCKFEDER-GENERATOR

Abb. 23 Der Druckfeder-Generator

Der *Druckfeder-Generator* berechnet und konstruiert Druckfedern. Im Gegensatz zum *Zugfeder-Komponenten-Generator* kann die Druckfeder bereits während des Befehls auf vorhandenen geometrischen Elementen der Baugruppe platziert werden. Eine nachträgliche Platzierung von Abhängigkeiten ist daher nicht notwendig.

2.3.1.1 Reiter KONSTRUKTION

INHALT

Der Reiter *Konstruktion* bietet eine Platzierung der Druckfeder, die Auswahl der installierten Länge und die Definition der geometrischen Federeigenschaften (Federanfang, Federende, Federlänge und Federdurchmesser) an.

Konstruktion einer Druckfeder

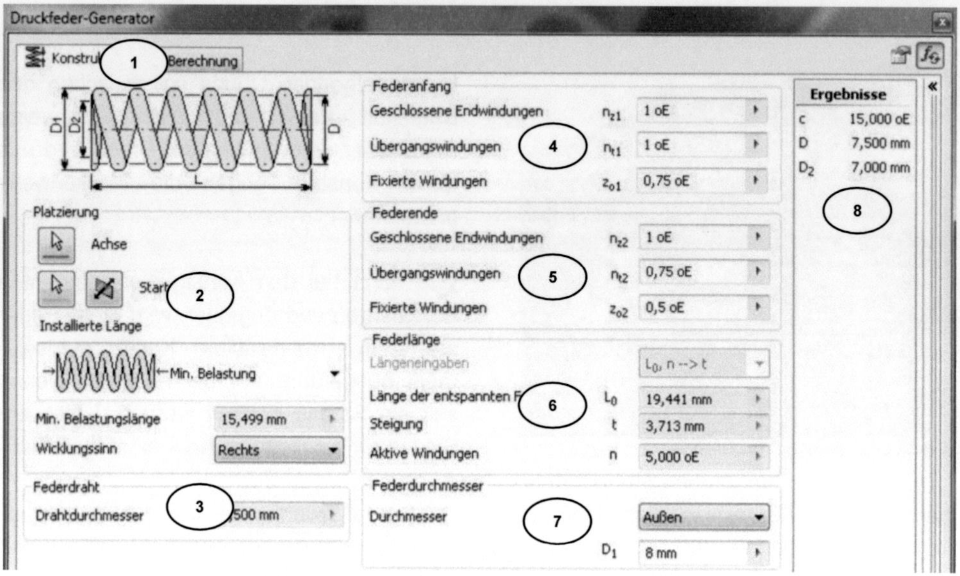

Abb. 24 Der Druckfeder-Generator (Reiter: Konstruktion)

OPTIONEN

1) Reiter: Konstruktion/ Berechnung
2) Platzierung (Achse, Ebene), Federbelastung
3) Federdrahtdurchmesser
4) Federanfang
5) Federende
6) Federlänge
7) Federdurchmesser
8) Berechnungsergebnisse

2.3.1.2 Reiter BERECHNUNG

INHALT

Im Reiter *Berechnung* werden Berechnungstyp, Berechnungsoptionen, Federmaterial und Federbelastung festgelegt.

OPTIONEN

1) Reiter: Konstruktion/ Berechnung
2) Berechnungstyp
3) Berechnungsoptionen
4) Belastung
5) Bemaßungen
6) Windungen
7) Federmaterial
8) Kontrolle auf Ausknicken
9) Dauerbelastung
10) Montageabmessungen der Feder

Konstruktion einer Druckfeder

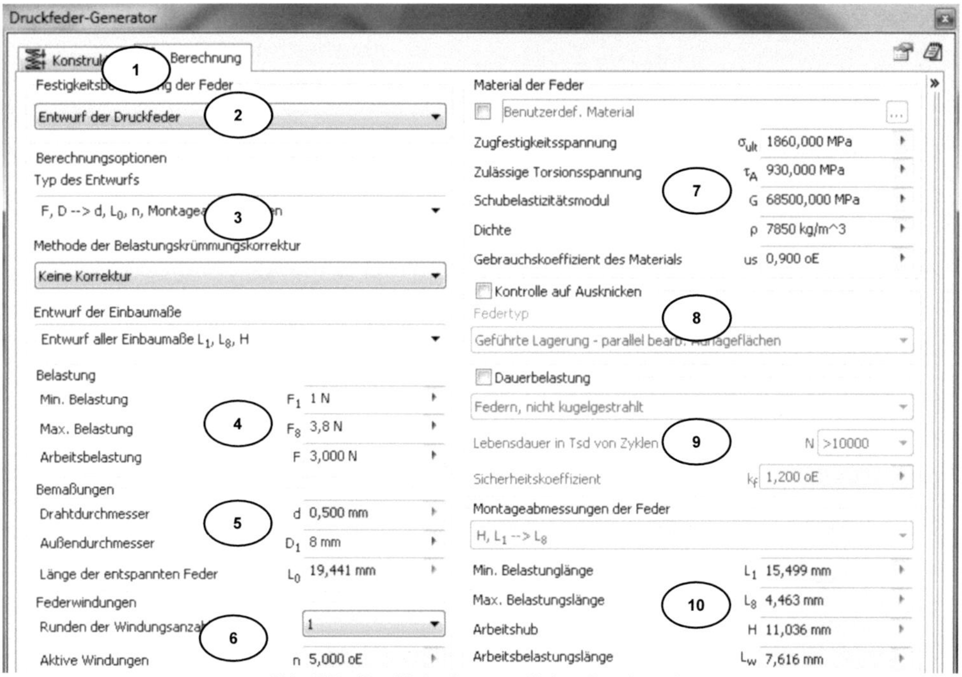

Abb. 25 Der Druckfeder-Generator (Reiter: Berechnung)

2.3.2 Druckfeder zwischen Ventil und Zylinderkopf erzeugen

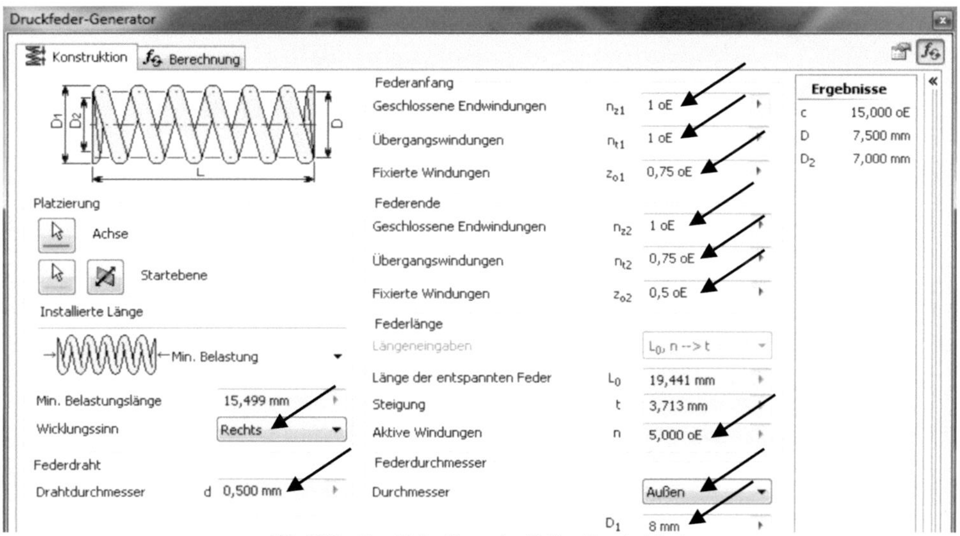

Abb. 26 Der Druckfeder-Generator (Reiter: Konstruktion)

Konstruktion einer Druckfeder

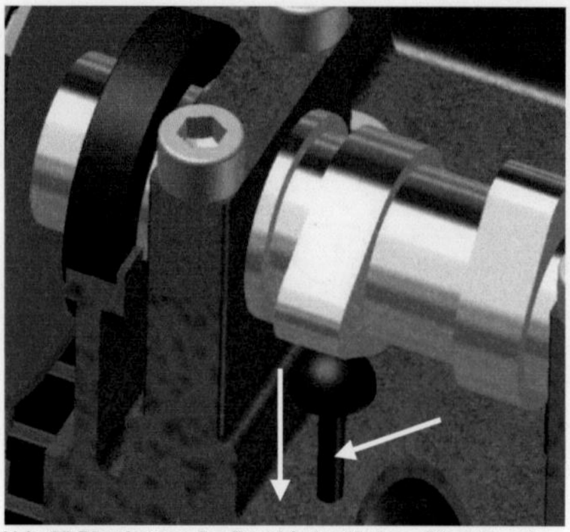

Abb. 27 Platzierung der Druckfeder (Achse, Startebene)

Starten Sie den Befehl *Druckfeder*. Im Reiter *Konstruktion* ist im Bereich *Platzierung* als *Achse* die in Abb. 27 markierte Zylinderfläche des Ventilschafts zu wählen. Als *Startebene* soll die markierte Oberfläche des Zylinderkopfes gewählt werden.

Übernehmen Sie die restlichen Werte und Einstellungen der beiden Reiter *Konstruktion* und *Berechnung* aus den Abb. 26 und 28.

HINWEIS: Der Wert für die *minimale Belastungslänge* errechnet sich automatisch anhand der Eingaben im Reiter *Berechnung*.

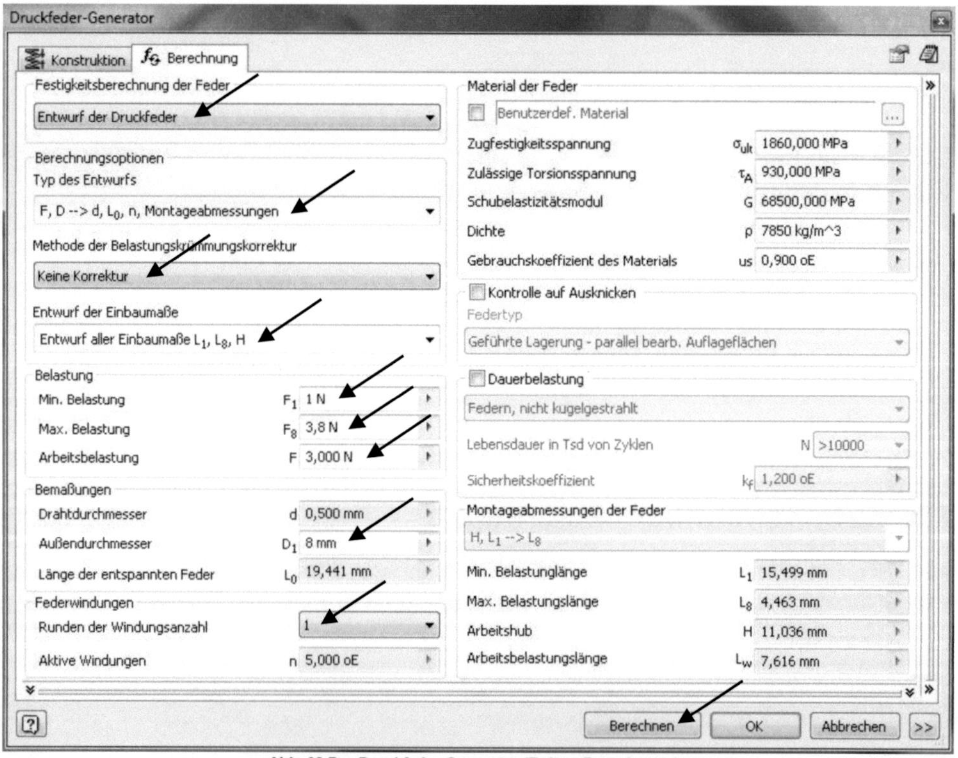

Abb. 28 Der Druckfeder-Generator (Reiter: Berechnung)

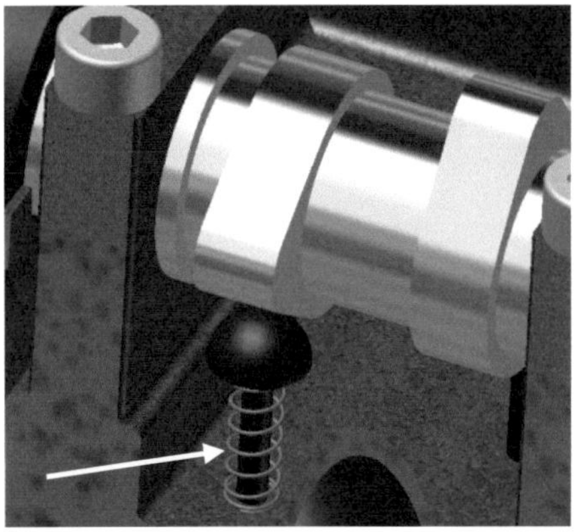

Abb. 29 Druckfeder wurde platziert

Nachdem alle Werte übernommen wurden, kann die Berechnen *Berechnung* gestartet und der Befehl mit OK *OK* bestätigt werden. Der Schnitt kann ebenfalls Schnitt beenden *beendet* werden.

Kopieren Sie die Druckfeder (*Strg+C*) und fügen Sie sie weitere Male in die Baugruppe ein (*Strg+V*), bis jedes Ventil mit einer Feder versehen wurde. Die *Abhängigkeiten* zum Befestigen der Federn sind analog der ersten Feder zu setzen.

3 Getriebekonstruktion

3.1 Theoretische Grundlagen zum Getriebeaufbau

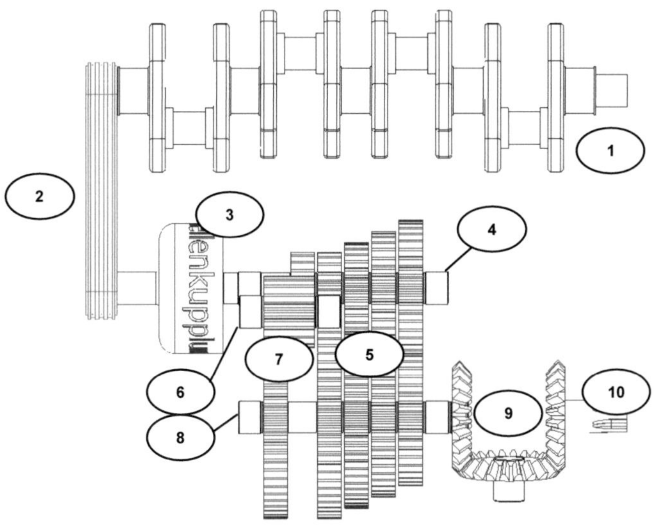

Abb. 30 Getriebeaufbau (schematische Darstellung)

Der Kraftfluss erfolgt von der Kurbelwelle (1) über ein Verbindungselement (2) zum Getrieberaum. Die Kupplung (3) leitet diesen weiter zur Antriebswelle (4). In unserem Übungsbeispiel verwenden wir ein Ziehkeilgetriebe, bei welchem alle Zahnradpaare ständig im Eingriff sind (5). Die Zahnräder der Antriebswelle sind fest mit dieser verbunden, die Zahnräder der Abtriebswelle (8) sind frei drehbar. Die Abtriebswelle ist hohl und führt einen Keil (Ziehkeil).

Er wird durch eine Rollenkette bewegt, welche axial durch die Welle läuft. Je nach Position des Keils werden Zahnrad und Abtriebswelle miteinander verbunden. Beim Rückwärtsgang wird der Kraftfluss von der Antriebswelle über eine Rücklaufwelle (6) auf die Abtriebswelle übertragen. Dabei ändert sich die Drehrichtung. Die Abtriebswelle leitet den Kraftfluss dann zum Kegelradgetriebe (9) weiter.

3.2 Lagerung der Wellen

3.2.1 Lagerhalterungen importieren

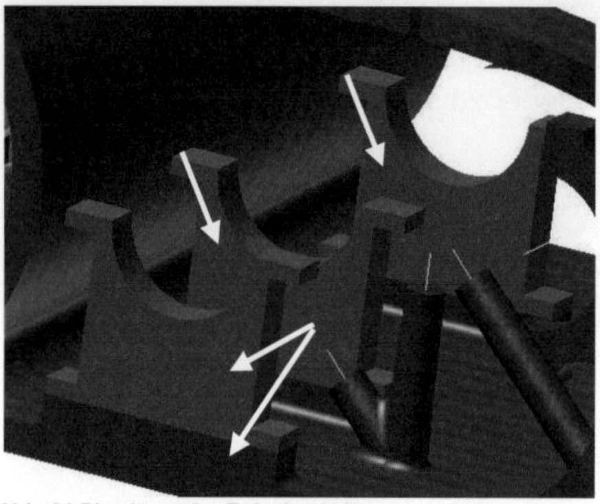

Abb. 31 Platzieren der Zwischenhalter

Der Aufbau des Getriebes erfordert im ersten Schritt den Import einiger Bauteile aus dem Projektordner.

Platzieren Sie das Bauteil *Antriebswelle-Zwischenhalter.ipt* (Projektordner) insgesamt drei Mal in der Baugruppe und *positionieren* Sie diese wie in Abb. 31 dargestellt. Achten Sie darauf, die neuen Bauteile sauber und bündig auf die hierfür vorgesehenen Sockel zu setzten.

3.2.2 Befehlsgrundlagen LAGER-GENERATOR

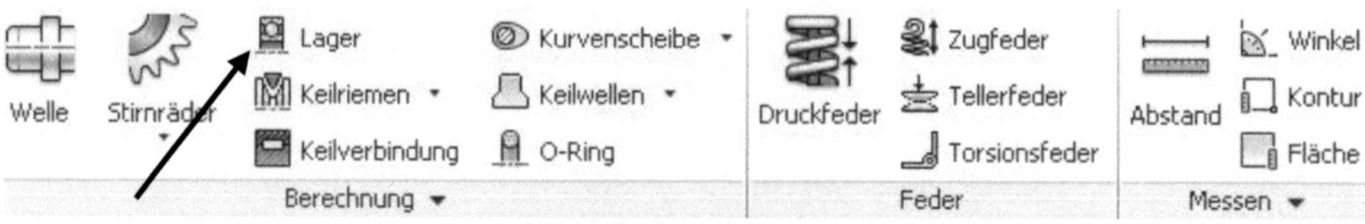

Abb. 32 Der Lager-Generator

Mit dem *Lager-Generator* können verschiedene Lagertypen berechnet und konstruiert werden. Diese können entsprechend einer Norm oder Kategorie ausgewählt und anhand bereits vorhandener geometrischer Elemente der Baugruppe positioniert werden.

3.2.2.1 Reiter KONSTRUKTION

INHALT

Im Reiter *Konstruktion* können Typ, Größe und Position des Lagers bestimmt werden.

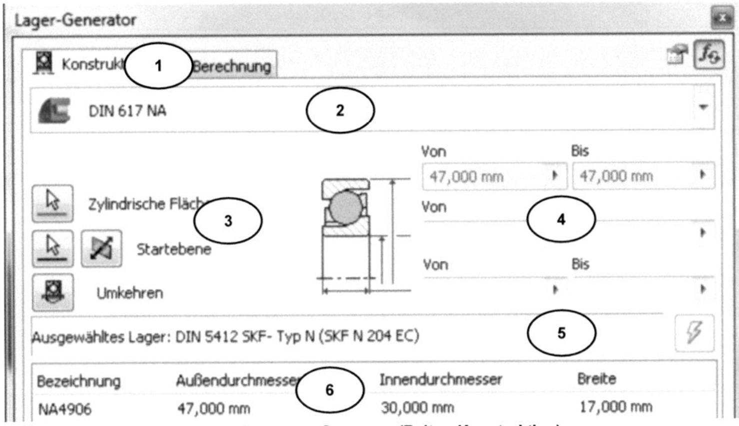

Abb. 33 Der Lager-Generator (Reiter: Konstruktion)

OPTIONEN

1) Reiter: Konstruktion/ Berechnung
2) Lagertyp
3) Platzierung
4) Abmessungen
5) Lager regenerieren
6) Verfügbare Lagergrößen

3.2.2.2 Reiter BERECHNUNG

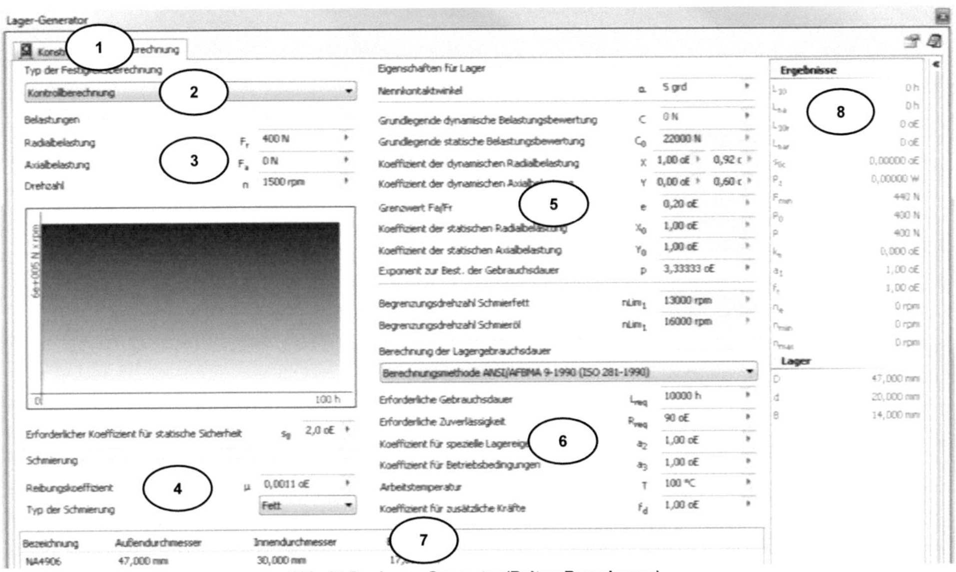

Abb. 34 Der Lager-Generator (Reiter: Berechnung)

INHALT

Im Reiter *Berechnung* können Randbedingungen zu Berechnungstyp, Belastung, Schmierung und Gebrauchsdauer festgelegt werden.

OPTIONEN

1) Reiter: Konstruktion/ Berechnung
2) Typ der Festigkeitsberechnung
3) Belastungen
4) Schmierung
5) Eigenschaften des Lagers
6) Gebrauchsdauer
7) Verfügbare Lagergrößen
8) Berechnungsergebnisse

3.2.3 Erzeugen eines Zylinderollenlagers

Die zuletzt eingefügten Bauteile (Antriebswelle-Zwischenhalter.ipt) enthalten runde Aussparungen, in welche die Zylinderrollenlager platziert werden müssen. Starten Sie den Befehl ***Lager***.

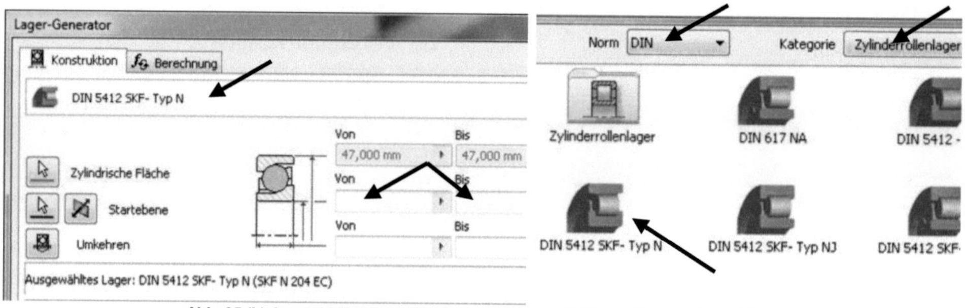

Abb. 35 (L) Auswahl Zylinderrollenlager; (R) Auswahl Norm, Kategorie und Typ

Klicken Sie im Reiter *Konstruktion* auf den Auswahlbereich für den Lagertyp (Abb. 35/ L). Im neu geöffneten Auswahlfenster aktivieren Sie die Norm *DIN*, die Kategorie *Zylinderrollenlager* und wählen den Typ *DIN 5412 SKF – TYP N* (Abb. 35/ R). Zurück im Hauptbefehl muss als Referenz für die *zylindrische Fläche* die in Abb. 36 markierte Zylinderfläche der Aussparung (erstes Führungselement) und als *Startebene* die markierte Stirnfläche des selben Führungselements gewählt werden.

Aus der Tabellenauswahl im unteren Bereich des Befehlsfensters ist das Lager der zweiten Zeile (*N 204 EC*, Außen ∅: 47 mm, Innen ∅: 20 mm, Breite: 14 mm) zu aktivieren und der Befehl im Anschluss mit *OK* zu bestätigen. Achten Sie darauf, dass das Lager N 204 EC nur ausgewählt werden kann, wenn keine abweichenden Randbedingungen für den Innendurchmesser des Lagers definiert wurden (Markierungen in Abb. 35/ L).

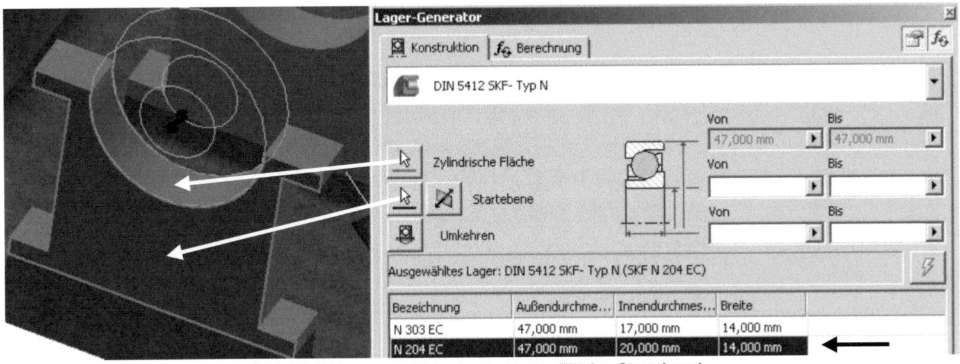

Abb. 36 Referenzen wählen (zylindrische Fläche, Startebene)

Nachdem das erste Lager erzeugt wurde, ist der letzte Befehl insgesamt fünfmal zu wiederholen. Verwenden Sie die Aussparungen der restlichen beiden Zwischenhalter (Antriebswelle-Zwischenhalter.ipt) und die drei Aussparungen im Getrieberaum des Motorgehäuses. Achten Sie darauf, dass die Lager stets in die korrekte Richtung erzeugt werden und nicht außerhalb der Lagerung.

3.2.4 Modellbaum strukturieren

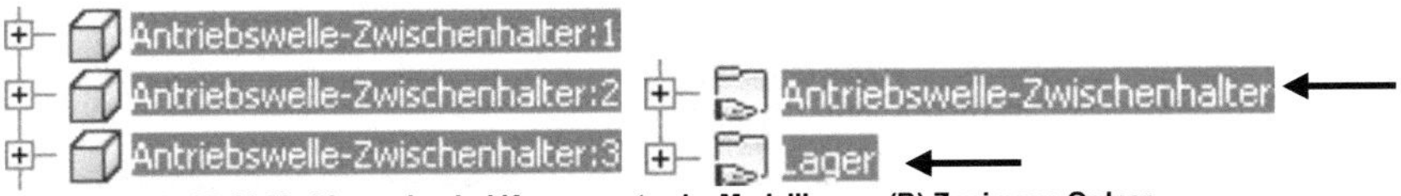

Abb. 37 (L) Markieren der drei Komponenten im Modellbaum; (R) Zwei neue Ordner

Um die Baugruppe etwas übersichtlicher zu gestalten und den Modellbaum nicht unnötig lang werden zu lassen, markieren Sie die drei Bauteile *Antriebswelle-Zwischenhalter.ipt* und wählen mit der rechten Maustaste die Option *Zu neuem Ordner hinzufügen.*

Der Ordner soll die Bezeichnung *Antriebswelle-Zwischenhalter* erhalten (Abb. 37/ L, R).

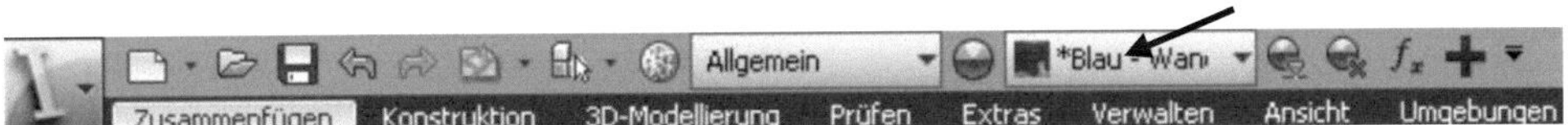

Abb. 38 Den Zylinderrollenlagern eine neue Farbe zuweisen

Als nächstes sollen die sechs Bauteile *Zylinderrollenlager.ipt* in den Ordner *Lager* eingefügt und außerdem mit der Farbe *Blau-Wandfarbe-glänzend* belegt werden (Abb. 37/ R und Abb. 38).

3.2.5 Importieren der oberen Lagerhalterungen

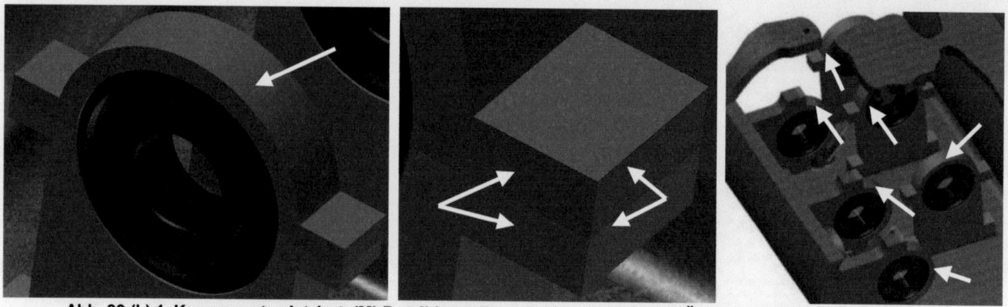

Abb. 39 (L) 1. Komponente platziert; (M) Detaildarstellung 1. Komponente; (R) Übersicht aller 6 Komponenten

Platzieren Sie das Bauteil *Antriebs-Abtriebswelle-Halter.ipt* aus dem Projektordner und legen Sie es sechsmal in der Baugruppe ab. Die neu eingefügten Komponenten sollen, wie in Abb. 39 dargestellt, *positioniert* werden.

Achten Sie darauf, die Halter sauber und bündig auf die vorhandenen Elemente zu setzen.

3.2.6 Modellbaum strukturieren

Abb. 40 (L) Markieren der sechs neu eingefügten Halter im Modellbaum; (R) Neu erzeugter Ordner

Die neu eingefügten Bauteile danach im Modellbaum markieren und den Ordner *Antriebs-Abtriebswelle-Halter* (Abb. 40) daraus erzeugen.

3.3 Befestigung der Lagerhalterungen

Die Lagerhalterungen können jetzt durch Schraubenverbindungen befestigt werden. Zum einen müssen die Bauteile *Antriebswelle-Zwischenhalter.ipt* und *Motorgehaeuse.ipt* verbunden werden, zum anderen die Bauteile *Antriebswelle-Zwischenhalter.ipt* und *Antriebs-Abtriebswelle-Halter.ipt*.

Das Programm bietet hier die Möglichkeit, Gewindebohrungen und Verbindungskomponenten aus dem Inhaltscenter (Schrauben, Scheiben, Muttern) in einem einzigen Schritt zu erzeugen.

3.3.1 Befehlsgrundlagen SCHRAUBENVERBINDUNGS-GENERATOR

Abb. 41 Der Schraubenverbindungs-Generator

Mit dem *Schraubenverbindungs-Generator* können Schraubenverbindungen, bestehend aus Schraube, Scheibe und Mutter, erzeugt und Festigkeits-, Belastungs- und Ermüdungsberechnungen durchgeführt werden. Bohrungen und Gewinde werden in die betreffenden Bauteile (passend zu den Verbindungselementen) automatisch eingefügt.

3.3.1.1 Reiter KONSTRUKTION

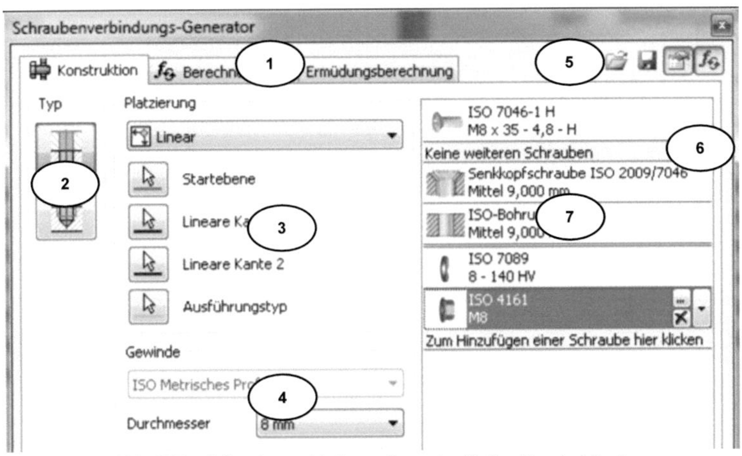

Abb. 42 Der Schraubenverbindungs-Generator (Reiter: Konstruktion)

INHALT

Der Reiter *Konstruktion* dient zur Positionierung des Verbindungselements, zur Definition von Bohrungsart und Gewindetyp sowie zur Auswahl der zu montierenden Schrauben, Scheiben und Muttern.

OPTIONEN

---

1) Reiter: Konstruktion/ Berechnung/ Ermüdungsberechnung

2) Bohrungen durchgängig oder begrenzt erzeugen

3) Platzierungstyp (Linear, Konzentrisch, Auf Punkt, Nach Bohrung)
4) Gewindetyp
5) Einstellungen importieren/ exportieren, Berechnung, Dateibenennung
6) Komponenten einfügen
7) Vorschau (chronologisch)

3.3.1.2 Reiter BERECHNUNG

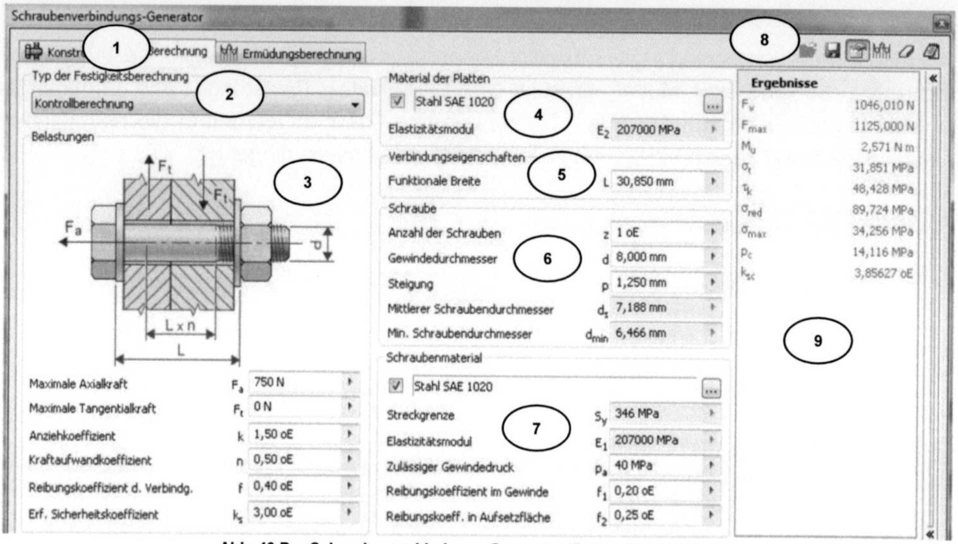

Abb. 43 Der Schraubenverbindungs-Generator (Reiter: Berechnung)

INHALT

Mit dem Reiter *Berechnung* können die gewählten Verbindungselemente überprüft werden. Sie können verschiedene Belastungen wählen, Materialien ändern und verschiedene Berechnungstypen aktivieren.

OPTIONEN

1) Reiter: Konstruktion/ Berechnung/ Ermüdungsberechnung
2) Typ der Festigkeitsberechnung
3) Belastungen
4) Plattenmaterial
5) Verbindungseigenschaften
6) Schraubeneigenschaften
7) Schraubenmaterial
8) Ermüdungsberechnung, Berechnung, Ergebnisdarstellung als *.html
9) Ergebnisdarstellung

> ***HINWEIS***: Um den Reiter *Berechnung* öffnen zu können, muss vorab im Reiter *Konstruktion* die gleichnamige Option *Berechnung* aktiviert werden.

3.3.1.3 Reiter ERMÜDUNGSBERECHNUNG

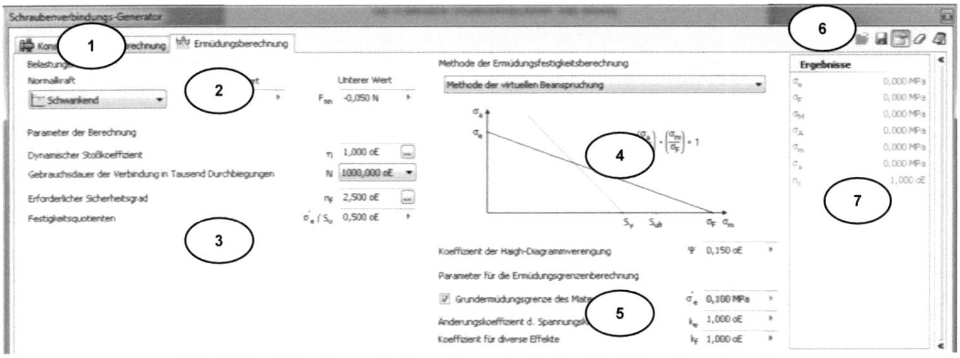

Abb. 44 Der Schraubenverbindungs-Generator (Reiter: Ermüdungsberechnung)

INHALT

Mit dem Reiter *Ermüdungsprüfung* können Belastungsschwankungen unter Verwendung verschiedener Methoden berechnet werden.

OPTIONEN

1) Reiter: Konstruktion/ Berechnung/ Ermüdungsberechnung
2) Belastungsart (schwankend, wiederkehrend, asymmetrisch, symmetrisch umgekehrt)
3) Berechnungsparameter
4) Ermüdungsfestigkeitsberechnung
5) Parameter für die Ermüdungsgrenzen
6) Berechnungsvorlagen exportieren, Dateibenennung aktivieren/ deaktivieren, Berechnungsdaten zurücksetzen oder Ergebnisse als *.html darstellen
7) Ergebnisdarstellung

> ***HINWEIS***: Um den Reiter *Ermüdungsberechnung* öffnen zu können, muss vorab im Reiter *Konstruktion* die gleichnamige Option *Ermüdungsberechnung* aktiviert werden.

3.3.2 Lagerhalterungen der Antriebswelle miteinander verbinden

In der folgenden Übung sollen die Bauteile *Antriebswelle-Zwischenhalter.ipt* und *Antriebs-Abtriebswelle-Halter.ipt* durch Schraubenverbindungen (Schrauben, Muttern) miteinander verbunden werden.

Befestigung der Lagerhalterungen

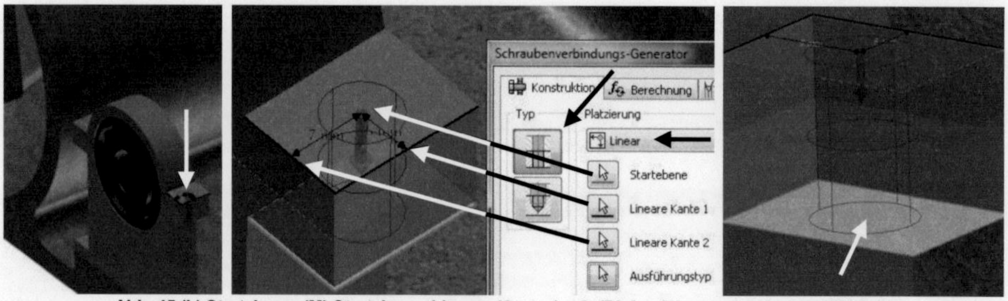

Abb. 45 (L) Startebene; (M) Startebene, Lineare Kante 1 + 2; (R) Ausführungstyp (untere Fläche)

Starten Sie den Befehl *Schraubenverbindung* und wählen Sie den Konstruktionstyp *Durch alle* und die Platzierung Linear *Linear*.

Als *Startebene* dient die markierte Fläche (Abb. 45/ L, M), als Referenzen der *linearen Kanten* sollen die beiden markierten Kanten (Abb. 45/ M) dienen. Der Abstand zur *linearen Kante 1* soll einen Wert von *5 mm*, der Abstand zur *linearen Kante 2* einen Abstand von *7 mm* betragen. Der *Ausführungstyp* soll die markierte Fläche (Abb. 45/ R) werden (Auflagefläche der Mutter).

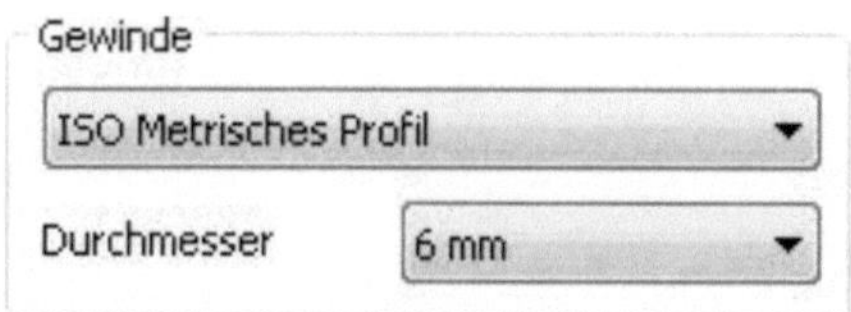

Abb. 46 Auswahl Gewindedurchmesser

Im Auswahlfeld *Gewinde* ist der Typ *ISO Metrisches Profil* (Durchmesser *6 mm*) zu aktivieren (Abb. 46). Im rechten Bereich des Befehlsfenster werden die beiden benötigten Bohrungen bereits angezeigt:

Eine Bohrung für das Bauteil *Antriebswelle-Zwischenhalter.ipt* und eine Bohrung für das Bauteil *Antriebs-Abtriebswelle-Halter.ipt*. Klicken Sie auf die Schaltfläche oberhalb dieser beiden Bohrungen mit der Bezeichnung *Zum Hinzufügen einer Schraube hier klicken* (Abb. 47/ L). Im neu geöffneten Auswahlfenster wählen Sie die Norm *DIN*, die Kategorie *Zylinderkopfschrauben* und den Schraubentyp *DIN EN ISO 4762* (Abb. 47/ R).

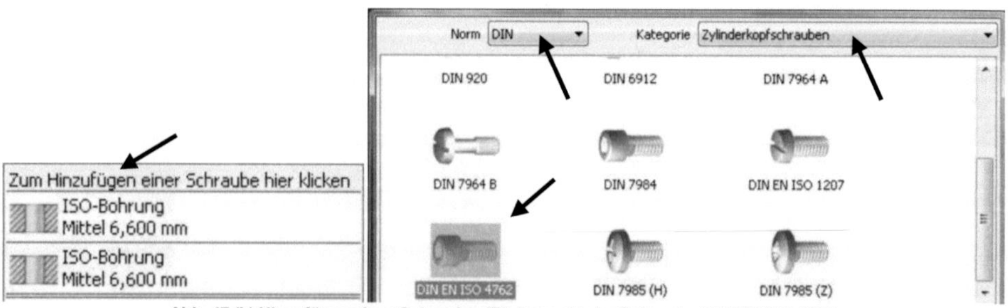

Abb. 47 (L) Hinzufügen einer Schraube; (R) Auswahl der Schraube DIN EN ISO 4762

Christian Schlieder

Autodesk
Authorised Author

Autodesk® Inventor® 2013

Aufbaukurs KONSTRUKTION

Viele praktische Übungen am Konstruktionsobjekt GETRIEBE

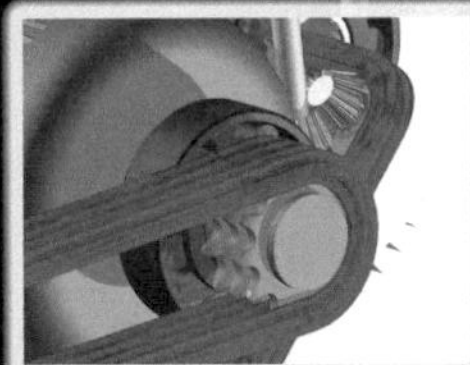

Dieses Buch ist ein Aufbaukurs für Fortgeschrittene, die mit den Grundlagen von Autodesk® Inventor® 2013 bereits vertraut sind. Das Programm verfügt im Baugruppenbereich über ein Register Konstruktion, welches zur Berechnung und Konstruktion von speziell im Maschinenbau verwendeten Komponenten dient. In einem komplexen Übungsbeispiel erlernt der Leser theoretische Grundlagen einiger Befehle aus diesem Register, die er anschließend praktisch umsetzt.

Das verwendete Übungsbeispiel baut auf das Grundlagenbuch „Autodesk® Inventor® 2013 – Grundlagen in Theorie und Praxis“ auf, in welchem ein vereinfachter 4-Takt-Motor erstellt wurde. Dieser Motor wird im vorliegenden Buch um ein komplettes Getriebe erweitert.

In diesem Buch werden folgende Befehle behandelt:

- Druckfeder-Generator
- Gehrungen erzeugen
- Gestell-Generator
- Kegelräder-Generator
- Keilwellen-Generator
- Lager-Generator
- Rollenketten-Generator
- Schraubenverbindungs-G.
- Stirnräder-Generator
- Wellen-Generator
- Zahnriemen-Generator
- Zugfeder-Generator

ISBN 978-3-8482-0368-0

9 783848 203680

INDEX

*

2D-Skizze 174

A

Abhängigkeiten zwischen Motorgehäuse, Kurbelwelle und Kolben 129
Abrunden des oberen Kolbenbereiches 47
Allgemeines Bemaßen 159
Ändern der Blattgröße 155
Ändern des Ausgangswertes 191
Animation einer Bewegungsabhängigkeit 152
Animieren der Explosionsdarstellung 170
Ansicht erstellen 168
Arbeiten mit der dynamischen Werteeingabe 25
Arbeitsschritte im Modellbaum verschieben 48
Aussparungen für den Kolbenbolzen einfügen 44
AUSZUG AUS DEM AUFBAUKURS KONSTRUKTION 197

B

Basiskörper des Pleuelauges 58
Basisskizze 181
BAUGRUPPEN 96
Bauteil erstellen 185
Bauteil Kolben 42
Bauteil Kurbelwelle 84
Bauteil Kurbelwelle-Riemenrad 32
Bauteil Motorgehäuse 62
Bauteil Nockenwelle 81
Bauteil Nockenwelle-Riemenrad 36
Bauteil Pleuel 49
Bauteil Ventil 21
Bauteil Zündkerze 37
Bauteil Zylinderblock 73
Bauteil Zylinderkopf 75
Bearbeiten der Anwendungsoptionen 15
Bearbeiten der Grundeinstellungen 155

B

Bearbeiten der iProperties 156
Bearbeiten vorhandener Konstruktionen 36
Befestigungslaschen für eine Schraubverbindung 50
Bemaßen von Zeichenelementen 27
Bewegungsabhängigkeiten 147
Blechstandards 175
Bohren der ersten Lasche 51
Bohren, Fasen und Runden 61
Bohrung mit Gewinde versehen 53
Bohrungen nach Skizze einfügen 69

D

Das Register 3D-MODELLIERUNG im Überblick 30
Das Register ANSICHTEN PLATZIEREN im Überblick 154
Das Register AUTODESK 360 im Überblick 12
Das Register BLECH im Überblick 173
Das Register ERSTE SCHRITTE im Überblick 11
Das Register EXTRAS im Überblick 12
Das Register MIT ANMERKUNG VERSEHEN im Überblick 154
Das Register PRÄSENTATION im Überblick 168
Das Register RENDERN im Überblick 171
Das Register SCHWEISSEN im Überblick 178
Das Register SKIZZE im Überblick 23
Das Register ZUSAMMENFÜGEN im Überblick 97
Das Willkommen-Fenster 9
DER BEREICH BLECHBEARBEITUNG 173
DER UMGANG MIT DEM BUCH 8
Der ViewCube 20
Detailansichten 158
Dichtung zwischen Motorgehäuse und Zylinderblock erstellen 134
Dichtung zwischen Zylinderblock und Zylinderkopf einfügen 136
Dichtungsflansch zum Zylinderkopf 67
Die Blechwanne 173
Die ersten drei Register im Überblick 11
DIE ERSTEN SCHRITTE IM PROGRAMM 13
Die Funktionen der Maustasten 20
Die Navigationsleiste 20
Die Suchfunktion im Inhaltscenter 140

D

Digitales Zubehör zum Buch	8

E

Ein neues Projekt erstellen	13
Einen Zylinder als Grundkörper erstellen	45
Einfügen der Komponenten	120
Elemente mittels rechteckiger Anordnung kopieren	66
Erstellen der neuen Datei und Platzieren der Komponenten	108
Erstellen der Ventildeckeldichtung	142
Erstellen des Steuerriemens aus der Baugruppe heraus	148
Erstellen einer Erhebung	57
Erstellen einer Komponente aus der Baugruppe heraus	105
Erstellen einer neuen Datei	21
Erstellen einer schrägen Ebene	75
Erstellen von Erst- und Parallelansichten	156
Erzeugen der Basisskizze	32
Erzeugen der ersten Baugruppe	97
Erzeugen der Sicherungsscheiben aus der Baugruppe heraus	111
Erzeugen des Basiskörpers	49
Erzeugen einer Fase	41
Erzeugen einer Passfederaussparung	34
Erzeugen einer Rippe	59
Erzeugen eines Sechskanten	37
Erzeugen und Bearbeiten von Ansichten	156
Explosionsdarstellung	168
Exportieren der Zeichnung in das Format PDF	162

F

Falzen	176
Farben ändern	190
Fasen und Rundungen hinzufügen	52
Fenster nebeneinander anordnen	190
Fläche extrudieren	174
Flexibilität von Unterbaugruppen	129

G

Gewinde an vorhandenen Zylinderflächen erzeugen 40
Gewindebohrungen mit linearen Referenzen 65
Grundlagen zum Bauteil 21
Grundlagen zum Bauteil 32
Grundlagen zum Bauteil 36
Grundlagen zum Bauteil 37
Grundlagen zum Bauteil 42
Grundlagen zum Bauteil 49
Grundlagen zum Bauteil 62
Grundlagen zum Bauteil 73
Grundlagen zum Bauteil 75
Grundlagen zum Bauteil 81
Grundlagen zum Bauteil 84

H

Hauptbaugruppe 4-Takt-Motor 128
Hohlkörper erzeugen (Hülle) 47

I

Inventor Studio 171

K

Kehlnaht 179
Kolben und Pleuel-Oberseite voneinander abhängig machen 98
Komponenten isolieren 141
Komponenten platzieren 97
Komponentenposition ändern 168
Kontrollieren der Grundeinstellungen 10
Kühlrippen sweepen 73
Kurbelwangen zeichnen, extrudieren und kopieren 84
Kurbelwellenhalter einfügen 132
Kurbelwellenlagerung 64
Kurbelwellenlagerung fasen 66

L

Laschen 175
Laufbuchse als Muster anordnen 120

M

Materialien zuweisen 107
Materialien zuweisen 114
Materialien zuweisen 119
Materialien zuweisen 121
Materialien zuweisen 128
Materialien zuweisen und Modellbaum strukturieren 143
Mittelpunkt-, Mittellinienmarkierungen 162

N

Nockenwelle und Ventile miteinander verbinden 138

O

Oberer Pleuelschaftbereich 56
Ordnerstrukturen im Modellbaum anlegen 126
Ordnerstrukturen im Modellbaum erzeugen 134

P

PACK AND GO 194
Parameter - Grundlagen 181
Parameter bearbeiten 182
PARAMETRISCHE ABHÄNGIGKEITEN 181
Parametrische Extrusion 188
Parametrische Steuerung der Baugruppe 190
Parametrische Steuerung mit externen Datenquellen 192
Parametrisieren und Ableiten von Konturen einer Skizze 181
Passfeder aus dem Inhaltscenter einfügen 116
Passfederaussparung und Gewindebohrung 92
Passfederaussparung und Gewindebohrung am Wellenende 81
Passfedern aus dem Inhaltscenter einfügen 109
Platzieren der Komponenten 115

P

Platzieren der Riemenräder 110
Platzieren des Motorgehäuses als Basisobjekt 128
Platzieren und Positionieren der ersten Komponenten 122
Pleuel- und Führungslager 88
Pleuel-Oberseite und Pleuel-Unterseite miteinander verbinden 101
Prägen und Gravieren von Flächen 145
PRÄSENTATION VON BAUGRUPPEN 168
PROGRAMMAUFBAU UND PROGRAMMVERWALTUNG 9
Projizieren der drei Hauptachsen 22

R

Register und Befehlsgruppen 10
Rendern 171
RENDERN EINES BILDES 171
Riemenrad und Sicherungsscheibe auf der Nockenwelle befestigen 117
Runden des Isolators 38

S

Schattierte Ansichten 159
SCHLUSSWORT 196
Schnittansichten 163
Schraube aus dem Inhaltscenter einfügen 118
Schrauben aus dem Inhaltscenter einfügen 113
Schrauben aus dem Inhaltscenter einfügen 124
Schrauben aus dem Inhaltscenter einfügen 133
Schrauben aus dem Inhaltscenter einfügen 146
Schrauben aus dem Inhaltscenter platzieren 103
Schweißbaugruppe erzeugen 178
SCHWEISSKONSTRUKTION 178
Schweißnahtbericht 180
SKIZZEN UND BAUTEILE 21
Speichern der Pleuel-Oberseite 53
Speichern mehrerer Dateien 193
Spiegeln der ersten Rippe 60
Spiegeln des Volumenkörpers 95
Steuerungstools und Maustasten 19

T

Texte 167

U

Übergangsbereich zum Flansch abrunden 71
Unterbaugruppe BG_Zylinderblock einfügen 136
Unterbaugruppe Kolben 96
Unterbaugruppe Kurbelwelle 108
Unterbaugruppe Nockenwelle 115
Unterbaugruppe Zylinderblock 119
Unterbaugruppe Zylinderkopf 122
Unterbaugruppen BG_Kurbelwelle und BG_Kolben platzieren 129
Unterbaugruppen BG_Zylinderkopf und BG_Nockenwelle einfügen 137
Unterer Pleuelschaftbereich 55

V

Ventildeckel einfügen 144
Versatz von Ebene 54
Volumenkörper durch Drehung 34
Volumenkörper durch Drehung erzeugen 30
Volumenkörper durch Drehung erzeugen 43
Volumenkörper extrudieren 63
Vorhandene Anordnungen erweitern 79

W

Wellendichtring aus dem Inhaltscenter einfügen 126

Z

Zeichnen der Basisskizze 24
ZEICHNUNGEN 154
Zielgruppe und Aufbau des Buches 8
Zündkerzeneinsätze bohren und extrudieren 77